高等职业教育示范专业系列教材
（电气工程及自动化类专业）

单片机应用技术——
汇编＋C51项目教程

第2版

主　编　姚存治　黄峰亮
副主编　郭丽娜
参　编　芮红　付宗见　贾燕
主　审　钱晓捷

机械工业出版社

本书共设计了 10 个项目，分别是：单片机控制的 LED 流水灯的设计与制作、单片机控制的数码管电子时钟的设计与制作、可调控走马灯的设计与制作、单片机控制的点阵显示屏的设计与制作、用 LCD1602 与 DS18B20 设计数字温度计、用 24C02 与 LED 数码管显示器设计电子密码锁、单片机控制的波形发生器的设计与制作、单片机交通灯远程控制系统的设计与制作、基于单片机的直流电动机正反转控制系统的设计与仿真、SF_6 气体密度实时监测系统的设计与仿真。

本书以项目为载体，涵盖了单片机系统中典型的知识点：存储器结构、中断与定时、LED 数码管显示器与点阵显示器、键盘、LCD1602 字符液晶显示器和 LCD12864 图形液晶显示器、1-wire 总线、SPI 总线、I^2C 总线、串行通信、A-D 转换及 D-A 转换、DS18B20 和 DS1302 的用法、单片机系统开发环境。内容的编排上遵循工作过程导向的思路，采用项目主导，任务分解的方式。在程序方面既有汇编语言编程，又有 C51 编程。每个项目都用到了 WAVE 6000 或 KEIL C51 开发软件和 Proteus 仿真软件，可以真正实现在课堂上做实验，实现"学中做、做中学"的高效学习方式。

本书可作为高职高专院校机电类、铁道机车车辆类、物联网应用技术等相关专业的单片机课程教材或教学参考书，也可作为工程技术人员的参考用书。

为方便教学，本书配有免费电子课件、思考与练习题详解、模拟试卷及答案等教学资源，凡选用本书作为授课教材的老师，均可联系免费索取，或登录机械工业出版社教育服务网（www.cmpedu.com），注册后免费下载。咨询电话：010-88379375；E-mail：cmpgaozhi@sina.com。

图书在版编目（CIP）数据

单片机应用技术：汇编+C51 项目教程 / 姚存治，黄峰亮主编. —2 版. —北京：机械工业出版社，2021.4（2024.4 重印）

高等职业教育示范专业系列教材. 电气工程及自动化类专业

ISBN 978-7-111-67531-0

Ⅰ.①单… Ⅱ.①姚… ②黄… Ⅲ.①微控制器—高等职业教育—教材 Ⅳ.①TP368.1

中国版本图书馆 CIP 数据核字（2021）第 029306 号

机械工业出版社（北京市百万庄大街 22 号　邮政编码 100037）

策划编辑：于　宁　责任编辑：于　宁　郭　维

责任校对：张　薇　封面设计：鞠　杨

责任印制：李　昂

北京捷迅佳彩印刷有限公司印刷

2024 年 4 月第 2 版第 4 次印刷

184mm×260mm · 18 印张 · 446 千字

标准书号：ISBN 978-7-111-67531-0

定价：56.00 元

电话服务　　　　　　　　网络服务

客服电话：010-88361066　　机 工 官 网：www.cmpbook.com

　　　　　010-88379833　　机 工 官 博：weibo.com/cmp1952

　　　　　010-68326294　　金 书 网：www.golden-book.com

封底无防伪标均为盗版　机工教育服务网：www.cmpedu.com

前　言

本书第 1 版自 2015 年出版以来，以其鲜明的特色——项目化的内容组织、既有汇编语言程序又有 C51 语言程序以及仿真的大量使用，得到了广大读者的好评。因此，本书第 2 版保持了以下特点：

1. 以 10 个精选的项目为依托，串连单片机各知识点。这 10 个项目分别涵盖了 LED 数码管显示器、键盘接口、LED 点阵显示器、LCD1602 字符液晶显示器、中断系统、定时器/计数器、1-wire 总线、DS18B20 用法、I^2C 总线、串行通信、步进电动机、并行 A－D 及串行 A－D 转换、LCD12864 图形液晶显示器、数字时钟芯片 1302 的用法、汇编语言和 C51 编程语言等这些关键知识点。

2. 加大了软硬件仿真的分量。通过采用 Proteus 进行逼真的模型仿真，使用 Proteus 软件中的 ISIS 画出单片机的硬件系统原理图，使用 KEIL 软件编写 C 语言或汇编语言程序并编译输出 HEX 文件，让原理图中的单片机和 HEX 文件关联，可以在 ISIS 中进行联合仿真调试，控制单片机应用系统工作。因此，可以清晰直观地观察到程序运行后的现象、单片机的引脚输出状态及各种虚拟仪器、实物模型的工作状态，从感性上加深对单片机应用系统的理解。本书所有例题和项目所对应的汇编语言程序和 C51 语言程序都经过调试，程序设计规范，读者可以直接参照编写、仿真调试或应用。

结合广大院校师生在教材使用中提出的意见和建议，本书在第 2 版中对部分内容做了修订，主要修订内容如下：

1. 项目 1 增加了 TI 公司的物联网单片机介绍。

2. 项目 3 增加了汇编程序。

3. 项目 7 整体进行了较大修订，增加了 C51 程序的数量。

本书由郑州铁路职业技术学院姚存治、黄峰亮任主编。姚存治负责全书的统稿，并编写了项目 1 中的任务 1.1、任务 1.4 和项目 2；黄峰亮编写了项目 5、项目 10 和附录 A；郭丽娜编写了项目 6 和项目 8；芮红编写了项目 1 中的任务 1.2、任务 1.3、任务 1.5、任务 1.6 和项目 1 的思考与练习；付宗见编写了项目 3、项目 4 和项目 9；贾燕茹编写了项目 7 和附录 B。本书由郑州大学信息工程学院钱晓捷教授主审。

由于编者水平有限，书中难免有错漏或不妥之处，恳请广大读者批评指正。

编　者

目 录

前 言
项目 1 单片机控制的 LED 流水灯的
　　　　设计和制作 ················· 1

任务 1.1 初识单片机 ················· 1
　1.1.1 什么是单片机 ··············· 1
　1.1.2 单片机的应用形式 ··········· 2
　1.1.3 单片机的发展历程 ··········· 2
　1.1.4 单片机的主要产品种类 ······· 4
　1.1.5 单片机的应用领域 ··········· 7
任务 1.2 了解单片机中的数制与码制 ······· 8
　1.2.1 数制 ······················ 8
　1.2.2 各种数制间的转换 ··········· 9
　1.2.3 计算机中数的表示 ·········· 10
　1.2.4 常用二进制编码 ············ 11
任务 1.3 学习 MCS-51 单片机的内部配置和
　　　　　引脚功能 ················· 12
　1.3.1 MCS-51 单片机的内部结构
　　　　　及工作原理 ··············· 13
　1.3.2 MCS-51 单片机的引脚功能 ······ 16
　1.3.3 MCS-51 单片机的存储器结构 ······ 20
　1.3.4 单片机最小系统的概念 ······ 25
任务 1.4 了解单片机的开发环境 ········ 28
　1.4.1 WAVE6000 软件使用简介 ······ 28
　1.4.2 KEIL μVision4 软件
　　　　　使用简介 ················· 31
　1.4.3 Proteus 7.8 软件简介 ······· 37
任务 1.5 学习单片机 C51 编程 ········ 47
　1.5.1 C51 的数据结构 ············ 47
　1.5.2 C51 的运算符 ············· 51
　1.5.3 一个完整的 C51 程序结构 ······ 53
　1.5.4 C51 的应用举例 ············ 55
任务 1.6 8 位 LED 流水灯的控制设计
　　　　　与仿真 ··················· 57
　1.6.1 硬件介绍 ················· 57
　1.6.2 程序的编制 ··············· 58
　1.6.3 综合仿真调试 ············· 58

思考与练习 ······················· 58
项目 2 单片机控制的数码管电子时钟的
　　　　设计与制作 ················· 60

任务 2.1 学习单片机汇编语言 ········· 60
　2.1.1 汇编语言的特点 ············ 60
　2.1.2 汇编语言的语句和指令 ······ 60
　2.1.3 MCS-51 单片机指令简介及指令中
　　　　　符号的含义 ··············· 61
　2.1.4 寻址方式 ················· 62
任务 2.2 学习 MCS-51 单片机指令系统 ····· 65
　2.2.1 数据传送类指令 ············ 65
　2.2.2 算术运算指令 ············· 69
　2.2.3 逻辑运算与移位类指令 ······ 72
　2.2.4 控制转移类指令 ············ 74
　2.2.5 位操作指令 ··············· 77
任务 2.3 学习汇编语言程序设计 ········ 79
　2.3.1 软件编程的步骤和方法 ······ 79
　2.3.2 汇编语言源程序的汇编 ······ 80
　2.3.3 汇编语言编程实例 ·········· 84
任务 2.4 学习 MCS-51 单片机
　　　　　中断系统 ················· 86
　2.4.1 中断的基本概念 ············ 86
　2.4.2 引入中断技术的优点 ········ 88
　2.4.3 中断系统应有的功能 ········ 88
　2.4.4 中断请求标志 ············· 89
　2.4.5 中断允许控制 ············· 90
　2.4.6 中断优先级的设定 ·········· 90
　2.4.7 中断处理过程分析 ·········· 91
　2.4.8 中断技术应用 ············· 94
任务 2.5 学习 MCS-51 单片机定时器/
　　　　　计数器 ··················· 97
　2.5.1 定时器/计数器的结构和
　　　　　工作原理 ················· 97
　2.5.2 定时器/计数器的四种工作
　　　　　方式分析 ················ 101
　2.5.3 定时器/计数器的应用 ········· 102

任务 2.6　认识 LED 数码管显示器 ………… 108
　2.6.1　LED 数码管显示器的内部结构
　　　　　和显示原理 ………… 108
　2.6.2　LED 显示方式 ………… 110
　2.6.3　MCS-51 和八段数码管显示器的
　　　　　接口设计 ………… 112
任务 2.7　8 位数字时钟的设计与仿真 ……… 113
　2.7.1　硬件电路设计 ………… 113
　2.7.2　程序设计 ………… 114
　2.7.3　综合调试 ………… 119
　思考与练习 ………… 119

项目 3　可调控走马灯的设计
　　　　与制作 ………… 121
任务 3.1　学习键盘接口技术 ………… 121
　3.1.1　独立式键盘应用 ………… 121
　3.1.2　按键的消抖处理 ………… 123
　3.1.3　行列式键盘应用 ………… 124
任务 3.2　可调控走马灯的设计
　　　　　与仿真 ………… 128
　3.2.1　硬件电路设计 ………… 128
　3.2.2　程序编制 ………… 128
　3.2.3　综合仿真调试 ………… 136
　思考与练习 ………… 136

项目 4　单片机控制的点阵显示屏的设计
　　　　与制作 ………… 137
任务 4.1　LED 点阵显示器介绍 ………… 137
　4.1.1　LED 点阵显示器的结构和原理 … 137
　4.1.2　MCS-51 单片机和 LED 点阵显示器
　　　　　的接口设计 ………… 138
任务 4.2　单片机控制的点阵显示屏的
　　　　　设计与仿真 ………… 140
　4.2.1　硬件电路设计 ………… 140
　4.2.2　程序编制 ………… 143
　4.2.3　综合仿真调试 ………… 145
　思考与练习 ………… 145

项目 5　用 LCD1602 与 DS18B20 设计
　　　　数字温度计 ………… 146
任务 5.1　学习 LCD1602 的原理与接口 …… 146
　5.1.1　LCD1602 的内部结构 ………… 146
　5.1.2　LCD1602 的控制命令 ………… 149
　5.1.3　MCS-51 与 LCD1602 的
　　　　　接口技术 ………… 150

任务 5.2　1-wire 单总线技术与 DS18B20
　　　　　的应用 ………… 157
　5.2.1　1-wire 单总线技术简介 ………… 157
　5.2.2　DS18B20 简介 ………… 162
任务 5.3　数字温度计设计与仿真 ………… 166
　5.3.1　硬件电路设计 ………… 166
　5.3.2　程序编制 ………… 166
　5.3.3　综合仿真调试 ………… 174
　思考与练习 ………… 174

项目 6　用 24C02 与 LED 数码管
　　　　显示器设计电子密码锁 ………… 175
任务 6.1　学习 I²C 总线扩展 ………… 175
　6.1.1　I²C 总线基础知识 ………… 175
　6.1.2　串行 E²PROM 24C02 扩展 ……… 176
任务 6.2　电子密码锁设计与仿真 ………… 181
　6.2.1　硬件电路设计 ………… 181
　6.2.2　程序编制 ………… 182
　6.2.3　综合仿真调试 ………… 191
　思考与练习 ………… 191

项目 7　单片机控制波形发生器的设计
　　　　与制作 ………… 192
任务 7.1　了解 D-A 转换器原理及指标 …… 192
　7.1.1　D-A 转换器的原理 ………… 192
　7.1.2　D-A 转换器的性能指标 ………… 193
　7.1.3　典型的 D-A 转换器 DAC0832 … 193
任务 7.2　学习单片机与 D-A 转换器的
　　　　　接口应用 ………… 195
　7.2.1　单片机与并行 8 位 D-A 转换器的
　　　　　接口应用 ………… 195
　7.2.2　单片机与并行 12 位 D-A 转换器的
　　　　　接口方法 ………… 198
　7.2.3　单片机与串行 D-A
　　　　　转换器接口 ………… 201
任务 7.3　了解 A-D 转换器原理及指标 …… 203
　7.3.1　逐次逼近式 A-D 转换器的
　　　　　原理分析 ………… 203
　7.3.2　A-D 转换器的性能指标 ………… 203
　7.3.3　典型的 A-D 转换器 ADC0809 …… 204
任务 7.4　学习单片机与 A-D 转换器的
　　　　　接口应用 ………… 205
　7.4.1　单片机与并行 8 位 A-D 转换器的
　　　　　接口应用 ………… 205

7.4.2 单片机与串行8位A-D转换器的
接口应用 ·········· 207
任务7.5 波形发生器的设计与仿真 ······ 212
7.5.1 硬件电路设计 ············ 212
7.5.2 典型波形分析 ············ 212
7.5.3 程序设计 ·············· 217
7.5.4 综合仿真调试 ············ 219
思考与练习 ················· 219
项目8 单片机交通灯远程控制系统的
设计与制作 ············· 220
任务8.1 认识串行通信接口 ········ 220
8.1.1 串行通信基础知识 ········ 220
8.1.2 AT89S51单片机串行口 ······ 222
8.1.3 串行通信的电平转换 ······ 225
8.1.4 串行口应用 ············ 226
任务8.2 单片机交通灯远程控制系统的
设计与仿真 ·········· 229
8.2.1 硬件电路设计 ············ 230
8.2.2 虚拟串行口驱动软件及串行口调试
软件的使用 ·········· 231
8.2.3 程序设计 ·············· 232
8.2.4 综合仿真调试 ············ 234
思考与练习 ················· 234
项目9 基于单片机的直流电动机正
反转控制系统的设计与仿真 ··· 235
任务9.1 认识步进电动机 ········· 235
9.1.1 步进电动机简介 ·········· 235
9.1.2 步进电动机工作原理 ······ 235
任务9.2 直流电动机正反转控制设计
与仿真 ············· 236
9.2.1 硬件电路设计 ············ 236
9.2.2 程序设计 ·············· 238

9.2.3 综合仿真调试 ············ 239
思考与练习 ················· 240
项目10 SF$_6$气体密度实时监测系统的
设计与仿真 ············ 241
任务10.1 学习LCD12864的原理与
接口技术 ·········· 241
10.1.1 LCD12864硬件接口与内部
寄存器 ··········· 241
10.1.2 LCD12864控制器软件接口 ··· 245
10.1.3 LCD12864应用实例 ······ 247
任务10.2 学习DS1302的原理与接口 ··· 251
10.2.1 DS1302硬件原理 ········ 251
10.2.2 DS1302软件接口 ········ 252
任务10.3 了解SF$_6$密度继电器
工作原理 ·········· 255
10.3.1 SF$_6$密度继电器简介 ······ 255
10.3.2 SF$_6$气体密度继电器工作原理 ·· 256
任务10.4 单片机系统的抗干扰设计 ··· 257
10.4.1 干扰的作用机制 ········ 257
10.4.2 抗干扰的硬件措施 ······ 257
10.4.3 抗干扰的软件措施 ······ 259
任务10.5 SF$_6$气体密度实时监测
系统设计 ·········· 260
10.5.1 系统硬件设计 ········· 260
10.5.2 系统软件设计 ········· 262
10.5.3 系统调试运行 ········· 275
思考与练习 ················· 276
附录 ···················· 277
附录A 单片机及常用接口芯片引脚图 ····· 277
附录B MCS-51系列单片机汇编指令表 ··· 279
参考文献 ·················· 282

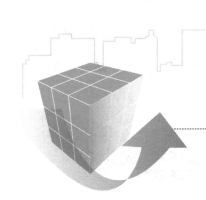

项目1

单片机控制的LED流水灯的设计和制作

项目综述

在本项目中，主要介绍单片机的应用、发展和种类等基本知识，以树立对单片机的宏观认识，并介绍数制和码制的相关知识，以奠定单片机的数理逻辑基础。本书以 AT89S51 为代表介绍 MCS-51 系列单片机，通过引导大家学习其内部配置和引脚功能，为以后的硬件搭建做好准备；同时帮助大家理解其基本工作原理，这样才能更好地掌握硬件设计及编程方法。单片机设计需要有良好的开发环境和开发工具，本项目重点介绍常用的三种开发软件：WAVE6000、KEIL C51 和 Proteus。在大家已有 C 语言基础的前提下，限于篇幅，这里只简要地介绍 C51 编程语言，以期能触类旁通。最后，本项目用一个具体的实例来综合运用上述知识，系统地展示单片机的开发过程。

任务1.1　初识单片机

1.1.1　什么是单片机

按计算机的规模、性能、用途和价格分类，计算机大体上可分为微型机、小型机、大型机和巨型机等。日常办公、娱乐使用的个人计算机实际上是一种微型计算机，它由主机、显示器、键盘和鼠标等输入、输出设备组成。台式机、游戏机、笔记本计算机、平板计算机以及种类众多的手持设备也都属于微型计算机。

单片机是单芯片微型计算机（Single-Chip Microcomputer，SCM）的简称，它是采用超大规模集成电路技术把具有数据处理能力的中央处理器（CPU）、随机存取存储器（RAM）、只读存储器（ROM）、输入/输出（I/O）接口、中断系统和定时器/计数器等部件（可能还包括显示驱动电路、脉宽调制电路、模拟多路转换器、A-D 转换器等电路）集成到一块芯片上构成的一个小而完善的微型计算机系统。概括地讲：一块芯片就成了一台计算机。只是和个人计算机相比，单片机存储量小、输入/输出接口简单、功能较少，也缺少了一些外围设备等。单片机的结构及功能均是按照工业控制要求设计的，广泛应用在工业控制领域，常用作控制器，故又名微控制器（Microcontroller Unit，MCU）。单片机体积小、质量轻、价格便宜，可放在仪表内部，通常应用在各种智能化产品之中，又称嵌入式微控制器（Embedded Microcontroller Unit，EMCU）。

图 1-1 给出了单片机示意图，其中黑色的是塑料外壳，用于保护里面的半导体芯片，而银色的部分则是其金属引脚，用于与外部通信。

图 1-1 单片机示意图

但单片机毕竟只是一块芯片，只有在配备了应用系统所需的接口芯片、输入/输出设备等硬件及必要的程序、软件之后，才能构成实用的单片机系统。

1.1.2 单片机的应用形式

人们日常见到的交通信号灯控制、LED 汉字显示、图形广告屏播放和电梯控制等电子系统常把单片机作为核心控制芯片。在实际应用中，需要把单片机和外部元器件或被控对象进行电气连接，构成一个单片机应用系统，并最终做成一块 PCB（印制电路板）。图 1-2 为由单片机和外部元器件组成的校园自动打铃定时器电路原理图。系统中键盘是输入设备，用于调整定时的时间，LED 数码显示器是输出设备，用于显示当前时间，单片机是控制核心，内部装载了控制软件。该电路中的单片机主要用来定时，可接收由键盘输入的信息，驱动 LED 数码显示器显示当前时间，在规定的时间导通晶体管，通过继电器接通电铃的电路。

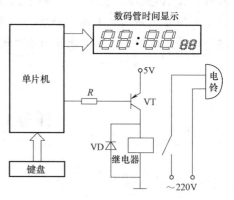

图 1-2 校园自动打铃定时器电路原理图

单片机是一个简单的计算机系统，具有一定的数据处理和通信能力，并且电路和软件设计简单、成本较低，因此被广泛应用于移动终端、工业系统、火灾报警系统、智能家电控制、视频监控系统和跟踪定位控制系统等。在物联网中信号的检测、信息的传送以及通信控制过程中也能找到单片机的身影。单片机应用的意义不仅在于它广阔的应用范围及所带来的经济效益，更重要的意义在于它从根本上改变了控制系统的传统设计思想和设计方法。以前采用硬件电路实现的大部分控制功能，正在用单片机通过软件方法来实现。现在可以用单片机实现具有智能化的数字计算控制、模糊控制和自适应控制，这种以软件取代硬件并能提高系统性能的控制技术称为微控制技术。随着单片机应用的推广，微控制技术也将不断发展完善。

1.1.3 单片机的发展历程

如果将 8 位单片机的推出作为起点，那么单片机的发展历史大致可分为以下几个阶段。

第一阶段（1976—1978）：单片机芯片化探索阶段。以 Intel 公司的 MCS-48 为代表。MCS-48 最早推出时是在工业控制领域的探索，参与这一探索阶段的还有 Motorola、Zilog 和

TI 等公司，它们都取得了满意的探索效果。这就是 SCM（Single Chip Microcomputer）的诞生年代，单片机一词即由此而来。这一时期的特点是：

1）嵌入式计算机系统的芯片集成设计。

2）少资源、无软件，只能保证基本控制功能。

第二阶段（1978—1982）：单片机的完善阶段。Intel 公司在 MCS-48 的基础上推出了完善的、典型的单片机系列 MCS-51。它在以下几个方面奠定了典型的通用总线型单片机体系结构：

1）完善的外部总线。MCS-51 设置了 8 位单片机的总线结构，包括 8 位数据总线、16 位地址总线、控制总线及具有多机通信功能的串行通信接口。

2）CPU 外围功能单元的集中管理模式。

3）体现工控特性的位地址空间及位操作方式。

4）指令系统趋于丰富和完善，并且增加了许多突出控制功能的指令。

第三阶段（1982—1990）：8 位单片机的巩固发展及 16 位单片机的推出阶段，也是单片机向微控制器发展的阶段。Intel 公司推出了 MCS-96 系列单片机，将一些用于测控系统的 A-D 转换器、程序运行监视器、脉宽调制器等纳入片中，体现了单片机的微控制器特征。随着 MCS-51 系列的广泛应用，许多厂商使用 80C51 作为内核，将许多测控系统中使用的电路技术、接口技术、多通道 A-D 转换器件和可靠性技术等应用到单片机中，增强了外围电路的功能，强化了智能控制器的特征。

第四阶段（1990 至今）：微控制器的全面发展阶段。随着单片机在各个领域全面、深入的发展和应用，尤其是随着消费电子产品的发展，单片机技术得到了巨大提高，出现了高速、大寻址范围和强运算能力的 8 位/16 位/32 位通用型单片机，以及小型廉价的专用型单片机。随着 Intel i960 系列特别是后来的 ARM 系列的广泛应用，32 位单片机迅速取代 16 位单片机的高端地位并且进入主流市场。而传统的 8 位单片机的性能也得到了飞速提高，处理能力比起 20 世纪 80 年代提高了数百倍。高端的 32 位 Soc 单片机主频已经超过 300MHz，性能直追 20 世纪 90 年代中期的专用处理器，而普通的型号出厂价格也跌落至 1 美元，最高端的型号也只有 10 美元。

目前，单片机正在向微型化、低功耗、大容量、高性能、低价格、高集成度、多资源、网络化和专用型方向发展，主要表现出以下几大趋势：

1）采用多核 CPU 提高处理能力。

2）加大存储容量，采用新型存储器，方便用户擦写程序及数据，并加强程序的保密措施。

3）单片机内部所集成的部件越来越多，和模拟电路的结合越来越紧密，使其应用水平不断提高，如 NS（美国国家半导体）公司的单片机已把语音和图像部件也集成到了单片机中。

4）通信和联网功能不断加强。

5）集成度不断提高，功耗越来越低，电源电压范围变宽。

单片机系统已经不再只在裸机环境下开发和使用，大量专用的嵌入式操作系统被广泛应用在全系列的单片机上。而在作为掌上计算机和手机核心处理器的高端单片机上甚至可以直接使用专用的 Windows 和 Linux 操作系统。随着半导体工艺技术的发展及系统设计水平的提高，单片机还会不断产生新的变化和进步，最终人们可能会发现，单片机与微型计算机系统之间的距离已经越来越小，甚至难以区分。

1.1.4　单片机的主要产品种类

1. 单片机的分类

单片机作为计算机发展的一个重要分支领域，根据目前的发展情况，从不同角度大致可以分为通用型/专用型、总线型/非总线型、工控型/家电型及复杂指令集/精简指令集型。

1) 通用型/专用型是按单片机适用范围来区分的。通用型单片机的内部资源比较丰富，性能全面，而且通用性强，可覆盖多种应用要求，使用不同的接口电路及编制不同的应用程序就可完成不同的功能。专用型单片机是针对某一种产品或某一种控制要求应用而专门设计的，例如电子表里的单片机就是其中的一种。

2) 总线型/非总线型是按单片机是否提供并行总线来区分的。总线型单片机普遍设置有并行地址总线、数据总线和控制总线，这些引脚用以扩展并行外围元器件，近年来许多外围元器件都可通过串行接口与单片机连接。另外，许多单片机已把所需要的外围元器件及外设接口集成到片内，因此在许多情况下可以不需要并行扩展总线，这大大减少了封装成本和芯片体积，这类单片机称为非总线型单片机。

3) 工控型/家电型是按照单片机大致应用的领域进行区分的。一般而言，工控型单片机寻址范围大，运算能力强；家电型单片机多为专用型，通常为小封装、低价格，外围元器件和外设接口集成度高。

4) 复杂指令集/精简指令集型是按控制单元设计方式与采用技术不同进行区分的。采用复杂指令集（CISC）结构的单片机数据线和指令线分时复用，即所谓冯·诺依曼结构。它的指令丰富，功能较强，但取指令和取数据不能同时进行，因此速度受限，价格也高。采用精简指令集（RISC）结构的单片机数据线和指令线分离，即所谓哈佛结构，这使得取指令和取数据可以同时进行，执行效率更高，速度也更快。一般来说，控制关系较简单的小家电，可以采用 RISC 型单片机；控制关系较复杂的场合，如通信产品和工业控制系统应采用 CISC 型单片机。

2. 单片机的主要产品及特点

自单片机诞生以来，其产品得到了迅猛的发展，形成了多公司、多系列和多型号的局面，但目前使用最多的仍是 8 位单片机，在 8 位单片机中，最具典型意义的当属 Intel 公司的 MCS-51 系列单片机。MCS-51 以其典型的结构和完善的总线专用寄存器的集中管理、众多的逻辑位操作功能及面向控制的丰富的指令系统，堪称一代"名机"，为以后的其他单片机的发展奠定了基础。20 世纪 80 年代中期后，Intel 公司以专利转让的形式将 MCS-51 的内核出售给了 Atmel 和 Philips 等公司，后者生产与 MCS-51 兼容、使用 MCS-51 指令系统的单片机，我们把这些公司生产的与 MCS-51 兼容的单片机统称为 51 系列单片机。一直到现在，51 系列单片机仍是应用的主流产品，具有基础和典型意义，所以本书以 51 系列单片机作为代表进行理论基础学习。

现将国际上较大的单片机公司以及产品销量大、发展前景看好的各系列 8 位单片机简介如下。

(1) Intel 公司 MCS-51 系列单片机　MCS-51 是指由美国 Intel 公司生产的一系列单片机

的总称，这一系列单片机包括很多品种，其中8051是最早且最经典的产品，该系列其他单片机都是在8051的基础上进行功能的增、减和改变而来的。

MCS-51系列单片机分为两大子系列，即51子系列与52子系列。

51子系列为基本型，根据片内ROM的配置，对应的芯片为8031、8051和8751。

52子系列为增强型，根据片内ROM的配置，对应的芯片为8032、8052和8752。

Intel公司的MCS-51系列单片机的型号及性能指标见表1-1。

表1-1　MCS-51系列单片机的型号及性能指标

| 公司 | 型号 | 片内存储器 | | I/O口线 | 串行接口 | 中断源 | 定时器 | 看门狗 | 工作频率/MHz | A-D通道/位数 | 引脚与封装 |
		ROM EPROM FLASH	RAM								
Intel	80(C)31		128B	32	UART	5	2	N	24		40
	80(C)51	4KB ROM	128B	32	UART	5	2	N	24		40
	87(C)51	4KB EPROM	128B	32	UART	5	2	N	24		40
	80(C)32		256B	32	UART	6	3	Y	24		40
	80(C)52	8KB ROM	256B	32	UART	6	3	Y	24		40
	87(C)52	8KB EPROM	256B	32	UART	6	3	Y	24		40
Atmel	AT89C51	4KB FLASH	128B	32	UART	5	2	N	24		40
	AT89C52	8KB FLASH	256B	32	UART	6	3	N	24		40
	AT89C1051	1KB FLASH	64B	15		2	1	N	24		20
	AT89C2051	2KB FLASH	128B	15	UART	5	2	N	25		20
	AT89C4051	4KB FLASH	128B	15	UART	5	2	N	26		20
	AT89S51	4KB FLASH	128B	32	UART	5	2	Y	33		40
	AT89S52	8KB FLASH	256B	32	UART	6	3	Y	33		40
	AT89S53	12KB FLASH	256B	32	UART	6	3	Y	24		40
	AT89LV51	4KB FLASH	128B	32	UART	6	3	N	16		40
	AT89LV52	8KB FLASH	256B	32	UART	8	3	N	16		40
Philips	P87LPC762	2KB EPROM	128B	18	I^2C,UART	12	2	Y	20		20
	P87LPC764	4KB EPROM	128B	18	I^2C,UART	12	2	Y	20		20
	P87LPC768	4KB EPROM	128B	18	I^2C,UART	12	2	Y	20	4/8	20
	P8XC591	16KB ROM/EPROM	512B	32	I^2C,UART	15	3	Y	12	6/10	44
	P89C51RX2	16~64KB FLASH	1KB	32	UART	7	4	Y	33		44
	P89C66X	16~64KB FLASH	2KB	32	I^2C,UART	8	4	Y	33		44
	P8XC554	16KB ROM/EPROM	512B	48	I^2C,UART	15	3	Y	16	8/10	64

其中：带有"C"字母的型号为CHMOS工艺的低功耗芯片，否则为HMOS工艺芯片；MCS-51系列单片机大多采用PDIP和PLCC封装形式。

（2）89系列单片机　89系列单片机与MCS-51系列单片机指令和引脚完全兼容，是目前市场占有率很高的单片机，已成为用户的首选机型，其主要特征为采用了可反复电擦写的片内FLASH程序存储器，能方便地实现单机系统、扩展系统和多机系统。市场上主要有美国Atmel公司的AT89系列单片机和荷兰Philips公司的P89系列单片机，两公司的产品类似。

1）美国Atmel公司的AT89系列单片机是与MCS-51系列单片机兼容的低功耗高性能8位FLASH单片机。Atmel公司的AT89系列单片机有多种型号，但以AT89X51和AT89X52为代表，其主要单片机品种及其特性见表1-1，其型号表示如下：

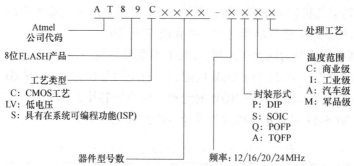

AT89 系列单片机主要分为 51 和 52 两个子系列。从表 1-1 中可以看出，52 子系列与 51 子系列相比不同之处为前者的 FLASH 程序内存增至 8KB，数据存储器增至 256B，有 3 个定时器/计数器等。AT89C1051、AT89C2051 和 AT89C4051 等产品只有 20 个引脚，芯片内集成了一个精密比较器，在外加几个电阻和电容的情况下，就可以测量电压、温度等模拟信号，特别适合在智能玩具、手持仪器和家用电器等程序量不大的产品上使用。

AT89S 和 AT89C 相比新增加了以下功能：

① 支持在系统程序设计 ISP，使生产及维护更方便。

② 增加了片内看门狗，使用户的应用系统更坚固。

③ 双数据指针 DPTR0 和 DPDR2 方便了对外部 RAM 的访问。

④ 速度更高，最高可使用 33MHz 的晶体振荡器。

目前，Atmel 公司已经宣布停产 AT89C51/52 等 C 系列产品，全面生产 AT89S51/52 等 S 系列产品以替代 C 系列。其中 AT89S51 现已成为 AT89 系列单片机的主流产品，因此本书将以 AT89S51 单片机为例介绍 MCS-51 系列单片机。

2）荷兰 Philips 公司的 P89 系列单片机也是一种 8 位的 FLASH 单片机，与 Atmel 公司的 89 系列产品类似，各型号单片机性能指标见表 1-1。

（3）Motorola 公司 MC68HC 系列单片机　MC68HC 系列单片机是 8 位单片机，但是它与 51 系列单片机不兼容，程序指令也不相同。MC68HC 系列单片机的性能指标见表 1-2，其中 PWM 为脉冲宽度调制功能。

表 1-2　MC68HC 系列单片机的性能指标

型号	片内存储器	定时器	I/O 口线	串行接口	A-D 通道/位数	PWM	总线频率 /MHz
MC68HC08AZ0	1KB RAM 512B E^2PROM	定时器 1:4 通道 定时器 2:2 通道	48	SCISPI	8/8	16 位	8
MC68HC08AZ32	32KB ROM 1KB RAM 512B E^2PROM	定时器 1:4 通道 定时器 2:2 通道	48	SCISPI	8/8	16 位	8
MC68HC908AZ60	2KB RAM 60KB FLASH	定时器 1:6 通道 定时器 2:2 通道	48	SCISPI	15/8	16 位	8
MC68HC908GP20	512B RAM 20KB FLASH	定时器 1:2 通道 定时器 2:2 通道	33	SCISPI	8/8	16 位	8
MC68HC908GP32	512B RAM 32KB FLASH	定时器 1:2 通道 定时器 2:2 通道	33	SCISPI	8/8	16 位	8

（续）

型号	片内存储器	定时器	I/O 口线	串行接口	A-D 通道/位数	PWM	总线频率 /MHz
MC68HC908JK1	128B RAM 15KB FLASH	定时器1:2 通道	15	—	10/8	16 位	8
MC68HC908JK3	128B RAM 4KB FLASH	定时器1:2 通道	15	—	10/8	16 位	8
MC68HC08MR4	192B RAM	定时器1:2 通道 定时器2:2 通道	22	SCI	4 或 7/8	12 位	8
MC68HC08MR8	256B RAM 8KB FLASH	定时器1:2 通道 定时器2:2 通道	22	SCI	4 或 7/8	12 位	8

（4）Microchip（微芯）公司的 PIC 系列单片机　PIC 单片机是由美国 Microchip（微芯）公司推出的 8 位高性能单片机，该系列单片机是首先采用 RISC 结构的单片机系列。PIC 的指令集只有 35 条指令，4 种寻址方式；同时，指令集中的指令多为单字节指令；指令总线和数据总线分离，允许指令总线宽于数据总线，即指令总线为 14 位，数据总线为 8 位。PIC 单片机有的型号只有 8 个引脚，为世界上最小的单片机。PIC 单片机的主要特点是：精简了指令集，使得指令少、执行速度快；同时功耗低、驱动能力强，有的型号还具有 I^2C 和 SPI 串行口总线接口，有利于单片机串行总线扩充外围元器件。常用的 PIC 系列单片机特性见表 1-3。

表 1-3　常用的 PIC 系列单片机特性

型号	ROM/B	RAM/B	I/O 口线	定时器	看门狗	工作频率 /MHz	引脚	封装
PIC12C508A	512	25	6	1	Y	4	8	PDIP SOIC
PIC12C509A	1024	41				4		
PIC12C671	1024	128				10		
PIC12C672	2048	128				10		
PIC16C55	512	24	20			20	28	
PIC16C56	1024	25	12				18	
PIC16C57	2048	72	20				28	

（5）TI（德州仪器）公司的 MCU　美国 TI 公司的 MCU 大致可分为以下 3 个系列：SimpleLink MCU、超低功耗的 MSP430 MCU 和 C2000 实时控制 MCU。SimpleLink MCU 大致分为两类：无线微控制器，支持多种无线通信协议，包括 Zigbee、低功耗 Bluetooth 5、IEEE 802.15.4g 和支持 IPv6 的智能对象（6LoWPAN）等，在物联网领域有广泛的应用；以及高性能微控制器。

1.1.5　单片机的应用领域

单片机广泛应用于仪器仪表、家用电器、医用设备、航空航天和专用设备的智能化管理及过程控制等领域，大致可分为如下 7 个范畴。

1. 智能仪器

单片机广泛应用于仪器仪表中，结合不同类型的传感器可实现诸如电压、电流、功率、频率、湿度、温度和压力等物理量的测量。采用单片机控制使得仪器仪表数字化、智能化、微型化且功能比起采用电子或数字电路的同类仪器仪表更加强大，例如精密的测量设备电压表、功率计、示波器和各种分析仪等。

2. 工业控制

采用单片机可以构成形式多样的控制系统、数据采集系统、通信系统、信号检测系统、无线感知系统、测控系统和机器人系统等应用控制系统，例如工厂流水线的智能化管理系统、电梯智能化控制系统、各种警报系统以及与计算机联网构成的二级控制系统等。

3. 家用电器

现代家用电器广泛采用了单片机控制，从电饭煲、洗衣机、电冰箱、空调器、彩色电视机和其他音响视频器材，再到电子称量设备等。

4. 网络和通信

现代的单片机普遍具备通信接口，可以很方便地与计算机进行数据通信，为其在计算机网络和通信设备间的应用提供了极好的物质条件，现代通信设备基本上实现了单片机智能控制，从电话机、小型程控交换机、楼宇自动通信呼叫系统和列车无线通信，再到日常工作中随处可见的移动电话、集群移动通信及无线电对讲机等。

5. 医用设备

单片机在医用设备中的用途也相当广泛，例如医用呼吸机、各种分析仪、监护仪、超声波诊断设备及病床呼叫系统等。

6. 模块化系统

某些专用单片机专门用于实现特定功能，从而可以在各种电路中做到模块化应用而不要求使用人员了解其内部结构。如音乐集成单片机，音乐信号以数字的形式存于存储器中，由微控制器读出，转化为模拟音乐电信号，类似于声卡。在大型电路中，这种模块化应用极大地缩小了电路体积，简化了电路结构，降低了损坏及错误率，也便于更换。

7. 汽车电子

单片机在汽车电子中的应用非常广泛，例如汽车中的发动机控制器，基于 CAN 总线的汽车发动机智能电子控制器、GPS、ABS、制动系统和胎压检测等。

此外，单片机在工商、金融、科研、教育、电力、物流、国防和航空航天等领域也都有着十分广泛的用途。

任务1.2　了解单片机中的数制与码制

1.2.1　数制

数制也称计数制，是指用一组固定的符号和统一的规则来表示数值的方法。按进位的方法计数，称为进位计数制。在日常生活和计算机中采用的是进位计数制，单片机是计算机的一种类型，所采用的数制与编码也和计算机中的相同。数制所使用的数码个数称为基数；数码在一个数中所处位置为单位 1 时所表征的数值称为该数位的权。

1. 十进制

在日常生活中，人们最常用的是十进位计数制，即按照逢十进一的原则进行计数，简称十进制。

特点：基数为 10，有 0、1、2、3、4、5、6、7、8 和 9 十个数码，逢十进一；各位的权为 10^i。以后缀 D（Decimal）或不加后缀表示十进制数。

2. 二进制

特点：基数为 2，有 0 和 1 两个数码，逢二进一；各位的权为 2^i。以后缀 B（Binary）

表示二进制数。

在计算机技术中广泛采用的是二进制，因为其实现简单，可以用高电平表示 1、低电平表示 0，或者用晶体管截止时的输出表示 1、导通时的输出表示 0 等。二进制的两个数码 1 和 0 正好与逻辑代数中的"真"和"假"相吻合，所以采用二进制还可以实现逻辑运算。用二进制表示数据具有抗干扰能力强、可靠性高等优点。

但由于二进制数书写时位数太长，不方便阅读和记忆，因此人们在书写计算机的语言时多用十六进制。

3. 十六进制

特点：基数为 16，有 0、1、2、3、4、5、6、7、8、9、A、B、C、D、E 和 F 十六个数码，其中 A~F 相当于十进制数的 10~15，逢 16 进 1；各位的权为 16^i。以后缀 H（Hexadecimal）表示十六进制数。十六进制数如果是字母开头，则在使用汇编指令时前面需加一个 0。

1.2.2　各种数制间的转换

1. J 进制转换为十进制

方法：按权展开相加。

例如：$110110B = 1 \times 2^5 + 1 \times 2^4 + 0 \times 2^3 + 1 \times 2^2 + 1 \times 2^1 + 0 \times 2^0 = 32 + 16 + 0 + 4 + 2 + 0 = 54$

2. 十进制转换为 J 进制

十进制转换为 J 进制时，必须将整数部分和小数部分分开转换。

整数部分的转换：用十进制数的整数部分不断地除以所需要的基数 J，直至商为零，所得余数依倒序排列，就能转换成 J 进制数的整数部分，这种方法称为除基取余法。

小数部分的转换：将一个十进制数的小数部分转换成 J 进制小数时，可不断地将十进制小数部分乘以 J，并取整数部分，直至小数部分为零或达到一定精度时为止，将所得整数依顺序排列，就可以得到 J 进制数的小数部分，这种方法称为乘基取整法。

例如：$115.375D = 1110011.011B$

115

```
2  115          取余                    0.375
2   57  ----- 1              ↑          ×    2          取整
2   28  ----- 1                        0.75   -----  0
2   14  ----- 0              ↑          ×    2
  2  7  ----- 0                        1.5    -----  1
  2  3  ----- 1                        ×    2          ↓
  2  1  ----- 1                        1.0    -----  1
     0  ----- 1
```

$116.84375D = 74.D8H$

```
                                        0.84375
                                        ×    16          取整
16  116         取余                    13.50000  -----  D(13)
16    7  ----- 4            ↑           ×    16
      0  ----- 7                        8.0       -----  8   ↓
```

3. 二进制与十六进制的相互转换

由于二进制的基数是 2，而十六进制的基数为 $16 = 2^4$，4 位二进制数正好对应一位十六进制数，其对应关系见表 1-4，因此二者之间的转换十分方便。

表 1-4　二–十六进制对照表

二进制数	0000	0001	0010	0011	0100	0101	0110	0111
十六进制数	0	1	2	3	4	5	6	7
二进制数	1000	1001	1010	1011	1100	1101	1110	1111
十六进制数	8	9	A	B	C	D	E	F

十六进制转换为二进制：把十六进制数中的每一位用 4 位二进制数表示即可。

二进制转换为十六进制：以小数点为中心，整数部分从右向左，每 4 位二进制数对应为一位十六进制数，整数部分不足 4 位高位加 0；小数部分从左向右，每 4 位二进制数对应一位十六进制数，小数部分不足 4 位低位加 0。

例如：7A. 8H = 0111 1010. 1000 = 1111010. 1B

101011. 011B = 0010 1011. 0110 = 2B. 6H

1.2.3　计算机中数的表示

在计算机中常需要把二进制代码按一定规律编排，使每组代码具有一特定含义，下面将介绍计算机中常用的几种编码。

1. 机器数与真值

在计算机中，数据可以分为无符号数和有（带）符号数两种，其符号和数字都用二进制码表示，两者一起构成数的机内表示形式，称为机器数，而它真正表示的带有符号的数称为这个机器数的真值。机器数通常以 8 位二进制数为单位表示，因为计算机中的数据存储是以"字节"（byte）为单位的，而一个字节由 8 个二进制位（bit）组成。

机器数通常有两种：有符号数和无符号数。数学上有符号数的正负号分别用"＋"和"－"来表示，而计算机中采用二进制，规定对有符号数用最高位表示符号位，其余各位用于表示数值的大小，最高位为"0"表示正数，为"1"表示负数。无符号数的最高位不作符号位，所有各位都用来表示数值的大小。

2. 有符号数的表示

计算机中的有符号数有原码、反码和补码 3 种表示方法，以下举例均以长度为 8 位的二进制数表示有符号数。

1）原码：正数的符号位用"0"表示，负数的符号位用"1"表示，其余数位表示数值的大小。例如：

$$X_1 = +1011101B \quad [X_1]_{原} = 01011101B$$
$$X_1 = -1011101B \quad [X_1]_{原} = 11011101B$$

有符号数的原码表示范围为 $-127 \sim +127$（FFH ~ 7FH），其中 0 的原码有两个，即 00H 和 80H，分别是 +0 的原码和 -0 的原码。

2）反码：正数的反码与原码相同；负数的反码其符号位为"1"保持不变，其余各数位按位取反，1 转换为 0，0 转换为 1。例如：

$$X_1 = +1011101B \quad [X_1]_{反} = 01011101B$$

$$X_1 = -1011101B \quad [X_1]_反 = 10100010B$$

有符号数的反码表示的范围为 $-127 \sim +127$，$+0$ 的反码为 00000000B，-0 的反码为 11111111B。

3）补码：正数的补码与原码相同，负数的补码为其反码加1。例如：

$$X_1 = +1011101B \quad [X_1]_补 = 01011101B$$
$$X_1 = -1011101B \quad [X_1]_补 = 10100011B$$

有符号数补码表示的范围为 $-128 \sim +127$，而0的补码只有一种表示，即 $+0 = -0 = 00000000$。当有符号数用补码表示时，可以把减法转换为加法进行计算。

原码虽然简单、直观，但采用原码进行加减运算时，计算机电路的实现将比较复杂；如果采用补码，就可以把减法变成加法运算，省去了减法器，大大简化了硬件电路。

例如：$25 - 12 = 25 + [-12]_补 = 13$

用二进制运算如下：

$$
\begin{array}{r}
0\,0\,0\,1\,1\,0\,0\,1 \\
+\,1\,1\,1\,1\,0\,1\,0\,0 \\
\hline
1\,0\,0\,0\,0\,1\,1\,0\,1
\end{array}
$$

因为在8位机中，最高位 D_7 的进位已超出计算机字长的范围，所以会因溢出而自然丢失。由此可见，在不考虑最高位产生进位的情况下，作减法运算与补码相加的结果完全相同。对补码运算的结果仍为补码，即 $[13]_补 = 00001101B$。

1.2.4　常用二进制编码

1. BCD 码（Binary Code Decimal）

计算机内毫无例外地都使用二进制数进行运算，但日常生活中，人们最熟悉的数制是十进制，因此专门规定了一种以二进制表示的十进制数码，称为 BCD 码，又称二-十进制编码，它用4个二进制位来存储表示1个十进制的数码，使二进制和十进制之间的转换得以快捷地进行。因为4位二进制数共有 $2^4 = 16$ 种组合状态，故可选其中十种编码来表示 $0 \sim 9$ 十个数字，不同的选法对应不同的编码方案。按编码方案的不同可分为有权码和无权码。有权 BCD 码主要有 8421 码、2421 码等，无权 BCD 码有余3码等，这里主要介绍 8421 BCD 码。

8421 BCD 码是最基本和最常用的 BCD 码，它和4位自然二进制码相似，从低到高4位的权值分别为8、4、2和1，故为有权 BCD 码。其特点如下：

1）选用了4位二进制码中前10组代码 0000 ～ 1001 分别代表它所对应的十进制数 $0 \sim 9$，余下的六组代码不用。

2）每4位二进制数进位规则应为逢"十"进一。

3）当进行两个 BCD 码运算时，为了得到 BCD 码结果，需进行十进制调整。调整方法为：加（减）法运算的和（差）数所对应的每一位十进制数大于9时或低4位向高4位产生进（借）位时，需加（减）6调整。

2. ASCII 码

美国标准信息交换码简称 ASCII（American Standard Code for Information Interchange）码，是由美国国家标准学会制定的标准的单字节字符编码方案，它最初是美国国家标准，用于表示在计算机中需要进行处理的一些字母、符号等西文字符编码，现已被国际标准化组织

（International Organization for Standardization，ISO）定为国际标准，称为 ISO 646 标准。

ASCII 码是由 7 位二进制数码构成的字符编码，共有 $2^7 = 128$ 种组合状态，用它们表示了 52 个大小写英文字母、10 个十进制数、7 个标点符号、9 个运算符号及 50 个其他控制符号。在表示这些符号时，用高 3 位表示行码，低 4 位表示列码，见表 1-5。

表 1-5 ASCII 表

$b_6 b_5 b_4$ / $b_3 b_2 b_1 b_0$	000	001	010	011	100	101	110	111
0000	NUL	DLE	SP	0	@	P	`	p
0001	SOH	DC1	!	1	A	Q	a	q
0010	STX	DC2	"	2	B	R	b	r
0011	ETX	DC3	#	3	C	S	c	s
0100	EOT	DC4	$	4	D	T	d	t
0101	ENQ	NAK	%	5	E	U	e	u
0110	ACK	SYN	&	6	F	V	f	v
0111	BEL	ETB	,	7	G	W	g	w
1000	BS	CAN	(	8	H	X	h	x
1001	HT	EM	)	9	I	Y	i	y
1010	LF	SUB	*	:	J	Z	j	z
1011	VT	ESC	+	;	K	[	k	{
1100	FF	FS	,	<	L	\	l	|
1101	CR	GS	-	=	M	]	m	}
1110	SO	RS	.	>	N	^	n	~
1111	SI	US	/	?	O	_	o	DEL

任务 1.3　学习 MCS-51 单片机的内部配置和引脚功能

AT89 系列单片机是美国 Atmel 公司推出的低功耗高性能 8 位 FLASH 单片机。AT89 系列单片机与 MCS-51 系列单片机在内部功能、引脚以及指令系统方面完全兼容。AT89 系列单片机继承了 MCS-51 系列单片机的原有功能，内部含有大容量 FLASH 存储器，同时又增加了新的功能，如看门狗定时器（WDT）、ISP 及 SPI 串行接口技术等，因此在电子产品的开发及智能化仪器仪表中有着广泛的应用，是目前取代 MCS-51 系列单片机的主流单片机之一。Atmel 公司的 AT89 系列单片机有多种型号，但以 AT89X51 和 AT89X52 为代表。目前 Atmel 公司已经停止生产 AT89C51/52 等 C 系列产品，推出了性价比更高的 AT89S51/52 等 S 系列产品以替代 C 系列。其中 AT89S51 现已成为 AT89 系列单片机的主流产品，因此本书以 AT89S51 单片机为例介绍 MCS-51 系列单片机。

AT89S51 主要性能参数如下：

1）与 MCS-51 系列单片机指令系统完全兼容。

2）4.0～5.5V 的工作电压范围。

3）全静态工作模式，工作频率为 0～33MHz。

4）3 级程序加密锁。

5）4KB 在系统编程（ISP）FLASH 闪速程序存储器，1000 次擦写周期。

6）128B 内部数据存储器。

7）可寻址 64KB 外部数据存储空间及 64KB 程序存储空间的控制电路。

8）32 条可编程 I/O 口线。

9）2 个 16 位定时器/计数器。

10）5 个中断源，两级优先级控制。

11）1 个全双工串行接口。

12）具备低功耗空闲和掉电模式。

13）中断可从空闲模式唤醒系统。

14）具备看门狗定时器（WDT）。

15）具备双数据指针（DPTR0 和 DPTR1）。

16）具备掉电标识和快速编程特性。

1.3.1 MCS-51 单片机的内部结构及工作原理

单片机是通过执行程序来工作的，而单片机程序是在硬件基础上运行的。因此，在单片机应用前，首先需要了解其内部的主要部件及基本工作原理。

1. MCS-51 单片机的内部结构

本节将以 AT89S51 为例详细介绍 MCS-51 系列单片机的内部结构。AT89S51 内部结构如图 1-3 所示，在一块芯片上按功能划分集成了如下 9 个功能部件：8 位中央处理器（CPU）、128B 数据存储器（RAM）、4KB FLASH 程序存储器、32 条并行 I/O 口线（分为 P0 口、P1 口、P2 口和 P3 口）、全双工 UART（通用异步接/收发器）串行接口、2 个定时器/计数器、1 个具有 5 个中断源 2 个优先级别的中断系统及特殊功能寄存器（SFR）、1 个片内振荡器与时钟电路。将 CPU、存储器和 I/O 接口等相对独立的功能部件连接起来进行信息交换的公共通道称为系统总线。系统总线按其传递信息的类型可分为数据总线（Data Bus，DB）、地址总线（Address Bus，AB）和控制总线（Control Bus，CB），分别用来传输数据、地址和控制信号。

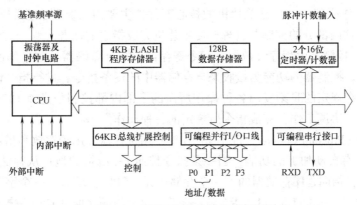

图 1-3　AT89S51 单片机组成框图

（1）中央处理器　中央处理器（CPU）是整个单片机的核心部件，主要由运算器和控制器组成运算和控制功能。运算器用于进行算术、逻辑运算以及位操作处理等，控制器的主要任务是识别指令，并根据指令码产生控制信号，使单片机各部分能自动协调地工作。AT89S51 的 CPU 是一个字长为 8 位的处理器，即它是以字节为单位处理二进制数据或代码的。

（2）内部程序存储器和内部数据存储器　单片机的存储器分为两种：一种用于存放已

编写好的程序及数据表格，称为程序存储器，常用 ROM、EPROM、E²PROM 及 FLASH MEMORY 等类型；另一种用于存放输入、输出数据及中间运算结果，称为数据存储器，常用 RAM 类型。AT89S51 采用 FLASH E²PROM，其存储容量为 4KB。AT89S51 中的数据存储器较小，存储容量仅 128B。若存储器空间不够用可以外部扩展。

（3）并行 I/O 口　AT89S51 共有 4 组 8 位的可编程并行 I/O（Input/Output）口（P0、P1、P2 和 P3），可以实现数据的并行输入、输出。4 个并行口既可作为 I/O 口使用，又可作为外部扩展电路时的数据总线、地址总线及控制总线使用。

（4）串行接口　AT89S51 有一个全双工的可编程串行通信接口，以实现单片机与其他设备之间的串行数据传送。

（5）定时器/计数器　AT89S51 有 2 个 16 位的定时器/计数器，可实现定时或计数功能。可以通过对系统时钟计数实现定时，也可用于对外部事件的脉冲进行计数。

（6）中断系统　AT89S51 具备较完善的中断功能，可满足一般控制应用的需要。它共有 5 个中断源其中有 2 个外部中断源，3 个内部中断源，即两个定时器/计数器中断和一个串行接口中断。

（7）时钟电路　AT89S51 内部有时钟电路，为单片机产生时钟脉冲时序，但需要外接晶体振荡器和微调电容。

2. 单片机的工作原理

单片机是通过执行程序来工作的，执行不同的程序就能完成不同的任务。因此单片机执行程序的过程实际上也体现了单片机的工作原理。

（1）指令与程序　指令是指示计算机执行某种操作的命令，由二进制代码表示，通常可分为操作码和操作数两部分。操作码规定该指令要完成操作的类型或性质，如取数、做加法或输出数据等；操作数给出参加操作的数据或存放数据的存储单元地址。程序（Program）是为实现特定目标或解决特定问题编写的一系列指令的集合。

（2）CPU 工作原理　CPU 是单片机的核心部件，主要由运算器和控制器这两大部分构成。CPU 通过对这两部分的控制与管理，使单片机完成指定的任务。

1）控制器：控制器由程序计数器、指令寄存器、指令译码器、时序部件和微操作控制部件等部分组成。控制器的功能为接收来自存储器中的逐条指令，进行指令译码，并通过定时和控制电路，在规定的时刻发出各种操作所需的全部内部控制信息及 CPU 外部所需的控制信号，使各部分协调工作，完成指令所规定的各种操作。

程序计数器（Program Counter，PC）是 16 位专用寄存器，用于存放和指示下一条要执行指令的地址。PC 有自动加 1 的功能，当一条指令按照 PC 所指的地址从存储器中取出之后，PC 就会自动加 1，指向程序存储器的下一个存储单元，CPU 自动取出一个字节的指令代码而后执行。PC 中内容一次次自动加 1，指令就一字节一字节被顺序取到 CPU 里被识别、分析及执行。如果要求不按顺序执行指令，例如想要跳过一段程序再执行指令，这时可通过执行一条跳转指令，将要执行的指令地址送入 PC，取代已加 1 的原有指令地址，这样才可实现程序的跳转。单片机复位时 PC 自动清零，即装入地址 0000H，使得程序从程序存储区的 0000H 单元开始执行。

指令寄存器用于暂存待执行的指令，等待译码。指令译码器对指令寄存器中的指令进行译码，产生出实现指令功能所需要的全部动作的控制信号。这些控制信号按照一定的时间顺序发往各个部件，控制各部件的动作。时序部件用于产生微操作控制部件所需的定时脉冲信号。微操作控制部件可以为指令译码器的输出信号配上节拍电位和节拍脉冲，也可和外部进来的控制信号组合，共同形成相应的微操作控制序列，以完成规定的操作。

2）运算器：运算器由运算部件——算术逻辑单元（ALU）、累加器（ACC）、暂存寄存器、通用寄存器、程序状态字寄存器（PSW）和BCD码运算调整电路等部分组成。运算器是单片机中对数据执行各种算术和逻辑运算操作的部件。

ALU的作用是在控制信号的作用下完成算术运算和逻辑运算。ACC用于存放参加运算的操作数及操作结果。PSW用于存放运算过程及运算结果中的某些特征。暂存寄存器用于暂存进入运算器之前的数据。

（3）单片机执行程序的过程　单片机的工作过程实质就是执行程序的过程，即逐条执行指令的过程。每执行一条指令都可分为取指令、分析指令和执行指令三个阶段。

单片机执行一条指令的过程如图1-4所示。图中数据总线缓冲器的作用是在CPU内外数据传送时予以缓冲；地址寄存器用于存放存储器或I/O接口的地址；微操作控制电路与时序电路相配合，把指令译码器的输出信号转变为执行该指令所需的各种控制信号。图中其余部分的功能前面已说明。

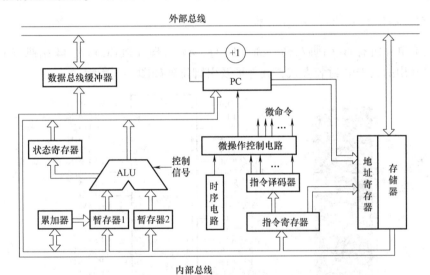

图1-4　单片机指令执行过程示意图

开机时，PC初始化为0000H，然后单片机在时序电路的作用下自动进入逐条执行程序指令的过程。

假设第一条要执行的汇编语言程序指令为"ADD　A，#37H"，该指令的功能是把累加器A中的内容与37H相加，其结果存入累加器A中。指令对应的机器语言指令（机器码）为"24H，37H"，24H已存放于0000H单元中，37H已存放于0001H单元中。则当单片机开始运行时，首先是进入取指阶段，其次序是：

1）程序计数器PC的内容（这时是0000H）送到地址寄存器。

2）程序计数器PC的内容自动加1（变为0001H）。

3）地址寄存器的内容（0000H）通过内部地址总线送到存储器，经存储器中的地址译码电路，使地址为0000H的存储单元被选中。

4）CPU 使读控制线有效。

5）在读命令控制下，被选中存储器单元的内容（此时应为 24H）送到内部数据总线上，因为是取指阶段，所以该内容通过数据总线被送到指令寄存器。

至此，取指阶段完成，进入分析和执行指令阶段。

由于本次进入指令寄存器中的内容是 24H（操作码），经译码器译码后单片机就会知道该指令是要将累加器 A 的内容与某数相加，而该数存储在存储器中的下一个存储单元。所以，执行该指令还必须把数据（37H）从存储器中取出送到 CPU，其过程与取指阶段很相似，只是此时 PC 已为 0001H。指令译码器结合时序部件，产生 24H 操作码的微操作系列，使数据 37H 从 0001H 单元取出。因为指令是要求把所取得的数与累加器 A 中内容相加，所以取出的数经内部数据总线进入暂存器 2，累加器 A 的内容进入暂存器 1，在控制信号作用下暂存器 1 和暂存器 2 的数据进入 ALU 相加后，再通过内部数据总线送回累加器 A。至此一条指令执行完毕。此时单片机中 PC 为 0002H，PC 在 CPU 每次向存储器取指或取数时自动加 1，单片机又继续进入下一取指阶段。这一过程如此往复下去，直至收到暂停指令或循环等待指令才暂停，以完成程序所规定的功能，这就是单片机的基本工作原理。

1.3.2　MCS-51 单片机的引脚功能

AT89S51 单片机有 40 引脚双列直插（DIP）、44 引脚（PLCC）及 44 引脚（TQFP）等封装形式。常用的为 DIP 封装方式，其外形及引脚排列如图 1-5 所示。

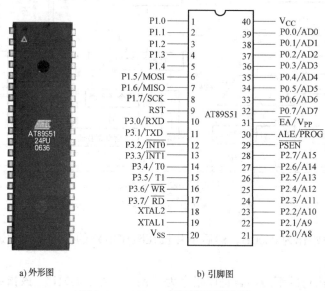

a) 外形图　　　　　　　　　　　b) 引脚图

图 1-5　AT89S51 外形及引脚排列

各引脚的功能如下：

1. 主电源引脚 V_{CC} 和 V_{SS}

V_{CC}（Pin40）：芯片电源端，接 5V 直流电源；

V_{SS}（Pin20）：接地端。

2. 时钟电路引脚 XTAL1 和 XTAL2

XTAL1（Pin19）：片内振荡器反相放大器和时钟发生器电路输入端。使用片内振荡器时，该引脚接外部石英晶体和微调电容。使用外接时钟源时，该引脚接外部时钟振荡器的信号。

XTAL2（Pin18）：片内振荡器反相放大器的输出端。使用片内振荡器时，该引脚连接外部石英晶体和微调电容。使用外部时钟源时，该引脚悬空。

3. I/O 引脚（P0、P1、P2 和 P3 端口引脚）

AT89S51 单片机有 4 个 8 位双向并行 I/O 口：P0、P1、P2 和 P3。每个 I/O 口除可作为字节的输入/输出外，每条 I/O 口线也可单独用作输入/输出线。每个端口都包含一个锁存器（即专用寄存器 P0～P3）、一个输出驱动器和输入缓冲及控制电路。

AT89S51 单片机的 4 个 I/O 口结构基本相同，但又各具特点。学习其逻辑电路将有利于正确、合理地使用 I/O 口，并对单片机外围逻辑电路的设计提供帮助。

（1）P0 口（Pin39～Pin32，P0.0～P0.7/AD0～AD7）　P0 是一个 8 位漏极开路型双向 I/O 口，在访问片外存储器时，它分时提供低 8 位地址和 8 位双向数据输入/输出，故此端口 I/O 线有地址/数据线（Address/Data）之称，简写为 AD0～AD7。P0 作输入/输出口用时，必须外接上拉电阻，它可驱动 8 个 LSTTL 负载。P0 口某位的逻辑电路如图 1-6 所示。

由图 1-6 可见，电路中包含一个数据输出锁存器、两个三态数据输入缓冲器、一个数据输出的驱动

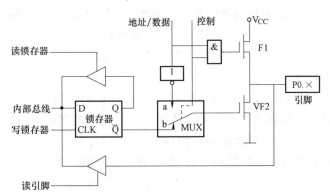

图 1-6　P0 口某位的逻辑电路

电路和一个输出控制电路。当对 P0 口进行写操作时，由锁存器和驱动电路构成数据输出通路。由于通路中已有输出锁存器，因此数据输出时可以与外设直接连接，不需再加数据锁存电路。

由于 P0 口既可以作为通用的 I/O 口进行数据的输入/输出，也可以作为单片机系统的地址/数据线使用，所以在 P0 口的电路中有一个多路转换开关 MUX。在控制信号的作用下，多路转换开关可以分别接通锁存器输出或地址/数据线。

1）当 P0 口作为通用的 I/O 口使用时，内部的控制信号为低电平，封锁与门，将输出驱动电路的上拉场效应晶体管（FET）VF1 截止，同时使多路转接电路 MUX 接通锁存器 $\overline{Q}$ 端的输出通路。

当 P0 口作输出口时，内部总线与 P0 端口同相位，写脉冲加在 D 触发器的 CLK 上，内部总线会向端口引脚输出数据。由于输出电路是漏极开路电路，因此必须外接上拉电阻才能有高电平输出。

当 P0 口作输入口时，有"读引脚"和"读锁存器"两种情况，因而端口中设有两个三态输入缓冲器用于读操作。下面一个缓冲器用于直接读端口引脚处数据，当执行一条由端口输入的指令时，读脉冲将该缓冲器打开，端口引脚上的数据经过缓冲器读入到内部总线，这类操作由直接传送指令实现。但要注意此时必须先向电路中的锁存器写入"1"，使 VF2 截止，以避免锁存器为"0"状态时对引脚读入的干扰。因此，这时的 P0 口就不是真正的双向 I/O 口，而被称为"准双向口"。

"读锁存器"是指通过上面的缓冲器读锁存器 Q 端的状态。在端口已处于输出状态的情况下，Q 端与引脚的信号是一致的，这样安排的目的是为了适应对端口进行"读-修改-写"操作指令的需要。例如"ANL P0, A"就是属于这类指令，执行时先读入 P0 口锁存器中的数据，然后与 A 的内容进行逻辑与，再把结果送回 P0 口。对于这类"读-修改-写"指令，不直接读引脚而读锁存器是为了避免可能出现的错误。因为在端口已处于输出状态的情况下，如果端口的负载恰是一个晶体管的基极，导通的 PN 结会把端口引脚的高电平拉低，这样直接读引脚就会把本来的"1"误读为"0"。但若从锁存器 Q 端读，就能避免这样的错误，得到正确的数据。

2) 在扩展系统中，P0 口作为单片机系统的地址/数据总线使用时，可分两种情况。当输出地址或数据信息时，由内部发出控制信号，打开上面的与门，并使多路转接电路 MUX 处于内部地址/数据线与驱动场效应晶体管栅极反相接通状态。这时的输出驱动电路由于上、下两个 FET 处于反相状态，会形成推拉式电路结构，使负载能力大为提高。P0 口的输出级可驱动 8 个 LSTTL 负载。而当输入数据时，数据信号则直接从引脚通过输入缓冲器进入内部总线。

(2) P1 口（Pin1 ~ Pin8，P1.0 ~ P1.7） P1 口是一个带内部上拉电阻的 8 位准双向 I/O 口，它能驱动 4 个 LSTTL 负载。P1 口某位的逻辑电路如图 1-7 所示。

因为 P1 口通常是作为通用 I/O 口使用的，所以在电路结构上与 P0 口有一些不同之处：首先它不再需要多路转换开关 MUX；其次是电路的内部有上拉电阻，与 FET 共同组成输出驱动电路。为此，P1 口作为输出口使用时，已经能向外提供推拉电流负载，无需再外接上拉电阻。当 P1 口作为输入口使用时，同样也需先向其锁存器写"1"，使输出驱动电路的 FET 截止。

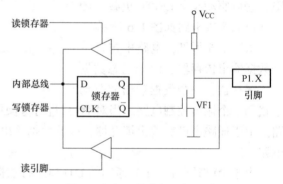

图 1-7 P1 口某位的逻辑电路

在 Flash 并行编程和校验时，P1 口可输入低字节地址。在串行编程和校验时，P1.5/MOSI、P1.6/MISO 和 P1.7/SCK 分别是串行数据输入、输出和移位脉冲引脚。

(3) P2 口（Pin21 ~ Pin28，P2.0 ~ P2.7/A8 ~ A15） P2 口也是一个带内部上拉电阻的 8 位准双向 I/O 口。在访问片外存储器时，由它输出高 8 位地址，即 A8 ~ A15。P2 口可以驱动 4 个 LSTTL 负载。其某位逻辑电路如图 1-8 所示。

P2 口电路比 P1 口电路多了一个多路转换开关 MUX，这与 P0 口类似。P2 口可以作为通用 I/O 口使用，这时多路转换开关接锁存器 Q 端。通常情况下，P2 口是作为高位地址线使用，此时多路转接电路开关应接相反方向。

(4) P3 口（Pin10 ~ Pin17，P3.0 ~ P3.7） P3 口也是一个带内部上拉电阻的 8 位准双向 I/O 口，P3 口的每一引脚同时还具有专门的第二功能：

P3.0——RXD：串行接口输入端。

P3.1——TXD：串行接口输出端。

P3.2——INT0：外部中断 0 中断请求输入端。

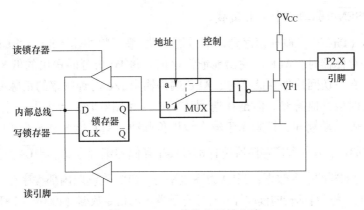

图 1-8 P2 口某位的逻辑电路

P3.3——INT1：外部中断 1 中断请求输入端。

P3.4——T0：定时器/计数器 0 外部脉冲输入端。

P3.5——T1：定时器/计数器 1 外部脉冲输入端。

P3.6——$\overline{\text{WR}}$：片外数据存储器写选通脉冲输出端。

P3.7——$\overline{\text{RD}}$：片外数据存储器读选通脉冲输出端。

P3 能驱动 4 个 LSTTL 负载，其某位逻辑电路如图 1-9 所示。

P3 口为适应信号引脚第二功能的需要，增加了第二功能控制逻辑。对于第二功能为输出的信号引脚，当作为 I/O 使用时，第二功能信号引脚应保持高电平，与非门开通，以维持从锁存器到输出端数据输出通路的畅通。当用于输出第二功能信号时，该位的锁存器应置"1"，使与非门对第二功能信号的输出是畅通的，从而实现第二功能信号的输出。对于第二功能为输入的信号引脚，在端口线的输入通路上增加了

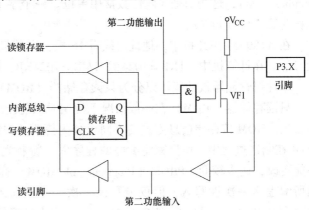

图 1-9 P3 口某位的逻辑电路

一个缓冲器，输入的第二功能信号就从这个缓冲器的输出端取得。而作为 I/O 使用的数据输入，仍取自三态缓冲器的输出端。不管是作为 I/O 输入还是第二功能信号输入，端口锁存器输出和第二功能输出信号线都应保持高电平。

4. 控制信号引脚 RST、ALE/$\overline{\text{PROG}}$、$\overline{\text{PSEN}}$和$\overline{\text{EA}}$/V$_{\text{pp}}$

RST（Pin9）：复位信号输入端。当使用振荡器作为复位器件时，在 RST 引脚上作用两个机器周期以上的高电平时间，即可使单片机复位。当 AT89S51 内部看门狗定时器溢出时，该引脚将输出 98 个振荡周期的高电平。

$\overline{\text{PSEN}}$（Pin29）：片外程序存储器的选通信号输出端，低电平有效。当 AT89S51 从片外程序存储器取指令时，$\overline{\text{PSEN}}$每个机器周期产生两次有效输出信号。在访问片外数据存储器

时$\overline{PSEN}$无效。$\overline{PSEN}$可驱动 8 个 TTL 负载。

ALE/$\overline{PROG}$（Pin30）：地址锁存允许信号输出端/编程脉冲输入端，当 CPU 访问片外程序存储器或数据存储器时，ALE 的输出地址锁存信号将 P0 口分时送出的低 8 位地址锁存在片外锁存器中。在不访问片外存储器时，ALE 端将输出 1/6 时钟频率的正脉冲信号，这个信号可用作外部定时或其他需要。但是在遇到访问片外存储器时，会丢失一个 ALE 脉冲。在与 Flash 并行编程/校验期间，该脚用于输入编程负脉冲。ALE 能驱动 8 个 TTL 负载。

$\overline{EA}$/V_{pp}（Pin31）：片外程序存储器选择端/Flash 存储器编程电源。当$\overline{EA}$为低电平时，CPU 只读取外部程序存储器的指令数据；当$\overline{EA}$为高电平时，CPU 先读取内部程序存储器的指令数据（0000H ~ 0FFFH），然后自动转向读取片外程序存储器中的指令数据（1000H ~ FFFFH）。

1.3.3 MCS-51 单片机的存储器结构

存储器是计算机的主要组成部分，它由大量的寄存器组成，用于存放程序和数据。其中每一个寄存器称为一个存储单元，它可以存放一个有独立意义的二进制代码。每个存储单元都有一个唯一的固定编号以进行区分和识别，即该存储单元的地址。存储单元如同一个旅馆的每个房间，而存储单元地址则相当于每个房间的房间号。在计算机中把一个 8 位的二进制代码称为一个字节（byte），简写为 B，两个字节称为一个字（word），四个字节称为双字（double word），这些都是代码位数常用单位。一个字节的最低位称为第 0 位（位 0），最高位称为第 7 位（位 7）。

在 AT89S51 单片机中，地址总线有 16 根，则其最多可以为 $2^{16} = 65536 = 64K$ 个存储单元寻址。在计算机中，$1KB = 1024B$，$1MB = 1024KB$，$1GB = 1024MB$。

单片机存储器按功能可以分为只读存储器（ROM）和随机存储器（RAM）。

只读存储器（ROM）在一般情况下使用时只能读出不能写入，断电后 ROM 中的信息不会丢失。ROM 按存储信息方式的不同可分为掩膜 ROM、PROM、EPROM 和 E^2PROM。掩膜 ROM 在制造过程中，由厂家将编好的程序以一特制光罩烧录于电路中，其内容在写入后就不能更改，成本较低。PROM（Programmable ROM）称为可编程只读存储器，允许用户将自己所编程序一次性写入，但仅能写录一次，一旦写入则只能读出，不能再更改。EPROM（Erasable Programmable Read Only Memory）称为可擦可编程只读存储器，可利用高电压将程序写入，通过紫外线照射彻底擦除，通常可以重复使用几十次。E^2PROM（Electrically Erasable Programmable Read Only Memory）称为带电可擦可编程只读存储器，通过加电就可以写入或清除其内容，可重复使用千次以上。

随机存储器（RAM）存储单元的内容可按需随意读出或写入，在断电时将丢失其存储内容。RAM 按存储信息方式的不同可分为静态随机存储器（Static RAM，SRAM）和动态随机存储器（Dynamic RAM，DRAM）。静态随机存储器只要有电源加于存储器，数据就能长期保存。动态随机存储器写入的信息只能保持若干毫秒，每隔一定时间必须重新写入刷新一次，因此控制电路复杂，但价格比 SRAM 便宜。

E^2PROM 最大的缺点是改写信息的速度比较慢，随着半导体存储技术的发展，各种新的可现场改写信息的非易失存储器被广泛应用，主要有快闪存储器 Flash、铁电存储器 FRAM 和新型非易失静态存储器 NVSRAM 等。这些存储器从原理上看属于 ROM 型存储器，但是从功能上看，它们又可以随时改写信息，作用又相当于 RAM，因此 ROM 和 RAM 的边界已逐渐模糊。

AT89S51 单片机的存储器在物理结构上有 4 个存储空间：片内程序存储器、片外程序存储器、片内数据存储器和片外数据存储器。但在逻辑上，即从用户的使用角度，AT89S51 有 3 个存储器地址空间：片内外统一编址的程序存储器地址空间、片内数据存储器地址空间和片外数据存储器地址空间。在访问 3 个不同的逻辑空间时，应采用不同形式的指令，以产生不同的存储空间的选通信号。图 1-10 给出了 AT89S51 单片机存储器空间结构。

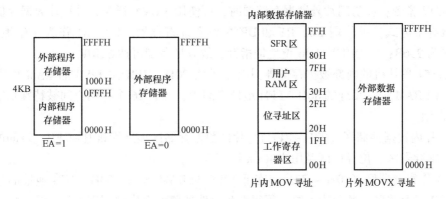

图 1-10　AT89S51 单片机存储器空间结构

1. 程序存储器

单片机的程序存储器一般用于存放编好的程序、表格和常数，如图 1-10 所示。AT89S51 单片机内部有 4KB 的程序存储器，地址为 0000H ~ 0FFFH。片外 16 位地址线最多可扩展空间达 64KB，地址为 0000H ~ FFFFH，两者是统一编址的。地址范围为 0000H ~ 0FFFH 是在片内存储器还是片外存储器取决于单片机外围引脚$\overline{EA}$的状态。如果$\overline{EA}$接高电平（即$\overline{EA}=1$），AT89S51 的 PC 在 0000H ~ 0FFFH 范围内（即前 4KB 地址）时是执行片内 ROM 的程序，当寻址范围在 1000H ~ FFFFH 时，则读取片外 ROM 的指令数据；如果$\overline{EA}$接低电平（即$\overline{EA}=0$），则不管地址大小，一律读取外部程序存储器指令。

一般来说，对于有内部程序存储器的单片机，应将引脚$\overline{EA}$接高电平，使程序从内部程序存储器开始执行。当程序超出内部程序存储器的容量时，自动转向外部程序存储器 1000H ~ FFFFH 地址范围执行。

AT89S51 的程序存储器中，以下 6 个单元具有特殊功能：

0000H：单片机复位后，PC = 0000H，即程序从 0000H 开始执行指令。

0003H：外部中断 0 入口地址。

000BH：定时器/计数器 0 中断入口地址。

0013H：外部中断 1 入口地址。

001BH：定时器/计数器 1 中断入口地址。

0023H：串行口中断入口地址。

使用时，通常在这些入口地址处存放一条绝对跳转指令，使程序跳转到用户安排的主程序或中断服务程序存储空间中执行。

2. 数据存储器

数据存储器用于存放运算的中间结果、数据暂存和缓冲以及标志位等。数据存储器在物理上和逻辑上都分为两个地址空间：一个是由128B的片内RAM和26个特殊功能寄存器（SFR）构成的内部数据存储器，另一个是片外数据存储器，如图1-10所示。

片外数据存储器的使用通常出现在单片机内部RAM容量不够的情况下。扩展容量可由用户根据需要确定，最大可扩充64KB，地址范围为0000H～FFFFH。需要注意的是，AT89S51单片机扩展的I/O口要与片外数据存储器统一编址。

使用片内和片外数据存储器时应采用不同的指令加以区别。在访问片内数据存储器时，可使用MOV指令；在访问片外数据存储器时，可使用MOVX指令。对片外数据存储器只能采用间接寻址方式，可使用R0、R1和DPTR作间址寄存器。R0、R1作为8位地址指针，寻址范围为256B；而DPTR是16位地址指针，故寻址范围可达64KB。

AT89S51单片机的内部数据存储器只有地址为00H～7FH共128B的RAM可供用户使用；与片内RAM统一编址的80H～FFH地址空间中，只有26个存储空间被特殊功能寄存器（SFR）占用。

（1）片内数据存储区（00H～7FH）　片内数据存储区地址为00H～7FH，空间的使用划分为工作寄存器区、位寻址区及用户RAM区三部分。

1）工作寄存器区（00H～1FH）：在低128B的RAM区中，00H～1FH地址的存储单元为通用工作寄存器区，共分为4组，每组由8个地址单元组成通用寄存器R0～R7，共占32个存储单元，其地址分配见表1-6。

表1-6　AT89S51工作寄存器地址分配表

组号	RS1	RS0	R0	R1	R2	R3	R4	R5	R6	R7
0	0	0	00H	01H	02H	03H	04H	05H	06H	07H
1	0	1	08H	09H	0AH	0BH	0CH	0DH	0EH	0FH
2	1	0	10H	11H	12H	13H	14H	15H	16H	17H
3	1	1	18H	19H	1AH	1BH	1CH	1DH	1EH	1FH

每组寄存器均可选作CPU当前的工作寄存器组，通过对程序状态字PSW中RS1、RS0两位的设置来决定CPU当前使用哪一组。当CPU复位后，自动选中第0组工作寄存器。一旦选中了一组工作寄存器，其他3组的地址空间只能用于数据存储器使用，不能作为寄存器使用，如果要使用必须重新设置RS1、RS0的状态。

2）位寻址区（20H～2FH）：工作寄存器区后的16B（即20H～2FH）共128位为位寻址区，这128位用位地址编号，位地址范围为00H～7FH，见表1-7。它们可用作软件标志位或用于1位布尔处理，既可采用位寻址方式访问，也可以采用字节寻址方式访问，这种位寻址能力是51系列单片机的一个重要特点。

表1-7　RAM位寻址区位地址表

字节地址	MSB			位地址				LSB
2FH	7F	7E	7D	7C	7B	7A	79	78
2EH	77	76	75	74	73	72	71	70
2DH	6F	6E	6D	6C	6B	6A	69	68
2CH	67	66	65	64	63	62	61	60
2BH	5F	5E	5D	5C	5B	5A	59	58
2AH	57	56	55	54	53	52	51	50
29H	4F	4E	4D	4C	4B	4A	49	48

（续）

字节地址	MSB			位地址				LSB
28H	47	46	45	44	43	42	41	40
27H	3F	3E	3D	3C	3B	3A	39	38
26H	37	36	35	34	33	32	31	30
25H	2F	2E	2D	2C	2B	2A	29	28
24H	27	26	25	24	23	22	21	20
23H	1F	1E	1D	1C	1B	1A	19	18
22H	17	16	15	14	13	12	11	10
21H	0F	0E	0D	0C	0B	0A	09	08
20H	07	06	05	04	03	02	01	00

3）用户 RAM 区（30H ~ 7FH）：用户 RAM 区共 80 个单元，可作为堆栈或数据缓冲使用。

（2）片内特殊功能寄存器（SFR）区（80H ~ FFH）　AT89S51 单片机中共有 26 个特殊功能寄存器，这些寄存器离散地分布在片内数据存储器高 128B 的 80H ~ FFH 地址空间中。访问这些特殊功能寄存器只能采用直接寻址或位寻址方式，其中地址为能被 8 整除的 ×0H 和 ×8H 的各寄存器可以位寻址，见表 1-8，表中用 "＊" 表示可位寻址的寄存器。SFR 并未占满 80H ~ FFH 整个地址空间而对其余空闲地址单元的操作也是无意义的，若访问它们则读出的是随机数，同样写这些地址单元也将得不到预期的结果。

这些 SFR 都和单片机的相关部件有关，如 ACC、B 和 PSW 与 CPU 有关，SP、DPTR 与存储器有关，P0 ~ P3 与 I/O 口有关，IP、IE 与中断系统有关，TCON、TMOD、TH0、TL0、TH1 和 TL1 与定时器/计数器有关，SCON、SBUF 与串行接口有关，PCON 与电源有关。这些 SFR 专门用来设置单片机内部的各种资源，记录电路的运行状态，参与各种运算及输入/输出操作，如设置中断和定时器的工作方式，进行并行及串行输入/输出等。

表 1-8　特殊功能寄存器 SFR 地址分配表

名　称	符号	D7			位地址				D0	字节地址
寄存器 B	B＊	F7	F6	F5	F4	F3	F2	F1	F0	F0H
累加器 A	ACC＊	E7	E6	E5	E4	E3	E2	E1	E0	E0H
程序状态字	PSW＊	D7	D6	D5	D4	D3	D2	D1	D0	D0H
		CY	AC	F0	RS1	RS0	OV	—	P	
中断优先级寄存器	IP＊	BF	BE	BD	BC	BB	BA	B9	B8	B8H
		—	—	—	PS	PT1	PX1	PT0	PX0	
P3 口	P3＊	B7	B6	B5	B4	B3	B2	B1	B0	B0H
		P3.7	P3.6	P3.5	P3.4	P3.3	P3.2	P3.1	P3.0	
中断允许寄存器	IE＊	AF	AE	AD	AC	AB	AA	A9	A8	A8H
		EA	—	—	ES	ET1	EX1	ET0	EX0	
看门狗寄存器	WDTRST									A6H
双时钟指针寄存器	AUXR1	—	—	—	—	—	—	—	DPS	A2H
P2 口	P2＊	A7	A6	A5	A4	A3	A2	A1	A0	A0H
		P2.7	P2.6	P2.5	P2.4	P2.3	P2.2	P2.1	P2.0	
串行接口数据寄存器	SBUF									99H
串行接口控制寄存器	SCON＊	9F	9E	9D	9C	9B	9A	99	98	98H
		SM0	SM1	SM2	REN	TB8	RB8	TI	RI	

（续）

名　　称	符号	D7				位地址			D0	字节地址
P1 口	P1*	97	96	95	94	93	92	91	90	90H
		P1.7	P1.6	P1.5	P1.4	P1.3	P1.2	P1.1	P1.0	
辅助寄存器	AUXR	—	—	—	WDIDLE	DISRTO	—	—	DISALE	8EH
定时器1高8位	TH1									8DH
定时器0高8位	TH0									8CH
定时器1低8位	TL1									8BH
定时器0低8位	TL0									8AH
定时器方式选择	TMOD	GATE	C/T	M1	M0	GATE	C/T	M1	M0	89H
定时器控制	TCON*	8F	8E	8D	8C	8B	8A	89	88	88H
		TF1	TR1	TF0	TR0	IE1	IT1	IE0	IT0	
电源控制	PCON	SMOD	—	—	—	GF1	GF0	PD	IDL	87H
数据指针1高8位	DP1H									85H
数据指针1低8位	DP1L									84H
数据指针0高8位	DP0H									83H
数据指针0低8位	DP0L									82H
堆栈指针	SP									81H
P0 口	P0*	87	86	85	84	83	82	81	80	80H
		P0.7	P0.6	P0.5	P0.4	P0.3	P0.2	P0.1	P0.0	

注：带"*"的 SFR 表示可位寻址，"—"表示保留位。

下面介绍部分特殊功能寄存器。

1）累加器 ACC：累加器 ACC（Accumulator）是一个8位特殊功能专用寄存器，简称累加器 A，它既可用于存放操作数，也可用来存放运算的中间结果。MCS-51 单片机中大部分单操作数指令的操作数就是取自累加器，许多双操作数指令中的其中一个操作数也取自累加器。

2）程序状态字寄存器 PSW：程序状态字寄存器 PSW（Program Status Word）是一个可编程的8位特殊功能寄存器，用于存储指令执行后的相关状态信息。其中有些位的状态是根据程序执行结果由硬件自动设置的，而有些位的状态则可通过指令设置。PSW 的位状态可以用专门指令进行测试，也可以用指令读出。一些条件转移指令将根据 PSW 某些位的状态进行程序转移。PSW 的各位定义如下：

D7	D6	D5	D4	D3	D2	D1	D0
CY	AC	F0	RS1	RS0	OV	—	P

CY：进位标志位，简写为 C。它是累加器 A 的进位标志位，如果操作结果最高位（位7）有进位输出（加法）或借位输入（减法），则由硬件置1，否则清零。

AC：辅助进位标志位，也被称为半进位标志。它是累加器 A 低半字节的进位标志位，当累加器 A 的 D3 位向 D4 位进位或借位时，AC 置1，否则置0，通常用于 BCD 码调整。

F0：用户标志位，可以根据需要用程序将其置位或清零，以控制程序的转向。

RS1、RS0：工作寄存器组选择位，RS1、RS0 可由指令置位或清零，用来选择单片机的当前工作寄存器组。

OV：溢出标志位，在有符号数的加减运算中，当运算结果超出范围 −128 ～ +127 时即产生溢出，此时 OV 由硬件自动置1，否则置0；在无符号数乘法运算中，当乘积超过255时 OV 置1，表示乘积的高8位放在 B 中，低8位放在 A 中，否则置0，表示乘积只放在 A 中；在无符号数除法运算中，当除数为0时 OV 置1，表示除法不能进行，否则置0。

P：奇偶校验位，该位始终跟踪累加器 A 内容的奇偶性，凡是改变累加器 A 中内容的指令均会影响 P 标志位。如果累加器 A 中有奇数个 "1"，则该位置为 1，否则置 0。此标志位对串行通信中的数据传输有重要的意义，在串行通信中常采用奇偶校验的方法来校验数据传输的可靠性。

3) 寄存器 B：在乘、除法运算中，寄存器 B 用于暂存数据。乘法指令的两个操作数分别取自于 A 和 B，其结果存放在 B、A 寄存器对中。除法指令中被除数取自 A，除数取自 B，运算结果的商存于 A 中，余数存放在 B 中。

在其他指令中，寄存器 B 可作为 RAM 中的一个存储单元来使用。

4) 数据指针 DPTR：DPTR 是一个 16 位地址寄存器，主要用来存放 16 位地址，作间接寻址寄存器使用，可用于读写片外数据存储器或 I/O 口。AT89S51 单片机提供了两个数据指针，即 DP0 和 DP1，可通过双时钟指针寄存器 AUXR1 来选择。当 AUXR1 的 DPS 位为 0 时选择 DP0，为 1 时选择 DP1。它们也可以拆成两个独立的 8 位寄存器使用，即 DPH（高 8 位）和 DPL（低 8 位）。

5) 堆栈指针 SP（Stack Pointer）：堆栈是存储区中一个主要用来暂存数据和地址的特殊区域，操作时按 "先进后出" 的原则存放数据，其生成方向由低地址到高地址，通常在发生中断或调用子程序时用于保护现场和断点地址。

第一个进栈数据所在的存储单元称为栈底，然后数据逐次进栈，最后进栈数据所在的存储单元称为栈顶。随着存放数据的增减，栈顶是变化的。从栈中取数，总是先取栈顶的数据，即最后进栈的数据，而最先进栈的数据最后取出，如图 1-11 所示，最先取出 47H 单元中的 4BH，最后取出 30H 单元中的 A0H。

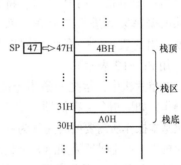

图 1-11　堆栈和堆栈指针示意图

堆栈指针 SP 是一个 8 位特殊功能寄存器，用以指示堆栈顶部在片内 RAM 中的位置。系统复位后，SP 的初始值为 07H。由于 08H ~ 1FH 单元为工作寄存器区 1 ~ 3，20H ~ 2FH 单元为位寻址区，所以一般将 SP 的初值改变至片内 RAM 的高地址区（30H 以上）。

1.3.4　单片机最小系统的概念

在单片机实际应用系统中，由于应用条件及控制要求的不同，其外围电路的组成也各不相同。单片机的最小系统就是指在尽可能少的外部电路条件下，能使单片机独立工作的系统。

由于 AT89S51 单片机内部已经有 4KB 的 FLASH E^2PROM 及 128B 的 RAM，因此只需要接上时钟电路和复位电路就可以构成单片机的最小系统，如图 1-12 所示。

1. 时钟电路

时钟电路用于产生单片机工作所需的时钟信号。时钟信号可以由两种方式产生：内部时钟方式和外部时钟方式。

1) 如果在 XTAL1 和 XTAL2 引脚之间外接石英晶体振荡器及两个谐振电容，就可以构成内部时钟电路，如图 1-12 所示。内部时钟电路的石英晶体振荡器频率一般选择在 4 ~

12MHz 之间，谐振电容采用 20～30pF 的瓷片电容。

2）如果单片机的时钟采用某一个外接的时钟信号，则可以按图 1-13 所示方式连接。

2. 时序

单片机的时序就是 CPU 在执行指令时所需各控制信号的时间顺序。时钟电路产生的最基本、最小的时序单位是时钟周期，它是由石英晶体振荡器的振荡频率决定的，所以时钟周期也称为振荡周期，为时钟脉冲频率的倒数。

在 AT89S51 单片机中，把一个时钟周期定义为一个节拍，用 P 表示。将石英晶体振荡器的振荡频率进行二分频，就构成了状态周期，用 S 表示，一个状态周期等于两个节拍（用 P1、P2 表示）。

在单片机中，常把一条指令的执行过程划分为若干基本操作，如取指令、存储器读和存储器写等。单片机执行一次基本操作所需要的时间称为一个机器周期，在 AT89S51 单片机中，一个机器周期由 6 个状态周期（S1～S6）构成。

单片机执行一条指令所需要的时间称为指令周期，通常由 1～4 个机器周期组成。指令不同，所需的机器周期数也不同。一般 51 单片机的指令分为单机器周期、双机器周期及四机器周期指令。

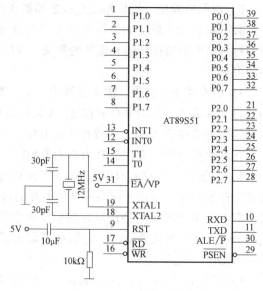

图 1-12 单片机的最小系统

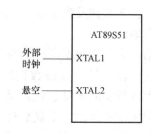

图 1-13 AT89S51 外部时钟方式

各时序单位间的关系如图 1-14 所示。例如石英晶体振荡器的频率为 $f_{OSC} = 12\text{MHz}$，则

$$时钟周期 = \frac{1}{f_{OSC}} = \frac{1}{12\text{MHz}} = 0.0833\,\mu s$$

所以：

状态周期 $= 2 \times$ 时钟周期 $= 0.167\,\mu s$

机器周期 $= 12 \times$ 时钟周期 $= 1\,\mu s$

指令周期 $= (1～4)$ 机器周期 $= 1～4\,\mu s$

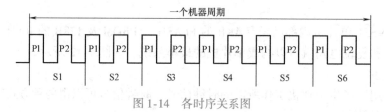

图 1-14 各时序关系图

3. 复位电路

复位是对单片机的初始化操作。单片机在启动运行之前，都需要先复位，其作用是使

CPU 和系统内各寄存器等部件处于一个确定的初始状态，并从这个状态开始工作。因而复位是一个很重要的操作方式。但单片机本身是不能自动进行复位的，必须配合相应的外部电路才能实现。

（1）复位电路的构成　要实现复位操作，只需在 AT89S51 单片机的 RST 引脚上施加 5ms 的高电平信号就可以了。单片机的复位电路有两种形式：上电复位和按钮复位，如图 1-15 所示。

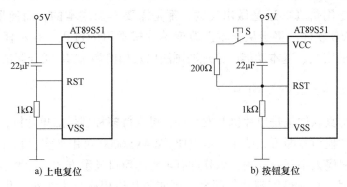

图 1-15　复位电路

上电复位是利用电容充电来实现的，即上电瞬间 RST 端的电位与 V_{CC} 相同，随着电容上储能增加，电容电压也增大，充电电流减小，RST 端的电位逐渐下降。这样在 RST 端就会建立一个脉冲电压，调节电容与电阻的大小，就可对脉冲持续的时间进行调节。通常，若晶体振荡器（简称晶振）频率为 6MHz，则复位电路元件选择 22μF 的电解电容和 1kΩ 的电阻；若晶体振荡器频率为 12MHz，则复位电路元件选择 10μF 的电解电容和 10kΩ 的电阻。

按钮复位电路是通过按下复位按钮时，电源对 RST 端维持两个机器周期的高电平实现复位的。

（2）复位后各寄存器的状态　当单片机进行复位操作后，各寄存器的内容均被初始化。复位后各寄存器状态见表 1-9，除 SP、P0 ～ P3 及 SBUF 外，其余各寄存器值均为 0。PC ＝0000H 代表单片机从地址为 0 处开始执行程序。端口 P0 ～ P3 为 FFH 表明所有端口锁存器均被置"1"，可进行输入/输出数据的操作。

表 1-9　AT89S51 复位后各寄存器的状态

寄存器名称	复 位 值	寄存器名称	复 位 值
PC	0000H	IE	0 × ×00000B
ACC	00H	TMOD	00H
B	00H	TCON	00H
PSW	00H	TH0	00H
SP	07H	TL0	00H
DPTR	0000H	TH1	00H
P0 ～ P3	FFH	TL1	00H
SBUF	不定	SCON	00H
IP	× × ×00000B	PCON	0 × × ×0000B

任务1.4 了解单片机的开发环境

很多人在学习单片机时都会感觉到单片机很抽象，这种抽象不只体现在内部结构和外围接口电路上，也体现在编程上。要想知道硬件电路和程序是否正确，就需要在仿真器或实物上测试。但不论是用仿真器还是做出实物，都是需要不少成本的，而使用 Proteus 软件和 KEIL 软件或 WAVE 软件，将会从根本上改变单片机学习的过程。在本任务中，将会介绍 Proteus 仿真软件的安装、基本功能、原理图画法以及如何和 KEIL 联合调试观看仿真结果。

1.4.1 WAVE6000 软件使用简介

WAVE6000 仿真软件包是单片机开发软件，可支持多种型号的单片机，不需要购买仿真器，只需使用软件模拟器即可，使用非常方便。WAVE6000 可用来实现软件模拟仿真和硬件仿真，且用户源程序大小不受限制，该软件有丰富的窗口显示方式，能够多方位、动态地展示程序的执行过程。其项目管理功能强大，可使单片机程序化大为小，化繁为简，便于管理。另外，该软件的书签、断点管理功能以及外设管理功能等也为 51 单片机的仿真带来了极大的便利。下面以软件模拟仿真为主介绍 WAVE6000 的用法。

1. 软件的安装与功能介绍

WAVE6000 安装后，会在桌面生成一快捷方式图标，双击该图标即可打开软件进入图 1-16 所示的界面。

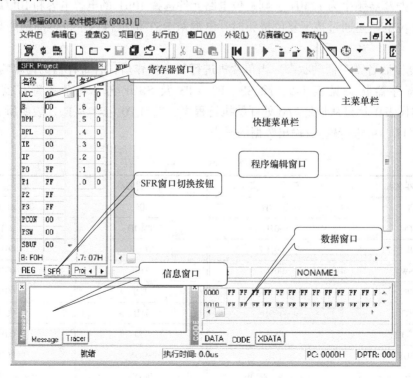

图 1-16　WAVE6000 界面

该界面是个标准的 Windows 软件界面, 包括主菜单栏、快捷菜单栏以及其他很多个窗口, 如 CPU 窗口、SFR 窗口、信息窗口、跟踪窗口和不同区域的数据窗口等。

在使用 WAVE6000 编辑、编译和运行调试程序之前, 首先要设置编译器和仿真器。WAVE6000 软件包内嵌了伟福汇编器, 可直接编译汇编源程序。如果要编译 C51 或 PL/M 语言程序, 则必须用第三方编译器, 例如 KEIL C51, 按照如下方法和顺序进行设置即可。

1) 在 C 盘根目录下建立一个子目录 COMP51。

2) 将第三方编译器复制到"C:\COMP51"目录下。

3) 在 WAVE6000 软件中设置仿真器的路径。

单击"仿真器"菜单, 在下拉菜单中选择"仿真器设置"选项, 进入图 1-17 所示的界面, 根据所用的编程语言, 在"语言"选项卡中选择编译器。

如果第三方编译器已经安装在本机上, 则不必经过步骤 1)

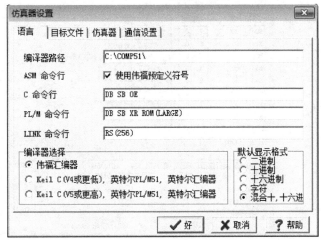

图 1-17   编译器的设置

和 2), 只要在步骤 3) 中将编译器路径指定为第三方编译器的安装路径就可以了, 如 D:\KEIL\C51\。

设置好编译器之后, 进入"仿真器"选项卡, 可以选择仿真器硬件类型、仿真头类型以及仿真的 CPU 型号等。勾选"使用伟福软件模拟器"复选框, 则可进行软件模拟仿真, 如图 1-18 所示。

2. 程序的编辑和编译

单击"文件"菜单, 在下拉菜单中选择"新建文件"选项, 或者单击快捷菜单栏的新建文件按钮, 就可以打开文件编辑窗口, 在这个窗口可以编辑和修改源程序, 也可随时保存源文件。特别注意保

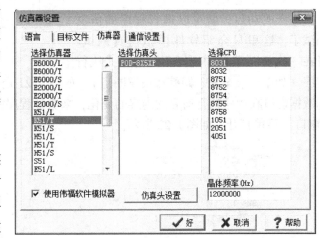

图 1-18   仿真器设置

存时的文件扩展名, 如果是汇编源程序, 则扩展名是 .ASM; 如果是 C51 源程序, 则以 .C 为扩展名。

源程序输入完之后可开始编译。选择"项目"菜单下的"编译"选项, 或者单击快捷菜单栏的按钮, 可编译源程序。如果程序有语法错误, 则会在信息窗口提示, 如图 1-19

所示。双击错误信息可在源程序中定位错误所在的行。按错误提示修改之后再次编译，直到没有错误信息为止，这时会出现图1-20所示的信息提示。

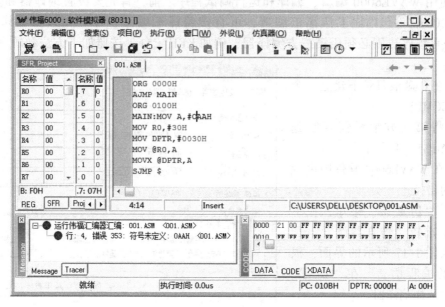

图1-19 编译信息提示

编译正确后，会生产.BIN文件和.HEX文件。

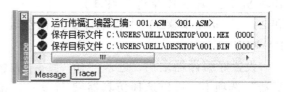

图1-20 编译正确后的信息提示

3. 程序的仿真调试

编译成功后，就可以进行程序的仿真调试了，这里只介绍软件模拟仿真调试。可在"执行"菜单中选择不同的方式执行程序（如单步、全速、跟踪或设置断点），如图1-21所示。同时可查看相应的寄存器窗口和数据窗口在程序执行前后的内容的变化，来验证程序的逻辑功能是否正确。数据窗口可在"窗口"菜单打开，如图1-22所示。

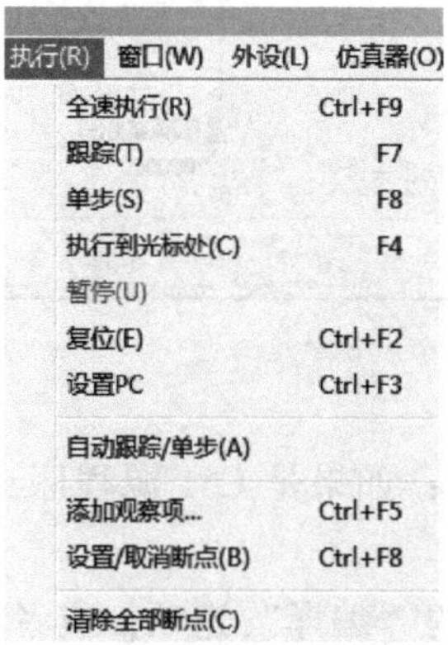

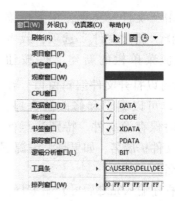

图1-21 执行菜单

图1-22 数据窗口菜单

也可在快捷菜单栏选择执行方式，如 ▏▎▌▶ ▌▌▌ ▌▌▌，从左到右依次为复位、暂停、全速执行、跟踪执行、单步执行和忽略断点执行。

以上介绍的是 WAVE6000 仿真软件的基本用法，更多用法读者可参考其他资料。

1.4.2 KEIL μVision4 软件使用简介

Keil 公司是微控制器（MCU）软件开发工具的独立供应商。Keil 公司由两家私人公司联合运营，分别是德国慕尼黑的 Keil Elektronik GmbH 和美国德克萨斯的 Keil Software Inc。KEIL C51 是美国 Keil Software 公司出品的 51 系列兼容单片机 C 语言软件开发系统，与汇编语言相比，C 语言在功能、结构性、可读性和可维护性上有明显的优势，因而易学易用。KEIL 提供了包括 C 编译器、宏汇编、连接器、库管理和一个功能强大的仿真调试器等在内的完整开发方案，通过一个集成开发环境（μVision）将这些部分组合在一起。在这个集成环境中，用户可使用 C 语言或汇编语言编程。下面介绍 KEIL μVision4 的安装与使用。

1. KEIL μVision4 的安装与功能介绍

下载 KEIL μVision4 软件后，进入 setup 目录下双击"setup. exe"，即进入安装程序，按照安装程序的提示，输入相关内容即可自动完成安装过程。安装完成后，会在桌面建立一个快捷方式图标。双击该图标，即可进入 KEIL μVision4 的主界面，如图 1-23 所示。

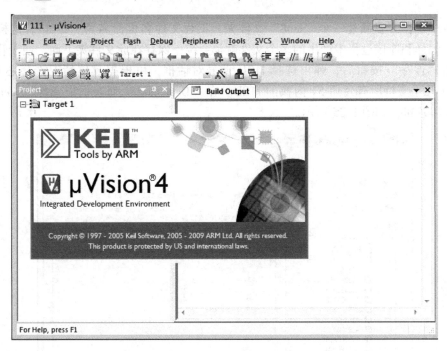

图 1-23　KEIL μVision4 的启动界面和主界面

KEIL μVision4 也是一个标准的 Windows 软件，包括主菜单、快捷菜单以及一些窗口。

2. 新建工程文件

KEIL μVision4 采用工程方式管理文件，工程中可保存程序编辑的信息和调试的环境。

单击主菜单中的"Project"→"New μVision4 Project"，在弹出的对话框中选择新建工程的路径文件夹和工程名，如图1-24所示。

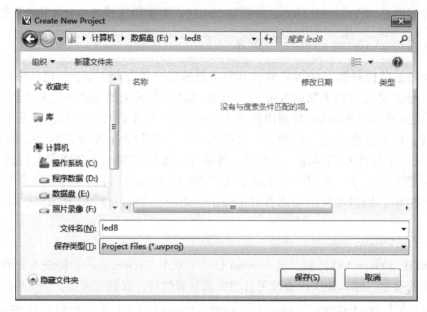

图1-24 新建工程对话框

本例中是在E盘新建一个"led8"文件夹，工程文件名也命名为"led8"。这样，工程在保存、编译和连接过程中产生的多个文件就都会统一保存在此文件夹下面，便于管理。

单击"保存"按钮后，弹出选择MCU型号对话框，可根据具体情况选择芯片型号，KEIL C51几乎支持所有公司51内核的MCU。在"Data base"列表框中选择Atmel公司的AT89S51单片机，如图1-25所示。

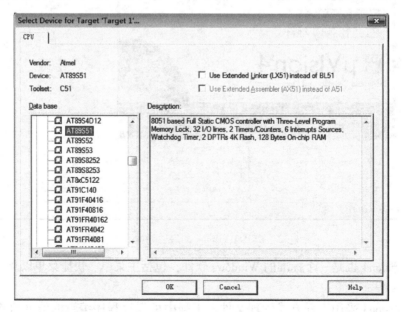

图1-25 选择MCU型号对话框

单击"OK"按钮后又会弹出一个窗口，询问是否把标准8051的启动代码添加到工程中去，一般选择"否（N）"即可，只有在用到了某些增强功能、需要初始化配置时才选择"是（Y）"，如图1-26所示。

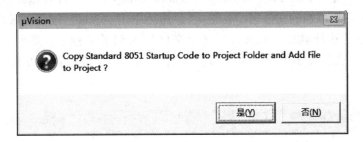

图1-26　添加启动代码对话框

3. 编辑源程序

单击主菜单中的"File"→"New"或快捷菜单栏的图标，会弹出一个白色背景的文件编辑窗口 Text1，用户可以在这个区域输入源程序。在输入的过程中或输入完成后，可选择主菜单中的"File"→"Save As…"保存文件。例如输入文件名"led8. c"，默认保存路径为工程文件夹，如图1-27所示。

图1-27　新建文件编辑窗口和保存文件对话框

4. 添加源程序文件到工程中

在左边的工程窗口中，单击"Target1"项前面的"+"号，然后用鼠标右键单击"Source Group 1"文件夹，弹出图1-28所示的快捷菜单。

单击粗体字命令"Add Files to Group 'Source Group 1'"，打开添加文件对话框，如图1-29所示。单击要添加的文件名"led8.c"，然后单击"Add"按钮，最后单击"Close"按钮关闭对话框。这样就将"led8.c"这个文件加入到了工程中。此时左边的工程窗口"Source Group 1"文件夹多了个"+"号，单击"+"号，可看到文件夹中已经包含了文件"led8.c"。

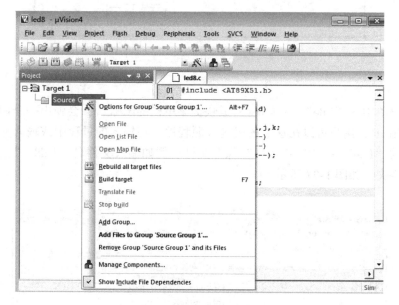

图1-28 添加文件到工程对话框

图1-29 选择文件对话框

5. 编译文件

单片机只能存储和执行机器语言程序，所以汇编语言程序和 C51 语言程序是不能在 CPU 中直接运行的，需要用编译软件将它们转换成机器语言程序，这个过程叫作编译。

单击主菜单中的"Project"→"Buildtarget"命令，或者单击快捷菜单栏的图标，可编译当前打开的源程序。编译结果显示在"Build Output"选项卡中的信息主要有编译过程产生的错误信息和使用的系统资源情况。如果显示"0 Error（s），0 Warning（s）."就表示源程序没有语法错误了，但程序的逻辑功能是否正确还要进一步验证。编译信息提示窗口如图 1-30 所示。

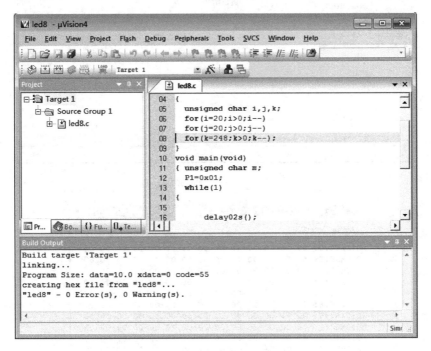

图 1-30　编译信息提示窗口

6. 程序仿真调试

编译成功后，就可以通过软件模拟调试程序，验证其逻辑功能是否正确。在主菜单栏中单击"Debug"→"Start/Stop Debug Session"命令即可进入仿真调试状态，软件默认的状态为软件仿真，需配合相应的外部电路，也可设置为在线硬件仿真，还可以和 Proteus 进行软硬件联合调试。如果是 Eval 版本，会有一个 2KB 代码限制提示，单击"确定"按钮即可。在进入仿真状态后，仿真软件自动完成单片机的复位，在左边的工程窗口可以看到当前的工作寄存器和一些 SFR 的复位值。在源程序窗口第一条要执行的语句前会有一个黄色的箭头，如图 1-31 所示。

可选择连续运行或单步执行来调试程序。单击快捷菜单栏的按钮或者单击"Debug"→"Run"命令，即可实现源程序的全速执行。在程序运行过程中，如果要查看 I/O 口的状态，可单击"Peripheral"→"I/O-Ports"→"Port1"命令进行查看；如果要查看存储器的状态，可单击"View"→"Memory Windows"→"Memory 1"命令进行查看，如图 1-32 所示。

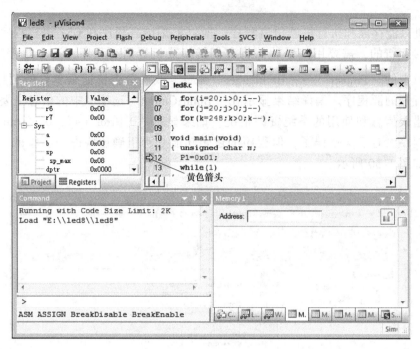

图 1-31　软件仿真界面

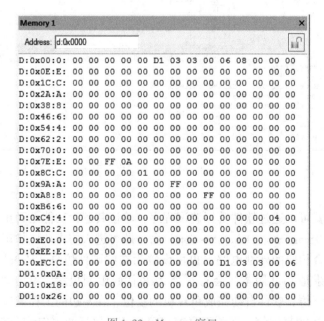

图 1-32　Memory 窗口

在 Address: d:0x0000 文本框中分别输入如下地址，可查看程序执行中不同存储区的状态。

c: 0 （ROM 的 CODE 区）

d: 0 （内部 RAM 的 DATA 区）

i: 0 （内部 RAM 的 IDATA 区）

x：0（外部 RAM 的 XDATA 区）

其中"0"表示所在区的开始地址，可替换成用户想直接查看的地址。

7. 程序下载

向 MCU 芯片下载的程序必须是二进制程序，也就是"HEX File"格式的文件，下面介绍如何得到 HEX 文件。首先退出仿真状态，用鼠标右键单击工程窗口的"Target 1"项，在弹出的快捷菜单中单击"Options for Target'Target 1'"子菜单，如图 1-33 所示，进入图 1-34 所示的窗口。然后单击"Output"选项卡，勾选

☑ Create HEX File　HEX Format：HEX-80　▼

选项，单击"OK"按钮，重新编译即可产生扩展名为".HEX"的文件，该文件默认

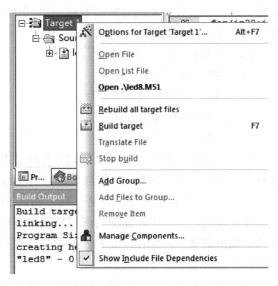

图 1-33　Target 1 快捷菜单

情况下与源文件同名同路径。这个文件可供编程器软件下载到 AT89S51 或其他单片机中，配合外围电路就可以看到实际效果。

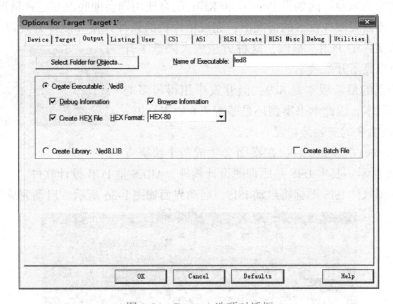

图 1-34　Target 1 选项对话框

KEIL μVision4 软件的功能使用先介绍到这里，它与 Proteus 的联合调试将在 1.4.3 节介绍。

1.4.3　Proteus 7.8 软件简介

Proteus 软件是英国 Labcenter electronics 公司出版的 EDA 工具软件（仿真软件），它不仅具有其他 EDA 工具软件的仿真功能，还能仿真单片机及外围元器件。它同样支持从原理图

布图、代码调试到单片机与外围电路的协同仿真，可一键切换到 PCB 设计，真正实现了从概念到产品的完整设计。

Proteus 软件的功能特点如下：

1）支持原理布图。

2）支持 PCB 自动或人工布线。

3）支持 SPICE 电路仿真。

它还具有以下的特点：

1）互动的电路仿真。用户可以实时采用诸如 RAM、ROM、键盘、电动机、LED、LCD、A－D/D－A、部分 SPI 器件和部分 I^2C 器件等。

2）仿真处理器及其外围电路。可以仿真 51 系列、AVR、PIC 和 ARM 等常用主流单片机，还可以直接在基于原理图的虚拟原型上编程，再配合显示及输出，能使用户看到运行后输入、输出的效果。配合系统配置的虚拟逻辑分析仪、示波器等，Proteus 建立了完备的电子设计开发环境。

单片机作为嵌入式系统的核心器件，其系统设计包括硬件设计和软件设计两个方面，调试过程一般包括软件测试、硬件测试和软硬件综合调试。软件的语法调试比较简单，可以在计算机上完成。但软件的逻辑功能测试、硬件调试以及软硬件综合调试则需要在焊接好元器件的 PCB 上完成，而且 PCB 的制作、元器件的安装与焊接不仅有成本，而且费时费力，还有一定的不成功的风险。而如果 Proteus 和 KEIL 配合使用则会彻底改变这种情况，可以在不必制作 PCB、不需要硬件投入的情况下，完成单片机的软件开发和硬件开发以及联合调试，成功之后再做实际的 PCB。显然，这种方法大大降低了开发成本，而且提高了开发效率。

图 1-35　Proteus 图标

Proteus 目前的最新版本是 8.9，但开发中用得最多的还是 7.8 这个版本，因此本书案例还是基于 7.8 版本介绍。

1. Proteus 7.8 的安装与功能介绍

安装完 Proteus 7.8 sp2 后，在桌面会生成两个快捷方式，如图 1-35 所示。其中 ISIS 是原理图设计软件，ARES 是 PCB 设计软件。

单击原理图软件 ISIS 图标将启动 ISIS，启动界面如图 1-36 所示。启动完成后，进入ISIS

图 1-36　ISIS 7.8 Professional 启动界面

编辑环境，如图1-37所示。

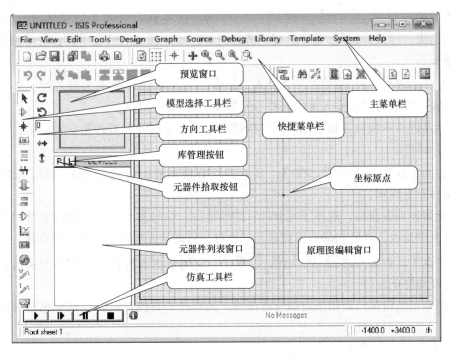

图1-37 Proteus ISIS 用户界面图

进入ISIS用户界面后即可设计原理图，设计前还可以设置编辑环境和系统环境，在"System"菜单中，可进行模板选择、图样选择、图样设置和格点设置；还可进行BOM格式选择、仿真运行环境选择、各种文件路径选择及键盘快捷方式设置等，如图1-38所示。当然也可以不理会这些设置直接使用默认值。

下面简单介绍用户界面各部分的功能。用户界面是标准的Windows界面风格，包括主菜单栏、快捷菜单栏、预览窗口、模型选择工具栏、元器件拾取按钮、库管理按钮、元器件列表窗口、方向工具栏、仿真工具栏和原理图编辑窗口等。

1）预览窗口：它有两个功能，一是在元器件列表中选择一个元器件时，它会显示该元器件的预览图；二是当指针焦点落在原理图编辑窗口时，它会显示整张原理图的缩略图，并会显示一个绿色的方框，绿色方框里面的内容就是当前原理图窗口中显示的内容。因此，可利用指针在它上面单击来改变绿色方框的位置，从而改变原理图的可视范围。

图1-38 System 菜单

2）模型选择工具栏：

主模式选择按钮为 ![buttons]。从左到右各按钮分别为即时编辑元器件参数（先单击该图标再单击要修改的元器件）、选择元器件、放置节点、放置网络标号、放置文本、绘制总线和绘制子电路。

小工具箱按钮为 ▤ ▷ ⬚ ▣ ⟳ ⟋ ⟋ ▱。从左到右分别为终端接口（包括 V_{CC}、地、输出、出入等接口）、元器件引脚、仿真图表、录音机、信号发生器、电压探针、电流探针和虚拟仪表。

2D 图形按钮为 ╱ ▉ ● ◠ ◌ ∞ A ▣ ✛ 。从左到右分别为画直线、画方框、画圆、画圆弧、画多边形、输入文本、符号元器件选择和符号标记。

3）元器件拾取按钮：这是最常用的按钮之一，用于打开元器件拾取对话框，从元器件库里选取元器件。

4）方向工具栏为 ⟳ ⟲ ▯ ↔ ↕。从左到右分别为顺时针旋转 90°、逆时针旋转 90°、水平翻转和垂直翻转。

5）元器件列表窗口：选择了元器件、终端接口、信号发生器和仿真图表等以后，会在元器件列表中显示，以后如果再用到该元器件时，只需从元器件列表中选择即可。

6）仿真工具栏为 ▶ ▐▶ ▐▐ ▅ 。它用于仿真控制，分别为全速运行、单步运行、暂停和停止。

7）原理图编辑窗口是用来绘制原理图的，元器件和其他对象要放到蓝色的方框内才可以编辑。

2. 电路原理图的绘制

原理图的绘制包括以下内容：新建文件、选择元器件并放置、编辑对象、电路连线及添加或编辑文字描述。

（1）新建设计文件　打开菜单"File"→"New Design…"，会弹出"Create New Design"对话框，选择其中的"DEFAULT 模板"，单击"OK"按钮，即可进入 ISIS 用户界面。可以先保存这个文件，单击快捷工具栏中的保存按钮，在打开的"Save ISIS Design File"对话框中，选择一个保存路径并输入文件名，例如输入"c51led"，单击保存按钮，文件类型用默认类型即可，这样就完成了保存。在后面绘制原理图的过程中，可以每绘制完一部分就保存一次，直至完成。

（2）对象的选择和放置　绘制原理图一般先选取单片机，单击图 1-37 中的元器件拾取按钮，会打开"Pick Device"（拾取元器件）对话框，如图 1-39 所示。可以采用按类别或直接查找并选取两种方法。

1）按类别查找和拾取元器件。在图 1-39 中，在"Category"类别中选择"Microprocessor ICs"项，在"Sub-category"子类中选择"8051 Family"项，在"Results"中找 AT89S51，但鉴于本例使用的库里没有，所以选取 AT89C51 作为代替，右侧出现该元器件的预览和 PCB 封装图。单击"OK"按钮，元器件就会随指针一起移动，放在编辑窗口的合适位置即可。

2）直接查找并拾取元器件。如果知道元器件的名称，可以在"Pick Devices"对话框的"Keywords"栏中，输入元器件的全部或部分名称。例如接下来要放置红色的 LED（名称为 LED-RED），我们输入"led-red"，查询结果在"Results"列表中只有一个元器件，选择后放入原理图编辑窗口的合适位置即可。"c51led"电路的其他元器件也可按这两种方法找到并放置到编辑窗口，所需的元器件见表 1-10。

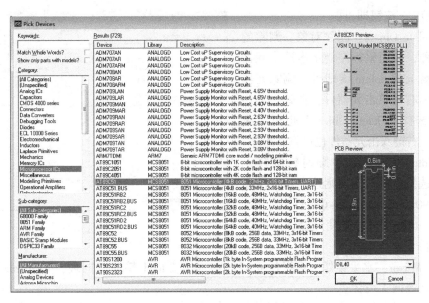

图1-39 元器件拾取界面

表1-10 "c51led"电路元器件清单

元器件名	类	参数	备注
AT89C51	Microprocessor ICs		代替AT89S51
CAP	Capacitors	30pF	陶瓷电容,用于起振
CAP-ELEC	Capacitors	10μF	电解电容,用于复位
CRYSTAL	Miscellaneous	12MHz	晶体振荡器
LED-RED	Optoelectronics		红色LED
RES	Resistors	100Ω	复位电路泄流电阻
RES	Resistors	10kΩ	复位电路上拉电阻
BUTTON	Witches&Relays		

（3）对象的编辑 放置好原理图中所需的元器件后，经常需要调整元器件的位置、角度，也需要编辑其属性。用鼠标右键单击某个元器件，就可以打开如图1-40所示的对话框。可以进行的编辑有：

1）Drag Object：拖动对象。选择这一项后，对象会随着指针一起移动，到目的地后，单击鼠标左键即可停止移动。

2）Edit Properties：编辑属性。选择这一项后，出现"Edit Component"对话框，如图1-41所示。以复位泄流电阻R2为例，在该对话框中可编辑元件的显示名称、电阻值。

为了使电路看起来清晰，可以取消每个

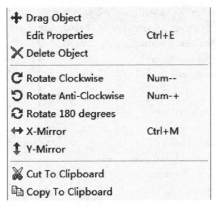

图1-40 元器件编辑对话框

元器件旁边灰色的"<TEXT>"显示，方法是：在"Template"菜单下选择"Set Design Defaults…"选项，将"Edit Design Defaults"对话框中的"Show hidden text?"单选去掉，

再单击"OK"按钮即可。

3）Delete Object：删除对象。删除的方法有多种，如用鼠标左键单击选中元器件，按键盘上的 delete 键即可以删除元器件；用鼠标右键单击元器件，在弹出的快捷菜单中选择"Delete Object"也可以删除元器件；右键双击元器件也可将其删除。

4）Rotate Clockwise：顺时针旋转元器件，每选择一次该选项则选中元器件顺时针旋转90°。Rotate Anti-Clockwise、Rotate 180 degrees 还可分别使元器件逆时针旋转、旋转180°。

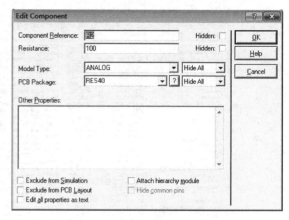

图 1-41 编辑元件对话框

5）X-Mirror：水平镜像。可以使元器件在水平方向上镜像。同理，Y-Mirror 可以使元器件在垂直方向上镜像。

（4）电路连线 在完成了对元器件的编辑后，下面就可以连线了。当然在连线后仍然可以按上述方法进行元器件的编辑。

系统默认是自动捕捉功能打开的，只要将指针放在需要连线的元器件引脚附近，就会自动捕捉到引脚，单击第一个对象的连接点，拖动指针到另一个对象的连接点处单击即可自动生成连线。在拖动过程中需要拐弯时单击鼠标左键即可。这是一种最常用的连线方式，也可采用网络标号连线：在第一个连接点处放置一个输入终端 INPUT，在另一个连接点处放置一个输出终端 OUTPUT，利用对象的编辑属性方法对两个终端进行标号（也可以用普通导线加网络标号），两个终端的标号（Label）必须一致。

（5）电气规则检查 ERC 原理图绘制完成后，可进行电气规则检查。单击"Tools"菜单，在弹出的下拉菜单中选择"Electrical Rule Check…"选项，如图1-42所示。

对"c51led"这个文件进行电气规则检查后，生成 ERC 报告单，如图1-43所示。Netlist（网络表）已经生成，无 ERC 错误。

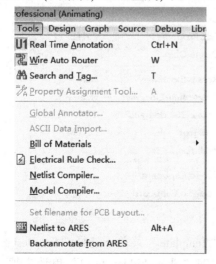

图 1-42 Tools 子菜单

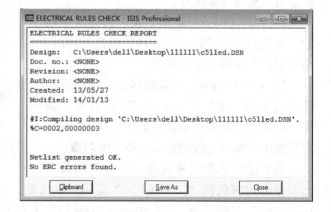

图 1-43 本例（c51led）ERC 报告单

至此就完成了原理图绘制的全部工作。

3. 电路的调试运行

在 Proteus 中完成电路原理图的绘制后，还可进行仿真调试，以确定电路的正确性和程序的逻辑功能正确性。

例如绘制 1 位 LED 闪烁的电路，按上个任务中所学的方法绘制原理图，如图1-44所示。

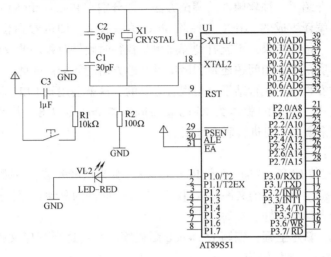

图 1-44　1 位 LED 闪烁电路原理图

原理图画完后，到底正确与否，以及程序逻辑功能是否正确，可以通过 Proteus 所带的运行调试功能来验证。

在 WAVE 中用汇编语言编写程序或在 KEIL 中用 C51 编写程序并编译得到 "c51led. HEX" 程序，即可进行电路的调试运行了。

在原理图中用左键双击单片机，或者用鼠标右键单击单片机，在弹出的快捷菜单中选择 "Edit Properties"，弹出编辑元器件对话框，如图 1-45 所示。在 "Program File" 栏选择目标 HEX 文件，这里选择同一路径下的 "c51led. HEX" 文件，单击 "OK" 按钮即可。

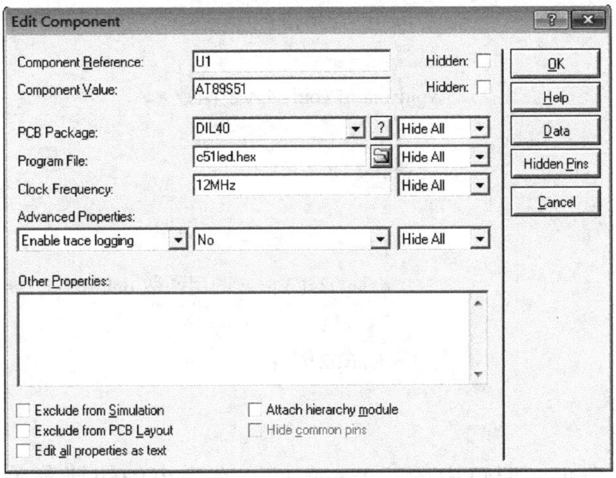

图 1-45　加载目标代码文件

接下来开始运行调试，单击工具条 中的"play"键 ，即可看到程序运行后硬件的显示结果。硬件和程序的正确与否在这里都可以得到验证，如果二者都正确，将看到 P1 口所连的 1 个 LED 不停地闪烁。在程序运行过程中，引脚上的红色方块代表高电平，蓝色方块代表低电平。

4. Proteus 与 KEIL 的联合调试

在上个任务中介绍了一种软硬件的调试方法，即分别在 Proteus 和 KEIL 中设计硬件原理图和编程，然后将编译生成的 .HEX 文件和 MCU 关联起来，即可看到程序运行后的结果。但这里只是看到一个最终结果，不能看到程序单步执行时硬件对程序的反应。而且一旦结果不对，很难判断到底是硬件的问题还是程序中哪个地方出的问题。因此，有些时候让程序单步执行，一步步地看程序的执行结果也是很有必要的，这就会用到 KEIL 和 Proteus 的联合调试。在下面的讲述中，所用的版本为 KEIL μVision4 和 Proteus 7.8，并且以前面任务中的 c51led 原理图为例来说明如何进行联合调试。

具体步骤如下：

1）在机器上安装 KEIL μVision4 和 Proteus 7.8（如果已经安装，可跳过此步）。

2）安装 vdmagdi.exe，这个文件是 KEIL 与 Proteus 联调的驱动程序，运行它之后，软件所需的设置全部会自动设置好。

3）打开 KEIL，新建工程，编写 c51led.c 源程序，并把这个程序文件加入工程中，如图 1-46 所示。c51led.c 源代码为：

```
#include <AT89X51.h>
sbit L1 = P1^0;

void delay02s(void)
{
  unsigned char i,j,k;          /*定义无符号字符型变量 i、j、k，
                                   局部变量说明*/
  for(i=20;i>0;i--)
  for(j=20;j>0;j--)
  for(k=248;k>0;k--);
}
void main(void)/*主函数*/
{
  while(1)
  {
    L1=0;
    delay02s();/*调用函数 delay02s()*/
    L1=1;
    delay02s();
  }
}
```

用鼠标右键单击 Project 窗口中的"Target 1"，在弹出的快捷菜单中单击"Options for Target'Target1'…"命令，弹出选项设置对话框，如图 1-47 所示。

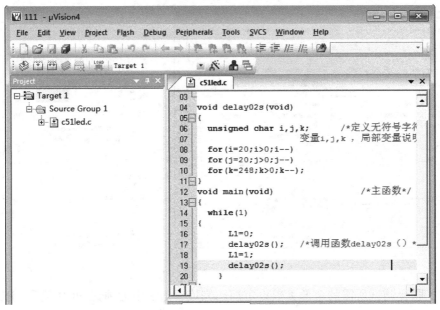

图 1-46　KEIL μvision 界面

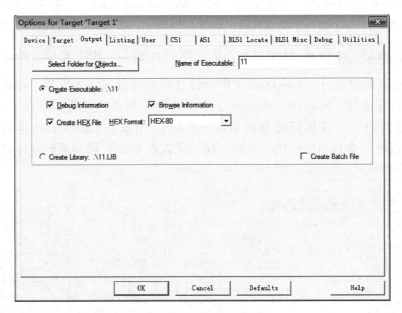

图 1-47　选项设置对话框

　　打 开 Output 选项卡，勾选 ☑ Create HEX File　HEX Format: HEX-80 ▼ 选项，在 Select Folder for Objects... 和 Name of Executable: 11 中可选择输出 .HEX 文件的路径及文件名。然后打开 Debug 选项卡，如图 1-48 所示。在使用仿真器对应的下拉列表框中选择"Proteus VSM Simulator"选项，操作完成后为 ⦿ Use: Proteus VSM Simulator ▼ Settings 。

　　4）启动 ISIS，打开任务 1.4.3 中绘制好的 c51led 电路图，单击"Debug"菜单，如图 1-49所示。勾选"Use Remote Debug Monitor"选项。

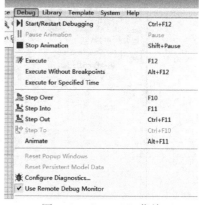

图 1-48　Debug 选项卡　　　　　　　　　　　图 1-49　"Debug"菜单

至此，联合调试所需的全部参数设定即已完成，ISIS 中无须让 MCU 关联 .HEX 文件，接下来就可以实现联合调试了。

在 KEIL 中单击"Debug"菜单中的"Start/Stop Debug Session"命令，进入调试状态，可看到同时会自动启动 ISIS 中的播放按钮，如图 1-50 所示。在 KEIL 中有几种运行方式可选择，它们均在 [工具栏图标] 中展示，从左到右分别为：RST 复位、Run 全速运行、Stop 停止、Step 跟踪运行、Step Over 单步运行（单步运行完一条指令，如果该语句为 C 中的调用子程序语句，Step Over 指令将全速完成该子程序的运行，停在下一指令处）、Step Out 单步运行（一步执行完当前函数并返回）、Run to Cursor Line 运行到光标处。通过调试运行可以看到程序的执行流程，同时可以在 ISIS 中同步看到硬件的反应。

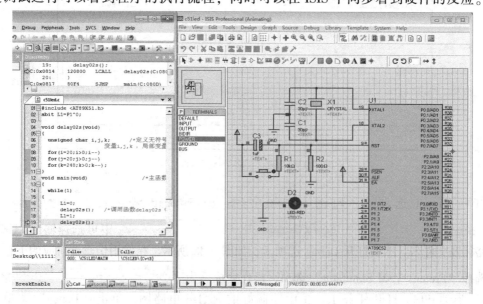

图 1-50　Proteus 和 KEIL 联合调试界面

任务1.5　学习单片机 C51 编程

单片机 C51 语言是由 C 语言继承而来的，兼备高级语言与低级语言的优点。与汇编语言相比，C51 语言在功能、结构性、可读性、可维护性及可移植性上具有明显的优势，可以回避很多对底层硬件的操作。C51 语言代码在执行效率方面十分接近汇编语言，且比汇编语言的程序易于理解，便于代码共享。

和 C 语言不同的是，C51 语言运行于单片机平台，而 C 语言则运行于普通的 PC 平台。C51 语言具有 C 语言结构清晰的优点，同时具有汇编语言的硬件操作能力，其支持的微处理器种类繁多，可移植性好。对于兼容 MS-51 系列单片机，只要将一个单片机型号下的程序稍加修改，甚至不加改变，就可移植到另一个不同型号的单片机中运行。

C51 语言的语法结构与标准 C 语言基本一致，因此具有 C 语言编程基础的读者也能够轻松地掌握单片机 C51 语言的程序设计。

1.5.1　C51 的数据结构

C51 语言和 C 语言一样，由标识符、常量、变量、字符串、运算符和分隔符等组成。

标识符是指常量、变量、语句标号以及用户自定义函数的名称。C51 标识符的命名十分灵活，但必须满足以下规则：

1）所有标识符必须由一个字母（a~z，A~Z）或下划线"_"开头。

2）标识符的其他部分可以用字母、下划线或数字（0~9）组成。

3）大小写字母表示不同意义，即代表不同的标识符。

4）标识符只有前 32 个字符有效。

5）标识符不能与 C51 已经定义的专用标识符关键字冲突。

数据是计算机程序处理的主要对象，数据可以分为常量和变量。常量是在程序运行中不能改变，即值已固定的量，可以是字符、十进制数或十六进制数等；变量是在程序运行过程中其值可以不断变化的量。无论是常量或变量，其数据结构都是由数据类型决定的。

1. C51 的数据类型

C51 中的数据类型既包含与 C 语言中相同的数据类型，也包含其特有的数据类型。

（1）字符型（Char）　字符在计算机中以其 ASCII 码方式表示，其长度为一个字节。有 signed char（有符号字符型）和 unsigned char（无符号字符型）两种，默认为 signed char。unsigned char 类型数据可以表达的数值范围是 0~255；signed char 类型数据的最高位为符号位，采用补码形式表示，表达的数值范围是 -128~+127。

（2）整型（Int）　其长度为两个字节，有 signed int 和 unsigned int 两种，默认为 signed int。unsigned int 类型数据可以表达的数值范围是 0~65535；signed int 类型数据的最高位为符号位，表达的数值范围是 -32768~+32767。

（3）长整型（Long）　其长度为四个字节，有 signed long 和 unsigned long 两种，默认为 signed long。unsigned long 类型数据可以表达的数值范围是 0~4294967295；signed long 类型数据的最高位为符号位，表达的数值范围是 -2147483648~+2147483647。

（4）浮点型（Float）　它是符合 IEEE-754 标准的单精度浮点型数据，其长度为四个字节。在内存中的存放格式如下：

字节地址	+0	+1	+2	+3
浮点数内容	SEEEEEEE	EMMMMMMM	MMMMMMMM	MMMMMMMM

其中，S 表示符号位，"0" 为正数，"1" 为负数；E 为阶码，占 8 位二进制数，阶码的 E 值是以 2 为底的指数再加上偏移量 127 表示的，其取值范围是 1~254；M 为尾数的小数部分，用 23 位二进制数表示，尾数的整数部分永远是 "1"，因此被省略，但实际是隐含存在的。一个浮点数的数值可表示为 $(-1)^S \times 2^{E-127} \times (1.M)$。

例如 $-7.5 = 0xC0F00000$，以下为该数在内存中的格式：

字节地址	+0	+1	+2	+3
浮点数内容	11000000	11110000	00000000	00000000

（5）指针型（＊）　指针是一种特殊的数据类型。指针指向变量的地址，而实质上指针就是另一个数据的存储单元的地址。C51 中的指针变量的长度一般为 1~3 个字节，其变量类型的表示方法是在指针符号 "＊" 的前面冠以数据类型的符号，根据所指的变量类型不同，指针可以是整型指针（int＊）、浮点型指针（float＊）、字符型指针（char＊）、结构指针（struct＊）和联合指针（union＊）等。

（6）位类型（bit）　位类型是 C51 编译器的一种扩充数据类型，利用它可以定义一个位变量，但不能定义位指针，也不能定义位数组。它的值只可能为 0 或 1。

（7）特殊功能寄存器类型（sfr）　它也是 C51 编译器的一种扩充数据类型，利用它可以定义 51 单片机的所有内部 8 位特殊功能寄存器。sfr 型数据占用一个内存单元，取值范围为 0~255。例如：sfr P0 = 0x80，表示定义 P0 为特殊功能寄存器型数据，且为 P0 口的内部寄存器，在程序中就可以使用 P0 = 255 对 P0 口的所有引脚置高电平。

（8）16 位特殊功能寄存器类型（sfr16）　与 sfr 一样，sfr16 也是用于定义 51 单片机内部的 16 位特殊功能寄存器。它占用两个内存单元，取值范围为 0~65535。

（9）可寻址位类型（sbit）　它也是 C51 编译器的一种扩充数据类型，利用它可以访问 51 单片机内部 RAM 的可寻址位及特殊功能寄存器中的可寻址位，如

sfr P1 = 0x90;　　　　　　　　sbit P1_1 = P1^1;　　　　　　sbit OV = 0xD0^2;

C51 编译器的常用数据类型见表 1-11。

表 1-11　C51 编译器的常用数据类型

数据类型	长度	值域
unsigned char	单字节	0~255
signed char	单字节	−128~+127
unsigned int	双字节	0~65535
signed int	双字节	−32768~32767
unsigned long	4 字节	0~4294967295
signed long	4 字节	−2147483648~+2147483647
float	4 字节	±1.175494E−38~±3.402823E+38

(续)

数据类型	长度	值域
*	1~3 字节	对象的地址
bit	位	0 或 1
sfr	单字节	0~255
sfr16	双字节	0~65535
sbit	位	0 或 1

C51 编译器除了能支持以上这些基本数据类型外，还能支持复杂的构造类型，如结构体、联合体等，这里就不一一介绍了。

2. C51 的常量

常量的数据类型有整型、浮点型、字符型、字符串型及位类型。

（1）整型常量　整型常量可用十进制、十六进制表示，如果是长整数则在数字后面加"L"或"l"。例如：

十进制整数：1234、-56。

十六进制整数：0x123、-0xFF。

长整数：0xAB12L、67891。

（2）浮点型常量　浮点型常量可用十进制和指数两种形式表示。

十进制由数字和小数点组成，整数和小数部分为 0 可以省略，但小数点不能省略。例如：0.1234、1234、1234 和 0.0 等。

指数表示形式为：［±］数字［. 数字］e［±］数字，例如 123.4e5、-6e-7 等。

（3）字符型常量　能用符号直接表示的字符可直接用单引号括起来表示，如 'a'、'9'、'Z'；也可用该字符的 ASCII 码值表示，例如十进制数 85 表示大写字母 'U'，十六进制数 0x5d 表示 ']'。

对不能用符号直接表示的字符，如一些控制符，可用 ASCII 码值表示，如十进制数 10 表示换行，十六进制数 0x0d 表示回车；也可在字符前用反斜杠"\"构成转义字符表示，如"\10"表示换行，"\0x0d"表示回车；另外一些常用的字符有以下特殊规定，见表1-12。

表 1-12　常用的转义字符表

转义字符	含义	ASCII 码
\0	空字符（NULL）	0x00
\n	换行符（LF）	0x0A
\r	回车符（CR）	0x0D
\t	水平制表符（HT）	0x09
\b	退格符（BS）	0x08
\f	换页符（FF）	0x0C
\'	单引号	0x27
\"	双引号	0x22
\\	反斜杠	0x5C

（4）字符串型常量　字符串型常量一般用双引号括起来表示，如"Hello C51"。当双引号内没有字符时，表示空字符串。在 C51 中字符串常量是作为字符型数组来处理的，在存储字符串时系统会在字符串的尾部加上 \0 转义字符作为该字符串的结束符，所以字符串常量"A"与字符常量'A'是不同的。

（5）位常量　位常量的值只能取 1 或 0 两种值。

3. C51 的变量与存储类型

变量在使用之前必须先定义，即用一个标识符作为变量名，并指出它的数据类型和存储模式，以便编译系统为它分配相应的存储单元。C51 对变量的定义格式如下：

[存储种类] 数据类型 [存储器类型] 变量名表。

1）存储种类为可选项。变量的存储种类有四种：自动（auto）、外部（extern）、静态（static）和寄存器（register）。

自动变量（auto）：在函数内部定义的变量称为自动变量，它们的作用域在函数内部。不同的函数里的相同名字的变量是毫不相干的。自动变量定义时以 auto 标示，但在函数内部可以省略，所以一般自动变量都没有标 auto。编译器为自动变量动态分配内存空间，具体地说，是将这些自动型变量使用的堆栈空间在进入函数时就给予分配，一旦退出该函数，分配给它的空间也就立即释放。

外部变量（extern）：在函数外部定义的变量，也称全局变量，它的作用域是整个程序。只要一个外部变量被定义后，它就被分配了固定的内存空间，即使函数调用结束返回，其存储空间也不被释放。

静态变量（static）：静态变量的定义方法是在类型定义语句之前加关键字 static。

例如　　　　　　　　　　　　　static int i;

静态变量可以是内部或外部变量，即分为内部静态变量和外部静态变量两种。不管是内部的还是外部的，从编译实现角度看都是静态分配存储空间。内部静态变量对象类似于自动变量，它的作用域限于定义其的函数内部，但不同的是内部静态变量始终存在并占有内存单元，其初值也只是在进入时赋值一次，而不是在进出函数时被建立或消除的。

寄存器变量（register）：指定将变量放在 CPU 的寄存器中，目前已不推荐这种方式。

2）存储器类型为可选项。KEIL Cx51 编译器完全支持 51 系列单片机的硬件结构和存储器组织，对每个变量可以定义表 1-13 中的存储器类型。

表 1-13　KEIL Cx51 编译器所能识别的存储器类型

存储器类型	说明
DATA	直接寻址的片内数据存储器(128B)，访问速度最快
BDATA	可位寻址的片内数据存储器(16B)，允许位与字节混合访问
IDATA	间接访问的片内数据存储器(256B)，允许访问全部片内地址
PDATA	分页寻址的片外数据存储器(256B)
XDATA	片外数据存储器(64KB)
CODE	程序存储器(64KB)

若在定义变量时省略了存储器类型项，则按编译时使用的存储器模式来确定变量的存储器空间。KEIL Cx51 编译器的三种存储器模式为 SMALL、LARGE 和 COMPACT，这三种模式

对变量的影响见表 1-14。

表 1-14 存储器模式

存储器模式	描述
SMALL	变量放入直接寻址的片内数据存储器(默认存储器类型为 DATA)
COMPACT	变量放入分页寻址的片外数据存储器(默认存储器类型为 PDATA)
LARGE	变量放入片外数据存储器(默认存储器类型为 XDATA)

例如：

char data var；   /* 在 data 区定义字符型变量 var */

int a = 5；   /* 定义整型变量 a,同时赋初值等于 5,变量 a 位于
                                                由编译器的存储器模式确定的默认存储区中 */

char code text[ ] = "HELLO!"；   /* 在 code 区定义字符串数组 */

unsigned int xdata time；   /* 在 xdata 区定义无符号整型变量 time */

extern float idata x,y,z；   /* 在 idata 区定义外部浮点型变量 x、y、z */

char xdata * px；   /* 指针 px 指向 char 型 xdata 区,指针 px 自身在默认存储区,指针长度
                                                为 2B */

static bit data port；   /* 在 data 区定义了一个静态位变量 port */

sbit x0 = x^0；   /* 在 bdata 区定义了一个位变量 x0 */

sfr P0 = 0x80；   /* 定义特殊功能寄存器名 P0 */

sfr16 T2 = 0xCC；   /* 定义特殊功能寄存器名 T2 */

1.5.2 C51 的运算符

C51 具有十分丰富的运算符,主要分为算术运算符、关系运算符和逻辑运算符、位运算符以及一些特殊的运算符。

1. 算术运算符

算术运算符见表 1-15。

表 1-15 算术运算符

算术运算符	作用
+	加或取正运算符
−	减或取负运算符
*	乘
/	除
%	取余
− −	减 1
+ +	加 1

例如：++i；   /*先将 i 的值加 1,然后再使用 i */

i++；   /*先使用 i 的值,然后再将 i 的值加 1 */

2. 关系运算符和逻辑运算符

关系运算符和逻辑运算符见表 1-16。

表1-16 关系运算符和逻辑运算符

关系运算符	作用
>	大于
> =	大于或等于
<	小于
< =	小于或等于
= =	等于
! =	不等于
逻辑运算符	作用
&&	逻辑与
||	逻辑或
!	逻辑非

在使用关系运算符或逻辑运算符的表达式时，若表达式结果为真（true）则返回 1；否则为假（false），返回 0。而反过来在计算机中是以 0 表示假（false），以非 0 表示真（true）。例如：

100 ＞ 99　　　　　　　　　　返回 1
（100 ＞ 99）&&!（5 +4）　　　返回 0

3. 位运算符

位运算符见表1-17。

表1-17 位运算符

位运算符	作用
&	按位逻辑与
|	按位逻辑或
^	按位逻辑异或
~	按位逻辑取反
> >	右移
< <	左移

按位运算是对字节或字中的实际位进行检测、设置或移位，它只适用于字符型和整型变量以及它们的变体，对其他数据类型不适用。

移位运算符是将变量中的每一位向右或向左移动，其通常形式是：

右移：　变量名＞＞移位的位数
左移：　变量名＜＜移位的位数

在 C51 中，经过移位后，一端的位被"挤掉"，而另一端空出来的位用 0 填补。

4. 运算符的优先级

当一个表达式中有多个运算符参加运算时，将按表1-18所规定的优先级进行运算。表中从上往下优先级逐渐降低，同一行优先级相同。

表 1-18 C51 运算符的优先级

表达式	优先级
( )小括号、[ ]数组下标	最高
! 逻辑非、~ 位取反、- 负号、+ 正号、+ + 加 1、- - 减 1、& 取地址	
* 指针取内容、sizeof 长度计算	
* 乘、/除、% 取余	
+ 加、- 减	
< <位左移、> >位右移	
<小于、< = 小于或等于、>大于、> = 大于或等于	↑
= =等于、! =不等于	
& 位与	
^位异或	
⎮位或	
&& 逻辑与	
⎮⎮逻辑或	
?:条件运算符	
= 、+ = 、- = 、* = 、/ = 、% = 、< < = 、> > = 、& = 、⎮ = 、^= 、~ =赋值及复合赋值运算符	
,	最低

例如：表达式 10 > 4&&! (100 < 99) ⎮⎮3 < = 5 的值为 1 。

1.5.3　一个完整的 C51 程序结构

1. C51 程序的基本结构

C51 源程序的结构与一般的 C 语言程序并没有太大的差别。C51 的源程序文件扩展名为".c"，例如：LED8.c。

```
#include  <AT89X51. h >
#include < intrins. h >
void delay02s( void)
{
    unsigned char i,j,k;              /* 定义无符号字符型变量 i、j、k ,局部变量说明 */
    for( i = 20;i > 0;i - - )
    for( j = 20;j > 0;j - - )
    for( k = 248;k > 0;k - - );
}
void main( void)                    /* 主函数 */
{ unsigned char m,i;
while(1)
    { m = 0x01;
        for( i = 0;i < 8;i + + )
            {
```

```
        P1 = m;
        delay02s( );  /＊调用函数 delay02s( )＊/
        m = _crol_(m,1);
      }
    }
}
```

由上面的例子可以看出：

1）一个 C51 源程序是一个函数的集合。在这个集合中，仅有一个主函数 main( )，它是程序的入口。不论主程序在什么位置，程序的执行都是从 main( ) 函数开始的，其余函数都可以被主函数调用，也可以相互调用，但 main( ) 函数不能被其他函数调用。

2）在每个函数中所使用的变量都必须先说明后引用。若该变量为全局变量，则可以被程序的任何一个函数引用；若该变量为局部变量，则只能在本函数中被引用。

3）C51 源程序书写格式自由，一行可以书写多条语句，一个语句也可以分多行书写。但在每个语句和数据定义的最后必须有一个分号并用分号隔离语句，即使是程序中的最后一条语句也必须包含分号。

4）可以为程序添加注释以提高可读性，注释会被编译器略过而并不编译。单行注释以双斜线（//）开头，同一行中斜线右侧的所有内容都是注释；注释也可以以"/＊"开始，以"＊/"结尾。

5）可以利用#include 语句将比较常用的函数做成的头文件（以.h 为扩展名）引入当前文件中。从用户使用的角度，C51 的函数分为两种：标准库函数和用户自定义函数。标准库函数是由 C51 编译器提供的，已经预先定义在一些头文件中，而无须用户定义即可直接调用，如 stdio.h 就是一个 C51 编译器提供的标准输入输出头文件，printf 函数和 scanf 函数已经预先定义在这个文件中了。

2. 用户自定义函数

用户自定义函数是用户根据自己的需要编写的能实现特定功能的函数，函数定义的一般形式为：

函数类型　函数名(数据类型　形式参数,数据类型　形式参数……)
{
函数体；
}

其中，"函数类型"说明了自定义函数返回值的类型，可以是整型、字符型、浮点型及指针类型，也可以是无值型（void）。无值型（void）函数字节长度为 0，表示函数不返回任何值。

"函数名"是用标识符表示的自定义函数名称。

"形式参数"表中的形式参数的类型必须加以说明。如果定义的是无参函数，则可以无形式参数表，但必须有圆括号。

与变量一样，用户自定义函数也应先定义后使用；如果用户自定义函数体书写在了主调函数之后，则在调用其之前，必须先对该函数进行说明，这意味着该函数已经定义，只是书写在了后面。对函数进行说明的一般形式为：

函数类型　函数名（数据类型　形式参数，数据类型　形式参数……）；

即把函数定义的头写上,并以分号";"结束。

C51 程序中的函数是可以互相调用的。调用的一般形式为:

函数名(实际参数表)

其中,"函数名"就是被调用的函数。"实际参数表"就是与形式参数对应的一组变量,它的作用就是将它的值传递给被调用函数中的形式参数,在调用时,实参与形参必须在个数、类型及顺序上严格一致。

1.5.4 C51 的应用举例⊖

C51 语言与 C 语言一样,是一种结构化的编程语言,它有三种基本结构:顺序结构、分支结构及循环结构。

例 1-1 将外部 RAM 1000H 单元的内容存入内部 RAM 30H 单元。

说明:在设计 51 单片机应用系统程序时,有时需要直接操作系统的各个存储器地址空间。为了实现在 C51 程序中直接操作任意指定的存储器地址,可以采用指针变量,也可用 absacc. h 头文件中的函数。

absacc. h 头文件中的函数有:

```
CBYTE          /* 访问 code 区 char 型数据 */
DBYTE          /* 访问 data 区 char 型数据 */
PBYTE          /* 访问 pdata 区或 I/O 区 char 型数据 */
XBYTE          /* 访问 xdata 区或 I/O 区 char 型数据 */
CWORD          /* 访问 code 区 int 型数据 */
DWORD          /* 访问 data 区 int 型数据 */
PWORD          /* 访问 pdata 区或 I/O 区 int 型数据 */
XWORD          /* 访问 xdata 区或 I/O 区 int 型数据 */
```

程序一:用指针变量实现。

```
void main( void)
{char xdata  * xp;
char data  * p;
xp = 0x1000;
p = 0x30;
 * p =  * xp;
}
```

程序二:用 absacc. h 头文件中的函数实现。

```
#include < absacc. h >
void main( void)
{
DBYTE[0x30] = XBYE[0x1000];
}
```

⊖ 为了与实际软件环境一致,本书中凡涉及用汇编语言或 C51 语言编写的程序部分,参、变量一律不区分正、斜体,但其含义与书中其他位置一致。

例1-2   片内 RAM 的 20H 单元存放一个有符号数 x，函数 y 与 x 有如下关系，将 y 的值存入 21H 单元。

$$y = \begin{cases} -1 & (x < 0) \\ 0 & (x = 0) \\ 1 & (x > 0) \end{cases}$$

程序如下：

```
void main(void)
{
char x, * p, * y;
p = 0x20;
y = 0x21;
x = * p;
if(x > 0) * y = 1;
if(x < 0) * y = -1;
if(x = 0) * y = 0;
}
```

例1-3   求 1 ~ 100 的所有数字累加和。

程序一：用 while 语句实现。

```
#include   < stdio. h >
main( )
{
int i = 1, sum = 0;
while(i < = 100)
{
  sum  =  sum + i;
  i ++ ;
  }
printf("1 + 2 + 3 + …… + 100 = % d\n", sum);
}
```

程序二：用 do…while 语句实现。

```
#include   < stdio. h >
main( )
{
int i = 1, sum = 0;
do{
  sum  =  sum + i;
  i ++ ;
  }
while(i < = 100);
printf("1 + 2 + 3 + …… + 100 = % d\n", sum);
}
```

程序三：用 for 语句实现。

```
#include  < stdio. h >
main ( )
{
int i , sum = 0;
for (i = 0; i < = 100; i + + )
sum  =  sum + i;
printf ( "1 + 2 + 3 + …… + 100 = % d \ n", sum);
}
```

任务1.6　8 位 LED 流水灯的控制设计与仿真

利用单片机实现 8 个 LED 构成的流水灯的亮点流动。所谓亮点流动是指 8 个 LED 只有一个亮，其他 7 个都不亮，并且 8 个 LED 依次轮流点亮，循环不断。

1.6.1　硬件介绍

硬件电路如图 1-51 所示。

1) 流水灯电路：P1 口接 8 个 LED（VL1 ~ VL8）构成流水灯结构。

2) 复位电路：C3、R1、R2 构成上电复位电路。

3) 晶体振荡器电路：C1、C2 和 X1 构成晶体振荡器电路。

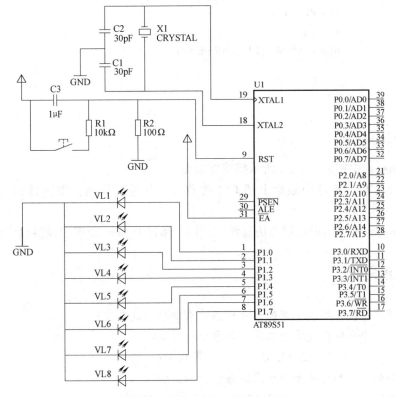

图 1-51　8 位 LED 流水灯硬件电路

1.6.2　程序的编制

本任务要求亮点流动，而 LED 接在 P1 口上，需要先向 P1 口送一个 01H 的初值，只让 P1.0 引脚上所接的 LED 亮，其他 LED 灭，延时一段时间后，将送出的数据左移，再从 P1 口送出，这样周而复始，就可实现亮点流动。

C51 源程序如下：

```
#include  <AT89X51.h>
void delay02s(void)
{
unsigned char i,j,k;          /*定义无符号字符型变量 i,j,k,局部变量说明*/
for(i=20;i>0;i--)
for(j=20;j>0;j--)
for(k=248;k>0;k--);
}
void main(void)              /*主函数*/
{ unsigned char m = 0;
P1 = 0x01;
while(1)
{

    delay02s();             /*调用函数 delay02s()*/
    P1 = P1 <<1;
    m++;
    if(m==0x08){P1=0x01;m=0;}

    }
}
```

1.6.3　综合仿真调试

1）在 Proteus 中按照图 1-51 所示搭接好电路。

2）在 KEIL C51 软件中编辑上述 C51 源程序，并进行编译，得到目标（HEX 格式）文件。

3）与 Proteus 原理图进行联合仿真调试，同时通过 Proteus 原理图观察程序运行结果。

思考与练习

1. 什么是单片机？一块完整的单片机芯片有哪些组成部件？

2. 请把下列十进制数转换为二进制数和十六进制数。

① 245　　　　　　　② 47.62　　　③ 0.356

3. 请把下列二进制数转换为十进制数和十六进制数。

① 110100111B　　　② 01001100B　　③ 1011.1100B

4. 写出下列十进制数在 8 位二进制数（含符号位）机中的原码、反码和补码。

① +76　　　　　　② –118　　　　　③ –55

5. 写出下列各数的 BCD 码。

① 56　　　　　　② 119　　　　　③ 2014

6. MCS-51 单片机内部包含哪些主要功能部件？它们各有什么主要功能？

7. AT89S51 单片机的 P0、P1、P2 和 P3 口各有什么用途？使用时应注意什么？

8. AT89S51 单片机的存储器从物理结构上可划分为哪几个存储空间？

9. AT89S51 单片机采用何种方式区分片内、外程序存储器和片内、外数据存储器？

10. 开机复位后，CPU 使用的是哪组工作寄存器？它们的地址是什么？CPU 如何改变当前工作寄存器组？

11. 程序状态字寄存器 PSW 的作用是什么？常用状态标志位有哪些？

12. 什么是堆栈？堆栈有什么作用？在程序设计时，为什么有时要对堆栈指针 SP 重新赋值？

13. 当晶振频率为 12MHz 时，AT89S51 单片机的状态周期、机器周期及指令周期各是多少微秒？ALE 引脚输出频率是多少？

14. 单片机的复位电路有哪几种？复位后单片机的初始状态是什么样的？

15. AT89S51 单片机有几种低耗方式？如何实现？

16. Proteus 中电路的连线方式有几种？

17. Proteus 中删除一个元器件可以采用几种方式？

18. 如何用 Proteus 进行软件和硬件的仿真调试？

19. 使用 KEIL 和 Proteus 进行联合调试时还需要安装什么驱动？需要在两个软件中分别怎样设置？

20. 用 C51 编程，将单片机内部 RAM 30H 单元的数据和 40H 单元的数据相乘，结果存入外部 RAM1000H 单元。

21. 用 C51 编程，将外部 RAM 20H ~ 25H 单元的内容传送到内部 RAM 20H ~ 25H 单元。

22. 用 Proteus 设计一个 8 位 LED 流水灯的硬件电路，画出其原理图，并用汇编或 C51 语言编写源程序，然后在 Proteus 中进行软硬件仿真调试。

23. 用 Proteus 设计一个 8 位 8 段 LED 动态显示的硬件电路，画出其原理图，并用汇编或 C51 语言编写源程序，然后在 KEIL 中进行联合调试。

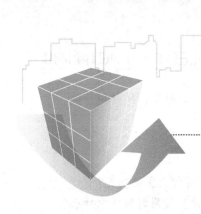

项目2

单片机控制的数码管电子时钟的设计与制作

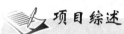项目综述

数码管LED电子时钟在日常生活中非常常见，也是单片机应用系统的一个典型应用。本项目所涉及的知识点有汇编语言、MCS-51中断系统、定时器/计数器结构及原理应用、8段LED数码管的原理及接口和编程和Proteus仿真。

任务2.1　学习单片机汇编语言

单片机应用系统包括硬件和软件两部分，系统的控制功能需要通过执行一系列程序来实现。单片机系统的软件编程可以采用的语言有汇编语言和C51语言。本任务将重点介绍51单片机的汇编指令系统和编程技巧。

2.1.1　汇编语言的特点

汇编语言（Assembly Language）用英文字符来代替机器语言，这些英文字符被称为助记符。用助记符表示指令系统的语言称为汇编语言，它由字母、数字和符号组成，又称"符号语言"。

由于助记符一般都是操作功能的英文缩写，所以用它写成的程序易写、易读且易改。汇编语言仍是一种面向机器的语言，和CPU类别密切相关，不同CPU的机器有不同的汇编语言。计算机是不能直接识别在汇编语言中出现的各种字符的，需要将其转换成机器语言，通常把这一转换（翻译）工作称为汇编。

因汇编语言运行速度快，占用内存空间小，且易读易记，所以在工业控制中广泛应用。

2.1.2　汇编语言的语句和指令

汇编程序是由一行行的语句构成的，例如下面的程序片段。

```
        ORG 0100H
MAIN：  MOV  A，#0AH      ;给累加器送0AH
        ADD  A，#10H      ;累加器加10H
```

从上面的例子可以看出，51单片机汇编语句的格式为：

［标号：］　操作码助记符［操作数1，操作数2，操作数3］［；注释］

语句包括标号、指令和注释。但是标号和注释不是一定会有的，而是根据需要加上去的。在一行语句中，指令一定会有，其中指令又分为真指令和伪指令。下面分别介绍标号、注释及指令格式。

（1）标号

1）标号是以字母开始的，由 1 ~ 8 个字符（字母或数字）组成。标号等效于地址，表示该指令所在的地址。

2）标号并不是必需的，而是根据需要来定的。通常在程序分支及转移所需要的地方才加上一个标号。

3）标号不能使用汇编语言中已经定义过的符号名，如指令助记符、寄存器名和伪指令等。

4）标号以"："结尾。

5）在一个程序中不允许重复定义标号，即同一程序内不能在两处及两处以上使用同一标号。

（2）指令格式　指令包括操作码和操作数两部分，一条指令一定会有操作码，但不一定有操作数。

操作码表示该语句要执行的操作内容，用指令助记符表示。操作码后面至少留一个空格，使其与后面的操作数分隔。

操作数表示指令中参加运算的数据、操作码操作的对象。操作数的个数可以是 0 个（如 RET 指令）、1 个（如 DEC A）或 2 个（如 MOV R0，A），也可以是 3 个（如 CJNE A，#0FFH，START）。

（3）注释　注释完全是用户根据需要添加的。必要的程序注释有助于提高程序的可读性，方便程序的修改，在注释语句前面必须加分号。

2.1.3　MCS-51 单片机指令简介及指令中符号的含义

1. 指令的分类

MCS-51 单片机指令系统包括 111 条指令，共有 42 种操作码助记符，指令中的操作数有多种寻址方式。指令按不同的分类标准，可以有不同的分类结果。

1）按指令长度分类，可分为单字节指令（49 条）、双字节指令（45 条）和三字节指令（17 条）。

2）按指令执行时间分类，可分为单机器周期指令（64 条）、双机器周期指令（45 条）和四机器周期指令（2 条）。

3）按指令功能分类，可分为数据传送指令（29 条）、算术运算指令（24 条）、逻辑运算指令（24 条）、控制转移指令（17 条）和位操作指令（17 条）。

2. 指令中常用符号介绍

MCS-51 指令系统中，除操作码采用了 42 种操作码助记符外，还在源操作数和目的操作数字段使用了一些符号，这些符号的含义归纳如下：

Rn：当前选中的寄存器区的 8 个工作寄存器 R0 ~ R7（n = 0 ~ 7）。

Ri：当前选中的寄存器区中的 2 个寄存器 R0、R1，可作地址指针即间址寄存器（i = 0、1）。

direct：内部数据存储器单元的地址。它可以是内部 RAM 的单元地址 00H ~ 7FH，也可以是特殊功能寄存器（如控制寄存器、状态寄存器等）的地址 80H ~ FFH。

#data：包含在指令中的 8 位立即数。

#data16：包含在指令中的 16 位立即数。

addr16：16 位的目的地址。

addr11：11 位的目的地址。

rel：8 位带符号的偏移量。

DPTR：为数据指针，可用作 16 位的地址寄存器。

bit：表示内部 RAM 或特殊功能寄存器中的直接寻址位。

A：累加器 ACC。

B：特殊功能寄存器，用于 MUL 和 DIV 指令中。

C：为进位标志或进位位，或布尔处理中的累加器。

@：为间址寄存器或基址寄存器的前缀，如@ Ri、@ A + DPTR。

／：位操作数的前缀，表示对该位操作数取反，如/bit。

X：表示片内 RAM 的直接地址或寄存器。

（X）：片内 RAM 的直接地址中的内容。

（（X））：以 X 中的内容为地址的存储单元中的内容。

←：表示将箭头右边的内容传送至箭头的左边。

说明：这些符号只是为了起到说明的作用，在具体写指令时，必须用具有实际含义的内容来替代。如 direct，在写指令的时候，可以用20H之类的地址码来代替。

2.1.4　寻址方式

所谓寻址方式，就是指令中操作数得到的方式。在用汇编语言编程时，数据的存放、传送和运算都要通过指令来完成。编程者必须自始至终都十分清楚操作数的位置以及如何将它们传送到适当的寄存器去参与运算。一般来说，寻址方式越多，计算机功能越强，灵活性越大，所以寻址方式对机器的性能有很大的影响。MCS-51 有 7 种寻址方式。

1. 立即寻址

指令中的操作数本身就是参加运算的数据。一般立即数可以是 8 位二进制数，也可以是16 位二进制数。立即数只能作为源操作数，不能作为目的操作数。使用时在立即数前面加 "#" 号标志。

例如：MOV　A，#40H；就是将立即数 40H 传送至累加器 A 中。

指令执行示意图如图 2-1 所示。

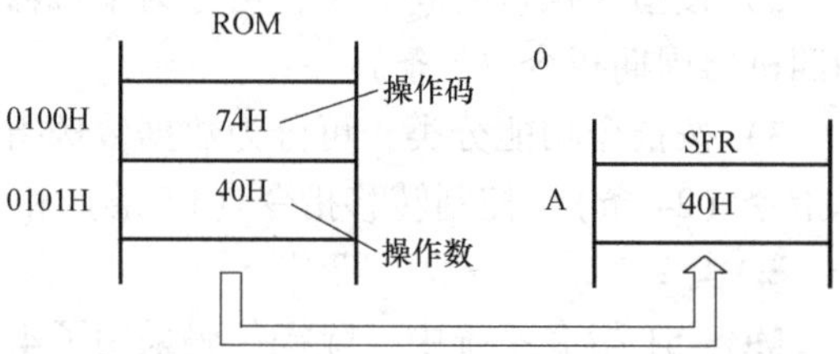

2. 直接寻址

图 2-1　立即寻址示意图

在指令中直接给出操作数所在单元的真实地址。

例如 " MOV　A，40H；"将片内 RAM 40H 单元中的内容传送至累加器 A 中。指令中 40H 就是操作数的直接地址（8 位二进制地址）

直接寻址示意图如图 2-2 所示。

直接寻址方式的寻址范围是：

1）内部数据存储器（RAM）：低128单元。

2）特殊功能寄存器（SFR）：SFR在指令中的表示除了可以用直接地址形式给出以外，还可以用寄存器符号形式给出，如对累加器A，在指令中可使用其直接地址0E0H，也可使用其符号形式Acc。值得强调的是，直接寻址方式是访问特殊功能寄存器的唯一方法。

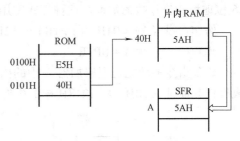

图2-2 直接寻址示意图

3. 寄存器寻址

寄存器寻址就是所需查找的操作数在寄存器中，这种寻址方式中所对应的寄存器号隐含在机器码中。寄存器寻址可以提高指令执行速度，缩短指令编码长度。

例如对"MOV A, R0;"来说，R0中的内容就是操作数，将R0中的数传送至累加器A中。

该指令的执行过程示意图如图2-3所示。

寄存器寻址方式的寻址范围是：

1）四组通用寄存器：Rn（R0～R7）。

2）部分特殊功能寄存器：在MCS-51单片机中，A、B、DPTR和Cy在指令代码中不单独占据一个字节，而是嵌入到操作码中，也属于寄存器寻址。

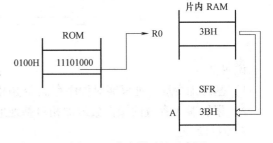

图2-3 寄存器寻址示意图

4. 寄存器间接寻址

由指令指出某一个寄存器的内容作为操作数的地址。在这种寻址方式中，存放在寄存器中的内容不是操作数，而是操作数所在的存储单元的地址。

例如：设（R0）= 50H,（50H）=45H,执行指令

MOV A, @R0

该指令是把R0中内容50H作为地址，将50H中的内容传送到累加器A中，该指令执行过程如图2-4所示。

MCS-51规定，寄存器间接寻址只能使用R0、R1及DPTR作为间接寻址寄存器，从而确定了寄存器的寻址范围，具体情况如下：

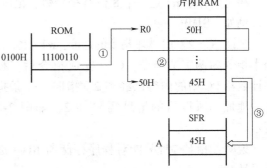

图2-4 寄存器间接寻址示意图

1）采用R0或R1作间接寻址寄存器，可寻址片内RAM和片外RAM的低256B的存储空间。

2）利用DPTR作间接寻址寄存器，可寻址片外数据存储器的整个64KB的空间。

3）堆栈指针SP作为堆栈操作的地址，因此，POP和PUSH指令也是寄存器间接寻址。

5. 基址加变址寻址

以DPTR或PC作为基址寄存器，累加器A作为变址寄存器，两者的内容相加形成新的

16 位地址为操作数的地址。这种方式常用于对程序存储器中数据表的查表操作。

例如：设（A）=04H，（DPTR）= 1214H，（1218H）= 45H，执行指令

MOVC　A，@ A + DPTR

该条指令的功能是把累加器 A 中的内容 04H 与数据指针 DPTR 中的内容 1214H 相加形成操作数地址 1218H，将 1218H 中的内容送入 A，执行过程如图 2-5 所示。

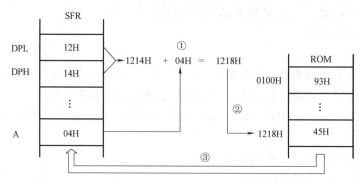

图 2-5　基址加变址寻址示意图

说明：

1）基址加变址寻址只能对程序存储器 ROM 进行寻址，主要用于查表性质的访问。

2）累加器 A 存放的操作数地址相对基地址的偏移量的范围为 00H ~ FFH（无符号数）。

6. 相对寻址

将程序计数器 PC 中的当前内容与指令第二字节所给出的偏移量相加，其结果作为跳转指令的转移地址。由于偏移量是相对 PC 而言的，故称为相对寻址方式。

程序转移目标地址 = 当前 PC 值 + 相对偏移量 rel + 转移指令字节数

相对偏移量 rel 是一个 8 位有符号数，范围为 – 128 ~ +127。

例如：SJMP　rel

现设 PC =2000H 为本指令的地址，rel =16H，则转移目的地址 =（2000 +02）H + 16H =2018H，因本指令为两字节指令，CPU 完成指令后，程序计数器 PC 中的内容已经加 2，指向下一条指令的地址，所以目的地址需要加 2，如图 2-6 所示。

说明：相对寻址只能对程序存储器 ROM 进行寻址。

7. 位寻址

MCS-51 单片机中，位寻址区专门安排在片内 RAM 中的两个区域：一是片内 RAM 的位寻址区，地址范围是 20H ~2FH，共 16 个 RAM 单元，其中每一位都可单独作为操作数；二是某

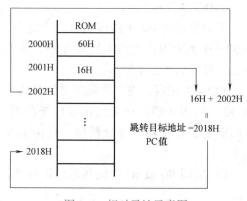

图 2-6　相对寻址示意图

些特殊功能寄存器（SFR），其特征是它们的物理地址能被 8 整除，这样的 SFR 共 11 个，它们离散地分布在 80H ~ FFH 的字节地址区。

在进行位操作时，借助于进位标志 C 作为位操作累加器。操作数直接给出该位的地址，

然后根据操作码的性质对其进行位操作。位寻址的位地址与直接寻址的字节地址形式完全一样，主要由操作码来区分，使用时需注意。

例如：MOV 20H，C ；20H 是位寻址的位地址

　　　 MOV A，20H ；20H 是直接寻址的字节地址

MCS-51 的 7 种寻址方式中，每种寻址方式可涉及的存储器空间见表 2-1。

表 2-1 操作数寻址方式及寻址空间

寻址方式	寻址空间
立即寻址	程序存储器 ROM
直接寻址	片内 RAM 低 12B、特殊功能寄存器 SFR 和片内 RAM 可位寻址的位
寄存器寻址	工作寄存器 R0～R7、A、B、CY、DPTR
寄存器间接寻址	片内 RAM 低 128B（以@R0、@R1 方式寻址）、SP（仅对 PUSH、POP 指令） 片外 RAM（以@R0、@R1、@DPTR 方式寻址）
基址加变址寻址	程序存储器（以@A+PC、@A+DPTR 方式寻址）
相对寻址	程序存储器 256B 范围（以 PC+偏移量方式寻址）
位寻址	片内 RAM 的 20H～2FH 字节地址中的所有位和部分特殊功能寄存器 SFR 的位

任务2.2 学习 MCS-51 单片机指令系统

在本任务中，将按功能分类学习 51 单片机汇编指令系统的 111 条指令。

2.2.1 数据传送类指令

在 MCS-51 系列单片机指令系统中，这类指令是运用最频繁的一类指令。单片机的逻辑空间分为片内 RAM、片外 RAM 和 ROM。数据的传送也都是在这三者之间进行，传送路径如图 2-7 所示。

数据传送的方向有以下几种：

1）片内 RAM 的单元数据可以相互传送，用 MOV 指令。

2）片外 RAM 只能与累加器 A 进行数据传送，片外 RAM 数据

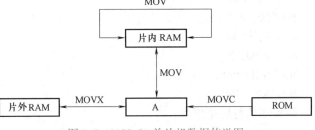

图 2-7 MCS-51 单片机数据传送图

送入片内 RAM 或者片内 RAM 数据送入片外 RAM 必须经过累加器 A，用 MOVX 指令。

3）从 ROM 中只能读取数据，并且只能送到 A 中，如果要将 ROM 中的数据送入片内 RAM 或者片外 RAM，也必须经过累加器 A，用 MOVC 指令。

4）指令中必须指定传送数据的源地址和目的地址。该指令一般是把源操作数传送到目的操作数，指令执行后，源操作数不变，目的操作数修改为源操作数。传送类指令一般不影响标志位。

1. 通用传送指令 MOV

MOV 指令有 16 条，包括了累加器、寄存器、特殊功能寄存器和 RAM 单元之间相互的数据传送，见表2-2。

表 2-2 内部通用传送指令

目的操作数	汇编语言指令	功能	机器码

A	MOV A,Rn
	MOV A,@Ri
	MOV A,#data
	MOV A,direct
		A←Rn
		A←((Ri))
		A←data
		A←(direct)
			11101rrr
			1110011i
			74data
			E5 direct

Rn	MOV Rn,A
	MOV Rn,direct
	MOV Rn,#data
		Rn←(A)
		Rn←(direct)
		Rn←data
			11111rrr
			10101rrr direct
			01111rrr data

direct	MOV direct,A
	MOV direct,Rn
	MOV direct,direct
	MOV direct,@Ri
	MOV direct,#data
		direct←(A)
		direct←(Rn)
		direct←(direct)
		direct←((Ri))
		direct←data
			F5 direct
			10001rrr direct
			85 direct direct
			1000011i direct
			75 direct data

@Ri	MOV @Ri,A
	MOV @Ri,direct
	MOV @Ri,#data
		(Ri)←(A)
		(Ri)←(direct)
		(Ri)←data
			1111011i
			1010011i direct
			0111011i data

DPTR	MOV DPTR,#data	DPTR←data16	90 dataH dataL

例：设(40H) = 50H，(50H) = 20H，(20H) = AAH，(P2) = 45H。执行如下程序：

MOV R1，#40H

MOV A，@R1

MOV R0，A

MOV B，@R0

MOV @R0，P2

MOV 10H，#20H

MOV 30H，10H

则程序执行后结果为：

(A) = 50H，(B) = 20H，(50H) = 45H，(30H) = (10H) = 20H

2. 累加器 A 与外部数据存储器传送指令

CPU 与外部 RAM 的数据传送指令，其助记符为 MOVX，其中的 X 就是 external（外部）的第二个字母，表示访问外部 RAM。这类指令共有 4 条，即

MOVX　A，@DPTR

MOVX　@DPTR，A

MOVX　A，@Ri

MOVX　@Ri，A

这组指令的功能是，在累加器 A 与外部 RAM 或扩展 I/O 口之间进行数据传送，且仅为

寄存器间接寻址。AT89S51 只能用这种方式与连接在扩展 I/O 口的外部设备进行数据传送。

前两条指令以 DPTR 作为外部 RAM 的 16 位地址指针,由 P0 口送出低 8 位地址,由 P2 口送出高 8 位地址,寻址能力为 64KB。后两条指令用 R0 或 R1 作外部 RAM 的低 8 位地址指针,由 P0 口送出地址码,P2 口的状态不受影响,寻址能力为外部 RAM 空间 256 个字节单元。

例:若 DPTR = 2000H,外部 RAM(2000H)= 88H,执行指令"MOVX A,@ DPTR"的结果为:

(A) = 88H,DPTR 的内容和外部 RAM 2000H 单元的内容不变。

例:设某一输入设备口地址为 8000H,这个口中已有数据 80H,欲将此值存入片内 20H 单元中,则可用以下指令完成:

MOV	DPTR, #8000H	;将立即数 8000H 送给 DPTR
MOVX	A, @ DPTR	;将外部 RAM 中的 8000H 单元的数据读入累加器 A
MOV	20H, A	;20H←(A)

指令执行后的结果为:20H 单元的内容为 80H。

例:把片外 RAM 中 9040H 单元中的数据取出,传送到 9000H 单元中去,可用如下指令完成:

MOV	DPTR, #9040H	;将立即数 9040H 送给 DPTR
MOVX	A, @ DPTR	;把片外 RAM 单元的数送给累加器 A
MOV	DPTR, #9000H	;将立即数 9000H 送给 DPTR
MOVX	@ DPTR, A	;把累加器 A 中的数据送入外部 RAM 中的 9000H 单元

3. 累加器 A 与程序存储器的传送指令

AT89S51 指令系统提供了两条累加器 A 与程序存储器的数传指令,指令助记符采用 MOVC,其中 C 就是 Code(代码)的第一字母,表示读取 ROM 中的代码。这是两条极为有用的查表指令。

| MOVC A,@ A + PC | ;A←((A)+(PC)) |
| MOVC A,@ A + DPTR | ;A←((A)+(DPTR)) |

第一条指令为单字节指令,CPU 读取本指令后,PC 已执行加 1 操作,指向下一条指令的首字节地址,该指令以 PC 作为基址寄存器,累加器 A 的内容为无符号整数,两者相加得一个 16 位地址,把该地址指出的程序存储器单元的内容送到累加器 A 中。第二条指令以 DPTR 作为基址寄存器,A 中的内容作为无符号数和 DPTR 的内容相加得到一个 16 位的地址,把该地址所指的程序存储器单元的内容送给累加器 A。

例:(A)= 30H,执行下列指令:

2000H:MOVC A, @ A + PC

2001H:MOV 78H, A

指令执行后的结果为:程序存储器中 2031H 单元中的内容送给累加器 A,然后又送给了内部 RAM 中的 78H 单元。

这条指令的优点是不改变 SFR 及 PC 的状态,根据 A 的内容可以取出程序存储器中某一区域的数据(通常为表格常数);缺点是此数据区域只能存放在该指令后面的 256 个单元之内。因此,此数据区域的大小受到了限制。

例:(DPTR)= 8000H,(A)= 40H,执行下列指令:

MOVC A，@ A + DPTR

指令执行后的结果为：程序存储器中 8040H 单元中的内容送到了累加器 A 中。

这条指令的执行结果只与指针 DPTR 及累加器 A 的内容有关，与该指令存放的地址无关。

4. 数据交换指令

数据交换指令共有 5 条，用于完成累加器 A 和内部 RAM 单元之间的字节或半字节交换。

（1）字节交换（3 条） 字节交换指令的功能是将累加器 A 的内容与内部 RAM 中任何一个单元的内容相互交换。

XCH　A，Rn；A←→(Rn)，将累加器 A 中的内容与 Rn 中的内容互换

XCH　A，@ Ri

XCH　A，direct

例：若 A = 70H，R1 = 45H，(45H) = 40H，执行指令"XCH　A，@ R1"后的结果为：A = 40H，(45H) = 70H，R1 = 45H

（2）半字节交换

XCHD　A，　@ Ri　　；$A_{3 \sim 0}$←→((Ri))$_{3 \sim 0}$

累加器 A 与内部 RAM 单元中的内容的低 4 位进行互换。

例：设 A = 59H，R0 = 45H，(45H) = 70H，执行指令"XCHD　A，@ R0"后的结果为：A = 50H，R0 = 45H（不变），(45H) = 79H

（3）累加器自身半字节交换

SWAP　A　　　　；$A_{7 \sim 4}$←→$A_{3 \sim 0}$

完成累加器 A 中内容的高 4 位与低 4 位交换。

例：(A) = 58H，执行 SWAP A 后 (A) = 85H。

5. 堆栈操作指令

使数据进出堆栈可用栈操作指令实现。

PUSH direct；SP←(SP) +1，(SP)←(direct)，先将栈顶指针 SP 的内容加 1，然后将直接寻址单元中的数存入 SP 所指示的单元中

POP direct；direct←(SP)，SP←(SP) −1，先将堆栈指针 SP 所指示的单元内容弹出，并送到直接寻址单元中，然后将 SP 的内容减 1，仍指向栈顶

堆栈技术在子程序嵌套时常用于保存断点，在多级中断时用来保存断点和现场等。用堆栈指令也可以实现内部 RAM 单元之间的数据传送和交换。

注：1）堆栈操作指令是直接寻址指令，直接地址和堆栈区全部为片内的数据存储区 RAM（含 SFR）。直接地址不能是寄存器，因此应注意指令的书写格式。

2）堆栈区应避开使用的工作寄存器区和其他需要使用的数据区，系统复位后，SP 的初始值为 07H。为了避免重叠，一般初始化时要重新设置 SP。

例 2-1　将片内 RAM 的 50H 单元与 40H 单元中的内容互换。

解：方法 1（直接地址传送法）编程如下：

MOV　　31H，50H

MOV　　50H，40H

MOV　　40H，31H

方法 2（间接地址传送法）编程如下：

MOV R0, #40H

MOV R1, #50H

MOV A, @ R0

MOV B, @ R1

MOV @ R1, A

MOV @ R0, B

方法 3（字节交换传送法）编程如下：

XCH A, 50H

XCH A, 40H

XCH 50H, A

方法 4（堆栈传送法）编程如下：

PUSH 50H

PUSH 40H

POP 50H

POP 40H

2.2.2 算术运算指令

89S51 的算术运算指令比较丰富，包括加、减、乘和除法共 24 条指令，数据运算功能也较强。大部分算术运算指令的执行结果都会影响状态标志寄存器 PSW 的某些标志位。

1. 加法指令

加法指令是将源操作数的内容与累加器 A 的内容相加，结果存入累加器 A 中。源操作数可以是 Rn、direct、@ Ri 及#data，目的操作数为累加器 A，运算结果会影响标志位。

（1）不带进位的加法指令（4 条）　这类指令会影响 PSW 中的 P、OV、AC 和 CY。

ADD A, Rn；A←(A) + (Rn)

ADD A, @ Ri；A←(A) + ((Ri))

ADD A, direct；A←(A) + (direct)

ADD A, #data；A←(A) + data

对于无符号数相加时，若 CY 置位，说明产生溢出（即大于 255）。对于有符号数相加时，当位 6 或位 7 之中只有一位进位时，溢出标志位 OV = 1，说明产生了溢出（即大于 127 或小于 −128）。溢出表达式为 "$OV = D_{6CY} \oplus D_{7CY}$"，$D_{6CY}$，为位 6 向位 7 的进位，$D_{7CY}$ 为位 7 向 CY 的进位。

例：设(A) = 84H,(30H) = 8DH,(PSW) = 00H,执行指令

$$ADD \quad A, 30H$$

试分析运算结果及对各标志位的影响。

将 A 中的内容与 30H 中的内容相加，即

 (A) = 1 0 0 0 0 1 0 0

+(30H) = 1 0 0 0 1 1 0 1

———————————————

 (A) = 1 0 0 0 1 0 0 0 1

则运算结果为：（A）=11H，（PSW）=0C4H，其中（CY）=1，（AC）=1，（OV）=1，（P）=0。

（2）带进位的加法指令（4条）　带进位的加法指令是将源操作数的内容与累加器 A 的内容和进位标志位的内容一起相加，结果存入累加器 A 中。源操作数可以是 Rn、direct、@Ri 及#data，目的操作数为累加器 A。

ADDC　A，Rn；A←（A）+（Rn）+CY

ADDC　A，@Ri；A←（A）+（（Ri））+CY

ADDC　A，direct；A←（A）+（direct）+CY

ADDC　A，#data；A←（A）+data+CY

带进位的加法指令一般用于多字节数的加法运算，低字节相加时可能产生进位，可以通过带进位的加法指令将低字节的进位加到高字节上去。高字节求和时必须使用带进位的加法指令。

例：有两个无符号16位数分别存于20H 和22H 开始的单元中，设（20H）=0AFH，（21H）=0AH，（22H）=90H，（23H）=2FH，高字节在高地址单元中，低字节在低地址单元中，计算两数之和并存入22H 开始的单元中，并说明 PSW 中相关位的内容。其程序如下：

```
CLR    C                ;CY←0
MOV    R0，#22H          ;将立即数送给累加器 R0
MOV    A，   20H         ;将内部 RAM 中20H 单元的内容送给 A
ADD    A，   @R0         ;计算低字节之和
MOV    @R0，A            ;低字节和存入22H 单元
MOV    A，   21H         ;将内部 RAM 中21H 单元的内容送给 A
INC    R0               ;指向内部 RAM 中23H 单元
ADDC   A，   @R0         ;计算高字节之和
MOV    @R0，A            ;高字节和存入23H 单元
```

最后结果为：（22H）=3FH，（23H）=3AH，（OV）=0，（CY）=0，（AC）=1，（P）=0。

2. 带借位的减法指令（4条）

带借位的减法指令是将累加器 A 中的内容减去源操作数的内容，再减去借位标志位 CY 的内容，结果存入 A 中。源操作数可以是 Rn、direct、@Ri、#data，目的操作数为累加器 A。

SUBB　A，Rn；A←（A）-（Rn）-CY

SUBB　A，@Ri ；A←（A）-（（Ri））-CY

SUBB　A，direct ；A←（A）-（direct）-CY

SUBB　A，#data ；A←（A）-data-CY

进行减法的过程中如果位7需借位，则 CY 置位，否则 CY 清零；如果位3需要借位，则 AC 置位，否则清零；如果位6需借位而位7不需要借位，或位7需要借位而位6不需要借位，则溢出标志位 OV 置位，否则溢出标志清零。

例如：设（A）=0C9H，（R2）=54H，PSW=80H，执行指令：

SUBB A，R2

则运算结果为：（A）=74H；（PSW）=02H，其中（CY）=0，（AC）=0，（OV）=1，（P）=0。

结果：A=74H，R2=54H（不变）；CY=0，AC=0，OV=1，P=0。

3. 加1指令（5条）

加1指令又称为增量指令，其功能是使操作数所指定的单元的内容加1，其结果送回源操作数单元中。源操作数和目的操作数是相同的（即只有一个操作数），可以是 A、Rn、direct、@ Ri 及 DPTR。

INC　A ;A←(A) +1

INC　Rn ;Rn←(Rn) +1

INC　@ Ri ;(Ri)←((Ri)) +1

INC　direct ;direct←(direct) +1)

INC　DPTR ;DPTR←(DPTR) +1

例：已知（A）=0FFH，（R3）= 1FH，（R0）= 40H，（40H）=04H，（DPTR）=100FH，执行下列指令：

INC　A

INC　R3

INC　@ R0

INC　DPTR

则运算结果为：（A）=00H，（R3）= 20H，（R0）= 40H，（40H）=05H，（DPTR）=1010H，不改变 PSW 的内容。

4. 减1指令（4条）

这组指令的功能是将操作数所指定的单元或寄存器中的内容减1，其结果送回源操作数单元中。若源操作数为00H，减1后下溢为0FFH，不影响标志位。

DEC　A 　 ;A←(A) −1

DEC　Rn 　 ;Rn←(Rn) −1

DEC　@ Ri 　 ;(Ri)←((Ri)) −1

DEC　direct ;direct←(direct) −1

例如：设（A）=45H，（R1）=30H，（30H）=00H，（R3）=50H，（20H）=7FH，执行指令：

DEC　A

DEC　20H

DEC　R3

DEC　@ R1

则运算结果为：（A）=44H，（30H）=0FFH，（R3）=4FH，（20H）=7EH，（P）=0。

5. 乘、除法指令（2条）

乘、除法指令在 MCS-51 指令系统中执行时间最长，均为四周期指令。乘法指令是将累加器 A 和寄存器 B 中的8位无符号整数相乘，乘积为16位，高8位存于 B 中，低8位存于 A 中。除法指令是将累加器 A 的8位无符号整数除以寄存器 B 中的8位无符号整数，商的整数部分存入 A 中，余数部分存入 B 中，且进位标志 CY 和溢出标志 OV 均清零。

MUL　AB 　 ;BA←(A) ×(B)

DIV　AB 　 ;A←A÷B 商，B←余数

注意：乘法指令若积大于255，溢出标志位 OV 置位，否则复位，而 CY 位总是为0。

除法指令当除数为0时，A 和 B 中的内容为不确定值，此时 OV 位置位，说明除法溢出。

例：已知（A）=80H，（B）=30H，执行指令 MUL　AB

则运算结果为：（B）=18H　（A）=00H　（OV）=1　（CY）=0

例：设 (A) =0FBH，(B) =12H，(PSW) =00H，执行指令 DIV　AB

则运算结果为：(A) =0DH，(B) =11H；(PSW) =01H，其中 (CY) =0，(OV) =0。

6. 十进制调整指令 (1 条)

DA　A；对 A 进行调整

十进制调整指令也称为 BCD 码修正指令，这是一条专用指令。它的功能是跟在加法指令 ADD 或 ADDC 后面，对运算结果的十进制数进行 BCD 码修正，使它调整为压缩的 BCD 码数，以完成十进制加法运算功能。

下面用一个简单的计算来说明为什么要使用 DA　A 指令和如何使用 DA　A 指令。

例如：　　　　　7 +6

$$
\begin{array}{r}
7 \\
+\quad 6 \\
\hline
1\ 3
\end{array}
\quad
\begin{array}{l}
\text{ADD 指令：} \\
\\
\text{DAA 指令：}
\end{array}
\quad
\begin{array}{r}
0\ 1\ 1\ 1 \\
+\quad 0\ 1\ 1\ 0 \\
\hline
1\ 1\ 0\ 1 \\
+\quad \ \ 1\ 1\ 0 \\
\hline
1\ 0\ 0\ 1\ 1
\end{array}
\quad
\begin{array}{l}
7\text{ 的 BCD 码} \\
6\text{ 的 BCD 码} \\
\text{非 BCD 码（二进制加的结构）} \\
\text{进行十进制调整，+6 后得正} \\
\text{确的 BCD 码}
\end{array}
$$

由此可见，两个 BCD 码直接利用 ADD 或 ADDC 指令相加不能直接得到正确的 BCD 码的结果，要对此结果进行一定的修正才能得到正确的 BCD 码的结果。

DA　A 进行十进制修正的具体过程如下：

当 $A_{3\sim 0} > 9$ 或 AC = 1 时，则 $A_{3\sim 0} \leftarrow A_{3\sim 0} + 6$

当 $A_{7\sim 4} > 9$ 或 CY = 1 时，则 $A_{7\sim 4} \leftarrow A_{7\sim 4} + 6$

2.2.3　逻辑运算与移位类指令

逻辑运算与移位类指令共 24 条，包括与、或、非、异或、清零、取反及移位等操作指令。这些指令涉及累加器 A 时会影响奇偶标志位 P，但对 CY（除带进位移位指令外）、AC 和 OV 位均无影响。

1. 逻辑与指令 (6 条)

逻辑与运算指令是将源操作数单元的内容与目的操作数单元的内容相与，结果存放到目的操作单元中，而源操作单元中的内容不变。

这类指令可以分为两类：一类是以累加器 A 为目的操作数，其源操作数可以是 Ri、direct、@ Ri 和#data；另一类是以地址 direct 为目的操作数，其源操作数可以是 A 和#data。

ANL　A,Rn　;A←(A)∧(Rn)

ANL　A,@ Ri ;A←(A)∧((Ri))

ANL　A,#data ;A←(A)∧data

ANL　A,direct ;A←(A)∧(direct)

ANL　direct,A ;direct←(direct)∧(A)

ANL　direct,#data ;direct←(direct)∧data

实际编程中，逻辑与指令用来将特定位清零，要保留的位同 "1" 相与，反之，要清零的位同 "零" 相与。

例：要求累加器 A 高 4 位清零，其他位保持不变。

ANL　A,#0FH　; 累加器 A 高 4 位清零

2. 逻辑或运算指令（6条）

逻辑或运算指令是将源操作数单元的内容与目的操作数单元的内容相或，结果存放到目的操作单元中，而源操作单元中的内容不变。

```
ORL   A,Rn    ;A←(A)∨(Rn)
ORL   A,@Ri   ;A←(A)∨((Ri))
ORL   A,#data ;A←(A)∨data
ORL   A,direct ;A←(A)∨(direct)
ORL   direct,A ;direct←(direct)∨(A)
ORL   direct,#data;direct←(direct)∨data
```

在实际编程中，逻辑或运算指令用来将特定位置1，要置1的位同"1"相或，反之，要保持不变的位同"0"相或。

例：将累加器A的高4位传送到P1口的高4位，保持P1口的低4位不变。

```
ANL   A，#11110000B    ;屏蔽累加器A的低4位，保留高4位，送回A
ANL   P1，#00001111B   ;屏蔽P1口的高4位，保留P1口的低4位不变
ORL   P1，A            ;将累加器A的高4位送入P1口的高4位
```

3. 逻辑异或运算指令（6条）

逻辑异或运算指令是将源操作数的内容与目的操作数的内容相异或，结果存放到目的操作单元中，而源操作单元中的内容不变。

```
XRL   A,Rn    ;A←(A)⊕(Rn)
XRL   A,@Ri   ;A←(A)⊕((Ri))
XRL   A,#data ;A←(A)⊕data
XRL   A,direct ;A←(A)⊕(direct)
XRL   direct,A ;direct←(direct)⊕(A)
XRL   direct,#data;direct←(direct)⊕data
```

实际编程中，逻辑异或运算指令用来将特定位取反，要取反的位同"1"相异或；反之，要保持不变的位同"0"相异或。

例：将内部RAM中30H单元的低4位取反，则可执行指令

```
XRL   30H, #0FH
```

4. 累加器清零与取反指令（2条）

MCS-51指令系统中，专门提供了累加器A清零和取反指令，这两条指令都是单字节单周期指令。虽然采用数据传送或逻辑运算指令也同样可以实现对累加器的清零与取反操作，但是它们至少需要两个字节，而利用累加器A清零与取反指令可以节省存储空间，提高程序执行效率。

```
CPL   A
CLR   A
```

5. 循环移位指令（4条）

MCS-51的移位指令只能对累加器A进行移位，共有不带进位的循环左、右移位（指令码为RL、RR）指令和带进位的循环左、右移位（指令码为RLC、RRC）指令共4条指令。

```
RL    A；A左循环移一位
RR    A；A右循环移一位
RLC   A；A带进位左循环移一位
RRC   A；A带进位右循环移一位
```

A 中的数据逐位左移一位相当于原内容乘以 2，而逐位右移一位相当于原内容除以 2。

例：设（A）=08H=0000 1000B，试分析下面程序的执行结果。

RL A ；（A）=0001 0000B=10H

2.2.4 控制转移类指令

在编写程序的过程中，有时候需要改变程序的执行流程，即不一定要程序一行接一行地执行，有时要跳过一些程序继续往下执行，或者跳回已执行过的程序重新执行，要实现这些跳转就需要用到控制转移类指令。这些指令通过修改程序计数器 PC 的值来实现这一操作。

MCS-51 的控制转移类指令共 17 条，分为无条件转移指令、条件转移指令、子程序调用和返回指令、空操作指令四类。

1. 无条件转移指令（4 条）

无条件转移指令功能：当程序执行无条件转移指令时，程序就无条件地转移到该指令所提供的地址去。

（1）长转移指令

LJMP addr16 ；PC←addr16

这条指令的功能是当程序执行到该指令时，无条件转移到指令所提供的地址（addr16 所指的地址）上去。转移的目标地址可以是 64KB 程序存储器地址空间的任何地方，指令执行后不影响标志位。为了使程序设计简便，addr16 常采用符号地址（如 LOOP、LOOP1 等）表示。

例：已知 AT89S51 最小系统的监控程序存放在程序存储器 8000H 开始的一段空间中，试编写程序使之在开机后自动转到 8000H 处执行程序。

单片机开机后 PC 总是复位成全"0"，即 PC=0000H。因此，为使机器开机后能自动转入 8000H 处执行监控程序，则在 0000H 处必须存放如下一条指令：

ORG 0000H

LJMP START ；程序无条件转移到标号 START 单元处

ORG 8000H

START： ；监控程序开始处

……

END

（2）绝对转移指令

AJMP addr11 ；PC←（PC）+2，$PC_{10\sim0}$←addr11

这是 2KB 范围内的无条件转移指令，用于把程序的执行转移到指定的地址。该指令在运行时先将 PC+2，然后通过用指令中的 11 位的地址替换 PC 的低 11 位内容（$A_{10}\sim A_0\to(PC_{10\sim0})$），形成新的 PC 值，得到转移的目的地址（$PC_{15}\sim A_0$）。但要注意，被替换的 PC 值是本条指令地址加 2 以后的 PC 值。目标地址必须与 AJMP 后面一条指令的地址在同一个 2KB 区域内。2KB 区域指的是将 64KB 分成 32 份，每份为 2KB（例如第 1 个 2KB 区域是 0000H~07FFH，第 32 个 2KB 区域是 F800H~FFFFH）。PC 的形成如图 2-8 所示。

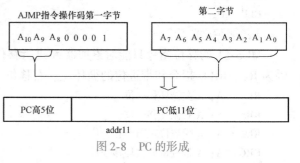

图 2-8 PC 的形成

例：DANGQIAN：AJMP addr11

如果设 addr11 = 00100000011B，标号 DANGQIAN 的值为 1230H，则执行指令后，程序将转移到 1103H。

（3）相对转移（短跳转）指令

SJMP rel   ; PC←(PC) + 2 + rel

这条指令是无条件相对转移指令，又称为短转移指令。该指令为双字节，指令中的相对地址（rel）是一个带符号的 8 位偏移量（二进制的补码），其范围为 - 128 ~ + 127。负数表示向后转移，正数表示向前转移，该指令执行后程序转移到当前 PC 与 rel 之和所指示的单元。

（4）间接转移指令（1 条）

JMP   @ A + DPTR   ;PC←((A) + (DPTR))

该指令也是无条件的间接转移（又称散转）指令。转移地址由数据指针 DPTR 与累加器 A 中的 8 位无符号数相加而形成。相加之后不修改 A 的内容，也不修改 DPTR 的内容，而是把相加的结果直接送 PC 寄存器。指令执行后不影响标志位。

通常，DPTR 中基地址是一个确定的值，常常是一张转移指令表的起始地址，累加器 A 中的值为表的偏移量地址，机器通过间接转移指令便可实现程序的分支转移。

例：设有一个键盘，共有 5 个键，其功能分别见表 2-3。要求编写键盘处理程序，其中键值由另外的键值程序获得，存放在累加器 A 中。

表 2-3 键名与功能表

键名	键值	处理该键的子程序名
切换	00H	SWITCH
移位	01H	SHIFT
加 1	02H	INCREASE
减 1	03H	DECREASE
清零	04H	CLEAR

```
          MOV     DPTR,#TAB    ;将散转表的首地址给 DPTR
          CLR     A
          RLC     A            ;将 A 值乘以 2(AJMP 指令为双字节),形成正确的偏移量
          JMP     @ A + DPTR   ;程序转到地址为 A + DPTR 的地方执行
    TAB:AJMP      SWITCH       ;散转表开始,TAB + 0
          AJMP    SHIFT        ;TAB + 2
          AJMP    INCREASE     ;TAB + 4
          AJMP    DECREASE     ;TAB + 6
          AJMP    CLEAR        ;TAB + 8
          …………
 SWITCH:……                    ;实现切换功能的程序段
   SHIFT:……                   ;实现移位功能的程序段
INCREASE:……                   ;实现加 1 功能的程序段
DECREASE:……                   ;实现减 1 功能的程序段
   CLEAR：……                  ;实现清零功能的程序段
          …………
```

由于散转表中采用 AJMP 指令，每条转移指令相差 2 个字节单元，所以在开始的时候，A 要乘以 2，否则，不能转到相对应的功能程序。

2. 条件转移指令（8 条）

条件转移指令是当某种条件满足时转移才得以进行，否则程序将按顺序执行。MCS-51 所有的条件转移指令都是采用相对寻址方式得到转移目的地址（目的地址在以下一条指令的首地址为中心的 256B 的范围内）。

（1）累加器判零条件转移指令

JZ   rel ;(A) = 0,PC←(PC) + 2 + rel;(A) ≠ 0,PC←(PC) + 2

JNZ   rel ;

（2）比较不相等则转移指令

CJNE   A,#data,rel   ;若(A) ≠ data, PC←(PC) + 3 + rel,其中(A) > data,CY←0;(A) < data,CY ←1;若 (A) = data, PC←(PC) + 3

CJNE   A,direct,rel

CJNE   Rn,#data,rel

CJNE   @ Ri,#data,rel

这组指令的功能是比较目的操作数与源操作数是否相等，若不相等则转移（转移的目的地址为 PC 加 3，然后再加上指令中的相对偏移量 rel），否则顺序执行程序。这组指令根据比较结果会影响 CY 位：若左操作数 > 右操作数，则（CY) = 0；若右操作数 > 左操作数，则（CY) = 1。执行结果不改变原有操作数的内容。

（3）减 1 不为零则转移指令

DJNZ   Rn,rel;Rn←(Rn) – 1,若(Rn) ≠ 0,PC←(PC) + 2 + rel;若(Rn) = 0,PC←(PC) + 2

DJNZ   direct, rel

这组指令的功能是把操作数减 1，结果送到操作数中去，如果结果不为 0 则转移，否则顺序执行程序。

3. 子程序调用及返回指令

在程序设计中，常常把具有一定功能的公用程序编写成子程序。在主程序需要这一功能时，只要在主程序中设置一条子程序调用指令，就会自动转入子程序执行该功能，而在子程序执行完后，通过返回指令自动返回调用指令的下一条指令（该指令地址称为断点地址）继续执行。因此，调用指令是在主程序需要调用子程序时使用的，返回指令则需放在子程序末尾。

调用和返回指令是成对使用的，调用指令必须具有把程序计数器 PC 中断点地址保护到堆栈以及把子程序入口地址自动送入 PC 的功能；返回指令则必须具有把堆栈中的断点地址自动恢复到 PC 的功能。

（1）子程序调用（2 条）

1）长调用指令：

LCALL   addr16 ;PC←(PC) + 3,SP = (SP) + 1,(SP)←(PC)L, SP = (SP) + 1,(SP)←(PC)H, PC←addr16

该指令执行时，首先产生断点地址（PC）+ 3，然后把断点地址压入堆栈中保护（先低位后高位），最后用指令中给出的 16 位地址替换当前 PC 地址，组成子程序的入口地址。addr16 可以用符号地址（标号）表示，能在 64KB 范围以内调用子程序。

例：设（SP) = 67H, 0100H 为地址标号（即程序存储的位置），标号 TIME1 为 8000H，执行指令：

　　0100：　LCALL　TIME1

　　0103：　MOV A，R1

　　结果：（SP）= 69H，（68H）= 03H，（69H）=01H，（PC）=8000H。

　　2）绝对调用指令：

　　ACALL　addr11；PC←（PC）+2，SP =（SP）+1，（SP）←（PC）L，SP =（SP）+1，（SP）←（PC）H，$PC_{10\sim0}$←addr11

　　该指令执行时，首先产生断点地址（PC）+2，然后把断点地址压入堆栈中保护（先低位后高位），最后用指令中给出的11位地址替换当前 PC 的低11位，组成子程序的入口地址。在实际编程时，addr11 可以用符号地址（标号）表示，且只能在 2KB 范围以内调用子程序。

　　例：设（SP）= 67H，标号地址 START 为 0100H，标号 TIME2 为 0400H，执行指令：

　　START：　ACALL　　TIME2

　　　　　　MOV A，#74H

　　　　　　　…

　　TIME2：　PUSH PSW

　　其结果为：（SP）= 69H，（68H）= 02H，（69H）=01H，（PC）=0400H；在编写程序的时候注意"MOV A，#74H"指令与"PUSH PSW"在同一个 2KB 的存储空间内。

　　（2）返回指令

　　RET ；$PC_{15\sim8}$←（SP），SP←SP －1，$PC_{7\sim0}$←（SP），SP←SP －1

　　RETI ；中断服务程序返回指令

　　这两条指令的功能完全相同，都是把堆栈中断点地址恢复到程序计数器 PC 中，从而使单片机回到断点处执行程序。

　　使用这两条指令应注意以下两点：

　　1）RET 称为子程序返回指令，只能用在子程序末尾。

　　2）RETI 是中断返回指令，只能用在中断服务程序末尾。机器执行 RETI 指令后除了返回源程序断点地址处执行外，还将清除相应中断优先级状态位，以允许单片机响应低优先级的中断请求。

　　4. 空操作指令（1 条）

　　NOP　　　；PC←（PC）+1

　　空操作指令是一条单字节单周期控制指令。机器执行这条指令仅使程序计数器 PC 加1，不进行任何操作，共消耗一个机器周期的时间。这条指令常用于等待、时间延迟或方便程序的修改。

2.2.5　位操作指令

　　在 51 系列单片机的硬件结构中，有一个位处理器（布尔处理器）和一套位变量处理的指令子集。在进行位操作时，CY 位为位累加器。位存储器是片内 RAM 字节地址 20H ~ 2FH 单元中连续的 128 个位（位地址为 00H ~7FH）和特殊功能寄存器（SFR）中字节地址能被 8 整除的那部分 SFR，这些 SFR 都具有可寻址位。位操作指令包括位变量的传送、修改和逻辑操作。

下面说明关于位地址的表示方式。在汇编语言级指令格式中，位地址有多种表示方式：

1）直接（位）地址方式，如 20H、D3H 等。

2）字节地址加位方式，如 D0H.3，表示字节地址为 D0H 单元中的第 3 位。

3）寄存器名加位方式，如 ACC.7，但不能写成 A.7。

4）位定义名方式，如 RS0。

1. 位数据传送指令（2 条）

MOV C,bit ;C←(bit)

MOV bit,C ;bit←C

这两条指令主要用于直接寻址位与位累加器 C 之间的数据传送。直接寻址位为片内 20H～2FH 单元的 128 个位单元及 80H～FFH 中可位寻址的特殊功能寄存器中的各位。此操作过程不影响其他标志位。

例：把片内 20H 单元的最低位 D0 位传送到 C 中。

MOV C，00H   ；00H 为 20H 单元中 D0 的位地址

2. 位修正指令（6 条）

CLR C ；C←0

CLR bit ；bit←0

CPL C ；C←$\overline{\text{C}}$

CPL bit ；bit←(/bit)

SETB C ；C←1

STEB bit ；bit←1

该类指令的功能是清零、取反和置位，指令执行后不影响其他标志位。

例：CLR   00H   ；(20H)$_0$←0   ，00H 为内部 RAM 中 20H 单元的 D0 位地址

CPL 01H   ；(20H)$_1$←$\overline{(20H)_1}$，01H 为内部 RAM 中 20H 单元的 D1 位地址

SETB ACC.7   ；ACC.7←1

3. 位逻辑运算指令（4 条）

ANL C, bit ;C←C∧(bit)

ANL C,/bit ;C←C∧(/bit)

ORL C, bit;C←C∨(bit)

ORL C,/bit ;C←C∨(/bit)

这类指令的功能是把位累加器 C（进位标志）的内容与直接寻址位进行逻辑与（或）运算，运算结果送至位累加器 C 中，式中的斜杠"/"表示对该位取反后再参与运算，但不改变变量本身的值。

4. 判位转移指令（5 条）

位判断（判位）转移指令都是条件转移指令，它以进位标志 CY 或位地址 bit 的内容作为转移的判断条件。

JC rel   ;若(CY)=1,则 PC←(PC)+2+rel;若(CY)=0,则 PC←(PC)+2

JNC rel

JB bit,rel   ;若(bit)=1,则 PC←(PC)+3+rel;若(bit)=0,则 PC←(PC)+3

JNB　　bit, rel

JBC　　bit, rel 　　;若(bit) = 1,则 PC←(PC) +3 + rel, (bit)←0;若(bit) = 0,则 PC←(PC) +3

　　例:比较内部 RAM 中 40H 和 42H 中的两个无符号数的大小,将大数存入 40H 单元中,小数存入 42H 单元中,若两数相等则将片内 RAM 的位地址 50H 中置 1。此处以子程序的形式编写该程序:

```
BIJIAO:    MOV    A,  40H
           CJNE   A,  42H, Q1    ;不相等转 Q1
           SETB   50H            ;两数相等位地址 50H 置 1
           SJMP   Q2
Q1:        JNC    Q2             ;C = 0,(40H) > (42H) 转 Q2
           MOV    40H,42H        ;(40H) < (42H)
           MOV    42H,A
Q2:        NOP
           RET
```

　　这些就是 MCS-51 单片机的 111 条指令。对这些指令,要做到了解其执行过程,知道其执行结果,这样才能看懂程序,并逐步学会自行编写需要的程序。

任务2.3　学习汇编语言程序设计

　　在 MCS-51 单片机的实际应用中,大部分是采用 C51 语言编写的,也有部分是采用汇编语言编写的。为了编出质量高、功能强的实用程序,设计者一方面要正确理解程序设计的目标和步骤,另一方面还要掌握汇编语言源程序的汇编原理和方法。

2.3.1　软件编程的步骤和方法

1. 软件编程的步骤

用汇编语言编写一个程序的过程可分为以下几个步骤:

　　(1) 分析问题,明确任务　这一步就是要明确设计任务、功能要求及技术指标,分析系统的硬件资源和工作环境,这是单片机应用系统程序设计的基础和条件。

　　(2) 确定算法　确定算法就是在全面准确分析程序设计任务之后,具体地选定解决问题的算法。对同一个问题可以有多种不同的算法,设计者要分析各种不同的算法,从中选择一种最佳算法。

　　(3) 制订程序流程图　程序流程图设计是将算法转化为具体程序的一个准备过程。所谓流程图,就是用箭头将一些规定的图形符号,如半圆弧形框、矩形框和菱形框等有机地连接起来的图形。这些半圆弧形框、矩形框和菱形框与文字符号相配合用来表示实现某一特定功能或求解某一问题的步骤。利用流程图可以将复杂的工作条理化,将抽象的思路形象化。

　　(4) 编写源程序　用汇编语言把流程图表明的步骤或过程描述出来。在编写源程序之前,应合理地选择和分配内存单元和工作寄存器。

　　(5) 汇编和调试　汇编就是将编写好的源程序翻译为计算机能识别并执行的机器语言程序,即目标程序。实际应用中这一步都是采用机器汇编。在汇编过程中,可以发现源程序中在指令格式及使用上出现的问题或错误。

调试是输入给定的数据，让程序运行起来，检查程序运行是否正常、结果是否正确。调试工作可一个一个模块程序运行和修改，然后将各模块程序连起来运行和修改，这样查找问题和错误的范围小、难度低且快捷。只有通过上机调试并得出正确结果的程序才能认为是正确的程序。

2. 软件编程中的方法

解决某一问题、实现某一功能的程序不是唯一的。程序有简有繁，占用的内存单元有多有少，执行的时间有长有短，因而编制的程序也不相同。但在设计汇编语言程序时，应始终把握三个原则：尽可能缩短程序长度、尽可能节省数据存放单元以及尽可能加快程序的执行速度。通常采用以下几种方法实现。

1）尽量采用模块化程序设计方法。模块化设计是程序设计中最常用的一种方法。所谓模块化设计即把一个完整的程序分成若干个功能相对独立的、较小的程序模块，对各个程序模块分别进行设计、编制和调试，最后把各个调试好的程序模块装配起来进行联调，最终成为一个有实用价值的程序。对于初学者来说，尽可能查找并借用经过检验、被证明切实有效的程序模块，或只需局部修改的程序模块，然后将这些程序模块有机地组合起来，得到所需要的程序，如果实在找不到再自行设计。

2）合理地绘制程序流程图。绘制流程图时应先粗后细，即只考虑逻辑结构和算法，不考虑或者少考虑具体指令。这样画流程图就可以集中精力考虑程序的结构，从根本上保证程序的合理性和可靠性。使用流程图直观明了，有利于查错和修改。因此，多花一些时间来设计程序流程图，就可以大大缩短源程序编辑调试的时间。

3）少用无条件转移指令，尽量采用循环结构和子程序结构。少用无条件转移指令可以使程序的条理更加清晰，采用循环结构和子程序结构可以减小程序容量，节省内存。

4）充分利用累加器。累加器是数据传递的枢纽，大部分的汇编指令围绕着它进行。在调用子程序时也经常通过累加器传递参数，此时一般不把累加器中的内容压入堆栈。若需保护累加器中的内容，应先把累加器中的内容存入其他寄存器单元中，然后再调用子程序。

5）精心设计主要程序段。对主要的程序段要下功夫精心设计，这样会收到事半功倍的效果。如果在一个重复执行100次的循环程序中多用了两条指令，或者每次循环执行时间多用了两个机器周期，则整个循环就要多执行200条指令或多执行200个机器周期，使整个程序运行速度大大降低。

6）对于中断要注意保护和恢复现场。在中断处理程序中，进入中断要注意保护好现场（包括各相关寄存器及标志寄存器的内容），中断结束前要恢复现场。

一般来说，一个程序的执行时间越短，占用的内存单元越少，其质量也就越高，这就是程序设计中的"时间"和"空间"的概念。程序应该逻辑性强、层次分明、数据结构合理且便于阅读，同时还要保证程序在任何实际的工作条件下都能正常运行。另外，在较复杂的程序设计中，也必须充分考虑程序的可读性和可靠性。

2.3.2　汇编语言源程序的汇编

在编写汇编源程序时，除了要用到指令系统的111条指令外，还会用到一些伪指令。伪指令并不是真正的指令，而是一种假指令。虽然它具有和真指令类似的形式，但并不会在汇编时产生可供机器直接执行的机器码，也不会直接影响存储器中代码和数据的分布。伪指令是在机器汇编时供汇编程序识别和执行的命令，可以用来对机器的汇编过程进行某种控制，令其进行一些特殊操作。例如：规定汇编生成的目标代码在内存中的存放区域，给源程序中的符号和标号赋值以及指示汇编的结束等。

1. 伪指令

在 MCS-51 的汇编语言中，常用的伪指令共 8 条。

（1）起始地址伪指令 ORG

格式：ORG　16 位地址

功能：规定跟在它后面的源程序经过汇编后所产生的目标程序存储的起始地址。例如：

```
        ORG   0100H
START:  MOV   A,   #65H
        ⋮
        END
```

ORG 伪指令规定了 START 为 0100H，程序汇编后的机器码从 0100H 开始依次存放。

在一个源程序中，可以多次使用 ORG 指令以规定不同的起始位置。但所规定的地址应该是从小到大，而且不同的程序段之间不能有重叠。

（2）汇编结束伪指令 END

格式：END

功能：汇编语言源程序的结束标志，汇编程序遇到 END 时即认为源程序到此为止，汇编过程结束，在 END 后面所写的程序，汇编程序都不予理睬。因此，在一个源程序中只能有一个 END 伪指令，而且必须放在整个程序末尾。

（3）赋值伪指令　EQU

格式：字符名称　EQU　　赋值项

功能：用于给字符名称赋予一个特定值。字符名称被赋值后，可以在程序中代表数据或汇编符号使用。例如：

```
        ORG     0200H
RES     EQU   R0
COUNT   EQU   50H
MOV     A, RES      ; A←（R0）
MOV     R2, COUNT  ; R2←（50H）
        ⋮
        END
```

在程序中，RES 代表寄存器符号 R0，COUNT 代表地址 50H。

使用赋值语句有两个方面的好处：其一，便于修改程序，如只需将语句"RES　EQU R0"中的"R0"改为"R1"，就可将整个源程序中所有的"R0"都改为"R1"；其二，便于阅读、理解程序，字符名称常常是取一些熟悉的有意义的符号，这样就便于读懂程序。

（4）数据地址赋值伪指令　DATA

格式：字符名称　DATA　表达式

功能：与 EQU 相似，即将 DATA 右边表达式的值赋给左边的字符名称。例如：

```
        ORG   0200H
ADDE：DATA  45H
        MOV   A，ADDE  ; A←（45H）
        ⋮
        END
```

DATA 与 EQU 两条伪指令的区别：其一，EQU 定义的字符名称必须先定义后使用，而 DATA 可以先使用后定义，因此 EQU 通常放在源程序的开头，而 DATA 既可在开头，也可在末尾；其二，EQU 可以对一个数据或特定的汇编符号赋值，但 DATA 只能对数据赋值，不能对汇编符号赋值。

（5）定义字节伪指令 DB

格式：［标号:］ DB n1，n2，…，nN

功能：将 DB 右边的单字节数据，依次存放到以左边标号为起始地址的连续单元中。单字节数据可以采用二进制、十进制和 ASCII 码等多种形式表示，通常用于定义常数表。例如：

```
        ORG   1000H
TAB：DB  48H，100，11000101B，‘D’，‘6’，−2
```

源程序汇编后，程序存储器 1000H 开始被依次存入 48H、64H、0C5H、44H、36H 及 FEH 中，如图 2-9a 所示。其中，‘D’、‘6’分别表示字母 D 和数字 6 的 ASCII 码值 44H、36H，FEH 是"−2"的补码。

（6）定义字伪指令 DW

格式：［标号:］ DW nn1，nn2，…，nnN

功能：与 DB 指令类似，都是在内存的某个区域内定义数

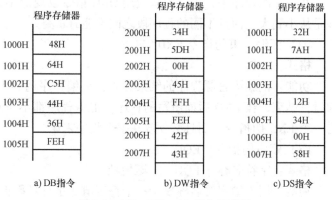

a) DB指令   b) DW指令   c) DS指令

图 2-9 DB、DW、DS 指令示意图

据。不同的是 DW 指令定义的是字（16 位），而 DB 指令定义的是字节（8 位）。即 DW 指令功能是把指令右边的双字节数据依次存入指定的连续存储单元中，其数据的高字节存放到低地址单元，低字节存放到高地址单元。

例如：

```
        ORG   2000H
 TAB：DW  345DH，45H，−2，‘BC’
```

源程序汇编后，从程序存储器 2000H 开始，按先高后低的原则依次存入 34H、5DH、00H、45H、FFH、FEH、42H 和 43H，如图 2-9b 所示。其中，"−2"的补码按 16 位二进制格式为 FFFEH。

（7）定义存储区伪指令 DS

格式：［标号:］ DS 表达式

功能：从指定地址开始预留一定数量的内存单元，以备源程序在执行过程中使用。预留

单元的数量由表达式的值决定。

例如：

```
ORG    1000H
DB     32H，7AH
DS     02H
DW     1234H，58H
```

源程序汇编后，从程序存储器1000H开始存入32H、7AH，从1002H开始预留2个地址空间，从1004H开始继续存入12H、34H、00H和58H，如图2-9c所示。

（8）位地址赋值指令BIT

格式：字符名称　BIT　位地址

功能：把BIT右边的位地址赋给它左边的字符名称。被定义的位地址在源程序中可用字符名称来表示。例如：

```
ORG    0200H
A1     BIT    01H
A2     BIT    30H.2
MOV    C，A1；CY←(01H)
MOV    A2，C；30H.2←CY
⋮
END
```

2. 对源程序的汇编

汇编源程序并不能被CPU认识和执行，需要编译成机器语言才能被执行。将汇编程序变成机器程序的过程叫作汇编。汇编分为人工汇编和机器汇编两种方式，常用的是机器汇编。

机器汇编就是将源程序输入计算机后，由汇编软件查出相应的机器码予以汇编。机器汇编要通过两次扫描才能完成对源程序的汇编。为了实现对源程序的汇编，汇编程序中编制了两张表，一张是指令操作码表，另一张是伪指令表。第一次扫描时通过查指令表将源程序中每条指令转换为机器码，并将其存放到存储区。第二次扫描时完成对地址偏移量的计算，求出程序中未确定的标号的值。

汇编软件（如ASM51.EXE）通常可检查源程序中的语法及逻辑错误，同时还能定位地址，建立能被开发装置接收的机器码文件及用于打印的列表文件等。单片机的机器汇编过程如图2-10所示。

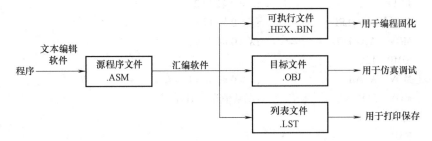

图2-10　单片机的汇编过程示意图

2.3.3 汇编语言编程实例

程序结构中最基本的三种结构是顺序结构、分支结构和循环结构，如图2-11所示。下面分别介绍这三种典型结构程序设计。

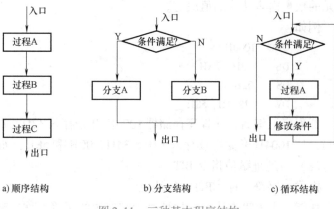

a) 顺序结构　　　　　　b) 分支结构　　　　　　c) 循环结构

图 2-11　三种基本程序结构

1. 顺序程序设计

顺序结构是指程序中没有使用转移类指令的程序段，机器执行这类程序时也只需按照先后顺序依次执行即可，中间没有任何分支。在这类程序中大量使用了数据传送指令，程序的结构也比较单一和简单，但它往往是构成复杂结构程序的基础。

2. 分支程序设计

分支程序设计的特点是根据不同的条件，确定程序不同的走向。分支程序又分为单分支和多分支结构。在 AT89S51 指令系统中，实现单分支程序的条件转移指令有 JZ、JNZ、CJNE 和 DJNZ 等，此外还有以位状态作为条件进行程序分支的指令，如 JC、JNC、JB、JNB 和 JBC 等。实现多分支程序可以进行多次判断或使用一条专门的散转指令 JMP。

例 2-2　已知 20H 单元中有一变量 X，要求编写按下述函数给 Y 赋值的程序，结果存入 21H 单元。

$$Y = \begin{cases} 1 & X > 0 \\ 0 & X = 0 \\ -1 & X < 0 \end{cases}$$

此题有三个条件，所以有三个分支程序。这是一个三分支归一的条件转移问题，可先分支后赋值或先赋值后分支。下面以"先分支后赋值"的方法为例编写程序。

```
解：    ORG    0000H
        AJMP   START
        ORG    0100H
START： MOV    A,20H        ;取 X 到 A 中
        JZ LP2              ;X = 0 转 LP2
        JNB ACC.7,LP1       ;X > 0 转 LP1
        MOV    A,#0FFH      ;X < 0 时 A = -1
        SJMP   LP2
LP1：   MOV    A,#01        ;X > 0 时 A = 1
LP2：   MOV    21H,A        ;函数值送 21H 单元
        SJMP   $
        END
```

散转程序（也叫多分支程序）：散转程序是一种并行分支程序（多分支程序），它是根据某种输入或运算结果，分别转向各个处理程序，可由散转指令"JMP　@ A + DPTR"

实现。

3. 循环程序设计

采用循环程序结构将会使程序大大缩短。

例 2-3　将 RAM 中 30H 单元开始的 100 个单元清零。

显然若用顺序程序结构，则需 100 条传送指令"MOV direct, #00H"，这会占用很多 ROM 空间，而且是 100 条重复指令。

如采用循环程序结构，需设计一个计数器和一个地址指针。现设 R0 为循环计数器，控制循环次数，初值为 100；R1 为地址指针，指向 RAM 空间，初值为 30H。

```
解：        ORG  0000H
            AJMP START
            ORG 0100H
START:      MOV  R0,#100        ;循环计数器赋初值
            MOV  R1,#30H        ;地址指针赋初值
LOOP:       MOV  @R1,#00H       ;清零 RAM 单元
            INC  R1             ;修改地址指针
            DJNZ R0,LOOP        ;循环控制
            SJMP $              ;循环结束
            END
```

循环程序设计不仅可以大大缩短所编程序长度，使程序占用的内存单元数减少，也能使程序结构紧凑，可读性变好。

以下介绍循环程序的组成：

（1）循环初始化　循环初始化程序段位于循环程序开头，用于完成循环前的准备工作。例如给循环体中循环计数器和各工作寄存器设置初值，其中循环计数器用于控制循环次数。

（2）循环体　这部分程序位于循环体内，是循环程序的工作程序，需要重复执行，要求编写得尽可能简洁明了，以提高程序的执行速度。

（3）循环判断　循环控制也在循环体内，常常由循环计数器修改和条件转移语句等组成，用于控制循环执行次数。

在单片机的应用编程中，延时程序是一种非常常用的程序，也是典型的循环程序。

单循环延时程序：

```
            ORG  2000H
            MOV R5,#TIME        ;1 周期
LOOP：      NOP                 ;1 周期
            NOP                 ;1 周期
            DJNZ R5,LOOP        ;2 周期
            END
```

本程序延时时间计算公式为

$$延时时间 = (4 \times TIME) \times T机 + 1 \times T机$$

式中　T机——机器周期。

若单片机晶振频率为 6MHz，则 1 个机器周期等于 2μs，一次循环为 4 个机器周期，即 8μs。设 TIME = 25，则延时时间 = $(4 \times 25) \times 2μs + 1 \times 2μs = 202μs$，此延时程序的定时范围

是 $10 \sim 2050 \mu s$。若单片机晶振频率为 $12MHz$，则一个机器周期等于 $1 \mu s$，此延时程序的定时范围为 $5 \sim 1025 \mu s$。可见单循环程序的延时时间较小，而为了延长定时时间，通常采用多重循环法。以下是一个双循环延时程序：

```
         ORG   2000H
         MOV   R5,#TIME1    ;1 周期
LOOP2:   MOV   R4,#TIME2    ;1 周期
LOOP1:   NOP                ;1 周期
         NOP                ;1 周期
         DJNZ  R4,LOOP1     ;2 周期
         DJNZ  R5,LOOP2     ;2 周期
         END
```

本程序延时时间计算公式为

$$延时时间 = (TIME2 \times 4 + 2 + 1) \times TIME1 \times T 机 + 1 \times T 机$$

设单片机晶振频率为 $6MHz$，$TIME1 = 125$，$TIME2 = 100$，则

$$延时时间 = (100 \times 4 + 2 + 1) \times 125 \times 2 \mu s + 1 \times 2 \mu s = 100752 \mu s \approx 100ms$$

此双重循环程序的延时范围为 $16 \mu s \sim 526ms$，若需要更长的延时时间，可采用多重循环。

本任务简单介绍了三种典型的程序结构，实际应用中的程序千变万化，但都离不开指令系统中的指令，即离不开这三种典型的基本程序结构。

任务 2.4　学习 MCS-51 单片机中断系统

2.4.1　中断的基本概念

什么是中断？其实在日常生活中中断随时随处可见，我们先来看一个生活中的例子。某人正在家里看书，突然手机响了，另一个人打电话来。于是他记住看到什么地方了，然后去接电话看看对方有什么事情，处理完了后接着刚才暂停的地方继续看书。这就是生活中非常司空见惯的"中断"现象，也就是正常的工作过程被突发事件打断了。

人类有这样的中断处理能力，并且这个能力是非常必要的。那么计算机是不是也应该具备这样的中断能力？例如当计算机的 CPU 正在执行程序的时候，有突发事件向 CPU 申请中断，要求它处理这个突发事件，CPU 响应的话，就会暂停下正在执行的程序，去处理这个突发事件，处理完了之后再返回到刚才暂停的地方接着往下执行程序。这个过程和人类处理中断的过程一模一样，如图 2-12 所示。

计算机系统的中断和人类日常生活中的

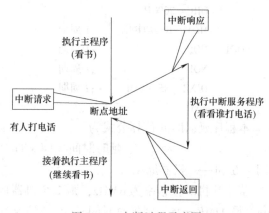

图 2-12　中断过程示意图

中断相比，在以下几个方面有可比性：

1. 什么事件可引起中断——中断源

生活中很多事件可以引起中断：电话响了、有人敲门、刮风了、下雪了、水壶响了及闹钟响了等，可以引起中断的事情太多太多了，有成百上千种，像这样引起中断的来源统称为中断源。但单片机中可向 CPU 申请中断的事件很有限，标准 51 单片机只有 5 个中断源，分别是外部中断 0、外部中断 1、定时器 T0 溢出中断、定时器 T1 溢出中断和串行口中断。

2. 中断的优先级和嵌套

可以想象一下：某人正在看书时，"有人敲门"和"手机响"两个事情同时发生了，那么他该先处理哪个事情呢？如果他认为电话比较重要，可以先接电话，处理完之后再去看谁在敲门，反之亦然。这就是中断优先级的问题，在单片机中也存在这样的优先级问题。优先级问题不仅发生在两个中断源同时申请中断的情况，也发生在已经响应一个中断，正在处理这个中断时又有另一个中断源申请中断的情况。例如，某人正在接电话，这时又有人敲门，如果他认为敲门的事情比较重要，就会先暂停处理电话的问题，先去处理敲门这个事情，然后再接着处理电话这个问题，处理完之后再接着刚才的内容继续看书。像这种高级中断源能中断低级中断源的中断处理过程的情况称为中断嵌套。人类其实可以实现很多级中断嵌套，而单片机只能实现两级中断嵌套，如图 2-13 所示。

3. 中断的请求与响应方式

人类在日常生活中的中断请求方式可以是打电话、敲门，也可以是举手、一个眼神等，我们可以通过眼睛看、耳朵听这样的方式判断有无中断。而在单片机中，中断源只能通过建立自己的

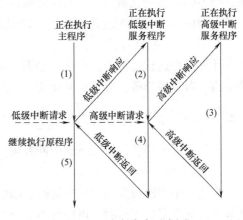

图 2-13　中断嵌套示意图

标志——中断请求标志来告知 CPU，CPU 则通过不停地查询这些中断请求标志来判断是否有中断源向它申请中断。

4. 去哪里处理中断——中断入口地址

人类在处理中断时，方式很灵活：可以直接去开门、接电话，或者一个眼神示意都可以。那么在单片机中，CPU 如何处理中断呢？暂停正在执行的程序后，CPU 又应当去哪里找中断程序呢？有没有固定的地方？显然，所有的程序都是存放在程序存储器中的，那 CPU 去什么地方找中断服务程序呢？其实在程序存储器中每个中断源都对应一个固定的地方，这个地方叫作中断入口地址。中断源和中断入口地址见表 2-4。

表 2-4　中断源和中断入口地址

中断源	中断入口地址
外部中断 0	0003H
定时器 T0 中断	000BH
外部中断 1	0013H
定时器 T1 中断	001BH
串行口接收/发送中断	0023H

2.4.2　引入中断技术的优点

计算机系统引进中断技术之后主要有几个方面的优点。

1. 可以实现并行操作

有了中断功能就解决了快速的 CPU 与慢速的外设之间的矛盾，可以使 CPU 和外设同时工作。CPU 在启动外设工作后，继续执行主程序，同时外设也在工作。每当外设做完一件事，就发出中断申请，请求 CPU 中断它正在执行的程序，转去执行中断服务程序（一般情况是处理输入、输出数据）。中断处理完之后，CPU 恢复执行主程序，外设继续工作。这样，CPU 可以命令多个外设同时工作，从而大大提高了 CPU 的利用率。

2. 可以实现实时处理

在实时控制中，现场的各个参数、信息是随时间和现场情况不断变化的。有了中断功能，外界的这些变化量可根据要求随时向 CPU 发出中断请求，要求 CPU 及时处理，CPU 可以马上响应（若中断响应条件满足）加以处理。这样的及时处理在查询方式下是做不到的。

3. 可以实现故障及时处理

计算机在运行过程中，出现一些事先无法预料的故障是难免的，如电源的突然波动、存储出错、运算溢出等，有了中断功能，计算机就能自行处理这些状况，而不必停机处理。

2.4.3　中断系统应有的功能

为了满足上述各种情况下的中断要求，中断系统一般应该具有如下功能。

1. 实现中断及返回

当某一个中断源发出中断申请时，CPU 能决定是否响应这个中断请求（当 CPU 在执行更紧急、更重要的工作时，可以暂不响应中断）。若允许响应这个中断请求，CPU 必须在现行的指令执行完后，把断点处的 PC 值（即下一条应执行的指令地址）压入堆栈保存下来，称为断点保护，这是硬件自动执行的。同时，用户在编程时要注意把有关的寄存器内容和状态标志位压入堆栈保存下来，这称为保护现场。保护断点和现场之后即可执行中断服务程序，执行完毕，需恢复原保留的寄存器的内容和标志位的状态，称为恢复现场，并执行返回指令"RETI"，这个过程通过用户编程来实现。"RETI"指令的功能为恢复 PC 值（称为恢复断点），使 CPU 返回断点，继续执行主程序。

2. 实现优先权排队

在计算机系统中有多个中断源时，可能会出现两个或更多个中断源同时提出中断请求的情况。这就要求计算机既能区分各个中断源的请求，又能确定首先为哪一个中断源服务。为了解决这一问题，通常给各中断源规定了优先级别，称为优先权。当两个或者两个以上的中断源同时提出中断请求时，计算机首先为优先权最高的中断源服务，服务结束后再响应级别较低的中断源。计算机按中断源级别高低逐次响应的过程称为优先权排队。这个过程可以通过硬件电路来实现，也可以通过程序查询来实现。

3. 实现中断嵌套

当 CPU 响应某一中断的请求而进行中断处理时，若有优先权级别更高的中断源发出中断申请，CPU 则中断正在进行的中断服务程序，并保留这个程序的断点（类似于子程序嵌套），响应高级中断，在高级中断处理完以后，再继续执行被中断的中断服务程序。这个过程称为中断嵌套，其示意图如图 2-13 所示。如果发出新的中断申请的中断源的优先权级别与正在处理的中断源同级或更低时，CPU 将暂时不响应这个中断申请，直至正在处理的中断服务程序执行完以后才去处理新的中断申请。

2.4.4　中断请求标志

当中断源需要向 CPU 申请中断时，就会将自己相应的中断标志位置 1。中断源的中断请求标志分布在特殊功能寄存器 TCON 和 SCON 中。

1. TCON 中的中断标志（0x88）

TCON 为定时器控制寄存器，同时也锁存 T0 和 T1 的溢出中断标志及外部中断 0 和外部中断 1 的中断标志等。各位的定义如下：

位	7(0x8F)	6(0x8E)	5(0x8D)	4(0x8C)	3(0x8B)	2(0x8A)	1(0x89)	0(0x88)
TCON (0x88)	TF1	RT1	TF0	TR0	IE1	IT1	IE0	IT0

1）TF1——T1 溢出中断标志。T1 被启动计数后，从初值开始加 1 计数，直至计满溢出，由硬件使 T1 = 1，向 CPU 请求中断，此标志一直保持到 CPU 响应中断后，才由硬件自动清零。也可用软件查询该标志，并由软件清零。

2）TF0——T0 溢出中断标志。其操作功能类似于 TF1。

3）IE1—— 外部中断 1 中断标志。IE1 = 1 表明外部中断 1 向 CPU 申请中断。

4）IT1——外部中断 1 触发方式控制位。外部中断在 MCU 的外部，如何向 CPU 申请中断呢？它显然不能像人一样打电话或者举手示意，那只能通过某个引脚，在这个引脚上出现合适的信号时表示要向 CPU 申请中断。对于外部中断 1，这个引脚是$\overline{\text{INT1}}$，"合适的信号"指的是低电平或者负跳变。当 IT1 = 0 时，外部中断 1 为电平触发方式。在这种方式下，CPU 在每个机器周期的 S5P2 期间对$\overline{\text{INT1}}$（P3.3）引脚采样，若采到低电平，则认为有中断申请，随即使 IE1 = 1；若为高电平，则认为无中断申请或中断申请已撤除，随即清除 IE1 标志。在电平触发方式中，CPU 响应中断后不能自动清除 IE1 标志，也不能由软件清除 IE1 标志，所以在中断返回前必须撤销$\overline{\text{INT1}}$引脚上的低电平，否则 CPU 将再次响应中断造成出错。

若 IT1 = 1，外部中断 1 控制为边沿触发方式。CPU 在每个机器周期的 S5P2 期间采样引脚。若在连续两个机器周期采样到先高电平后低电平，则使 IE1 = 1，此标志一直保持到 CPU 响应中断时才由硬件自动清除。在边沿触发方式中，为保证 CPU 在两个机器周期内检测到先高后低的负跳变，输入高低电平的持续时间至少要保持 12 个时钟周期。

5）IE0——$\overline{\text{INT0}}$外部中断 0 标志。其操作功能与 IE1 类似。

6）IT0——外部中断 0 触发方式控制位。其操作功能与 IT1 类似。

2. SCON（0x98）中的中断标志

SCON 是串行口控制寄存器，其低 2 位 TI 和 RI 锁存单行口的接收中断和发送中断标志。

							0x99	0x98
SMOD							TI	RI

1）TI——串行发送中断标志。CPU 将一个字节数据写入发送缓冲器 SBUF 后启动发送，每发送完一个串行帧，硬件置位 TI。但 CPU 响应中断后并不能自动清除 TI，标志必须由软件清除。

2）RI——串行接收中断标志。在串行口允许接收时，每接收完一个串行帧，硬件置位 RI。同样，CPU 响应中断后不会自动清除 RI，标志必须由软件清除。

AT89S51 系统复位后，TCON 和 SCON 中各位均清零，应用中要注意各位的初始状态。

2.4.5　中断允许控制

有中断源，并不是说这些中断源就会向 CPU 申请中断，还取决于中断功能是否打开。例如教室里有荧光灯，那灯就具备了点亮的条件。但有灯是不是一定就会亮呢？这还要看开关是否合上了。教室里每个灯都有分开关，走廊上也会有总开关，那这样的话荧光灯要想发光就得总开关和每个灯的分开关都要合上才行。AT89S51 单片机中，中断源的中断允许控制和这个情况非常相似。由特殊功能寄存器 IE 来实现中断允许控制，通过向 IE 写入中断控制字，控制 CPU 对中断的开放或屏蔽，以及每个中断源是否允许中断。其格式如下：

位	7(0xAF)	6(0xAE)	5(0xAD)	4(0xAC)	3(0xAB)	2(0xAA)	1(0xA9)	0(0xA8)
IE (0xA8)	EA	—	—	ES	ET1	EX1	ET0	EX0

1）EA——CPU 中断总允许位。EA = 1，CPU 开放中断，每个中断源是被允许还是被禁止，分别由各自的允许位确定；EA = 0，CPU 屏蔽所有的中断要求，称为关中断。

2）ES——串行口中断允许位。ES = 1，允许串行口中断；ES = 0，禁止串行口中断。

3）ET1——T1 中断允许位。ET1 = 1，允许 T1 中断；ET1 = 0，禁止 T1 中断。

4）EX1——外部中断 1 允许位。EX1 = 1，允许外部中断 1 中断；EX1 = 0，禁止外部中断 1 中断。

5）ET0——T0 中断允许位。ET0 = 1，允许 T0 中断；ET0 = 0，禁止 T0 中断。

6）EX0——外部中断 0 允许位。EX0 = 1，允许外部中断 0 中断；EX0 = 0，禁止外部中断 0 中断。

AT89S51 系统复位后，IE 中各中断允许位均被清零，即禁止所有中断。需要中断时应先设置 IE 寄存器。

例如要开发外部中断 1，需要 EA 和 EX1 置 1，可用如下语句：

IE = 0x84;

或者：　　　　　EA = 1;

EX1 = 1;

汇编语句则为：MOV IE, #84H

或者：　　　　SETB EA

SETB EX1

2.4.6　中断优先级的设定

AT89S51 单片机中断优先级的设定由特殊功能寄存器 IP 统一管理，它具有两个中断优先级，由软件设置每个中断源为高优先级中断或低优先级中断，并可实现两级中断嵌套。

高优先级中断源可中断正在执行的低优先级中断服务程序，除非在执行低优先级中断服务程序时设置了 CPU 关中断或禁止某些高优先级中断源的中断。同级或低优先级的中断源不能中断正在执行的中断服务程序。为此，在 AT89S51 中断系统内部有两个（用户不能访问的）优先级状态触发器，它们分别指示出 CPU 是否在执行高优先级或低优先级中断服务程序，从而决定是否屏蔽所有的中断申请。

特殊功能寄存器 IP（B8H）为中断优先级寄存器，锁存各中断源优先级的控制位，用户可由软件进行设定。其格式如下：

位	7(0xBF)	6(0xBE)	5(0xBD)	4(0xBC)	3(0xBB)	2(0xBB)	1(0xB9)	0(0xB8)
IP (0xB8)	—	—	—	PS	PT1	PX1	PT0	PX0

1）PS——串行口中断优先级控制位。PS = 1，设定串行口为高优先级中断；PS = 0 为低优先级。

2）PT1——T1 中断优先级控制位。PT1 = 1，设定定时器 T1 为高优先级中断；PT1 = 0 为低优先级中断。

3）PX1——外部中断 1 中断优先级控制位。PX1 = 1，设定外部中断 1 为高优先级中断；PX1 = 0 为低优先级中断。

4）PT0——T0 中断优先级控制位。PT0 = 1，设定定时器 T0 为高优先级中断；PT0 = 0 为低优先级中断。

5）PX0——外部中断 0 中断优先级控制位。PX0 = 1，设定外部中断 0 为高优先级中断；PX0 = 0 为低优先级中断。

当系统复位后，IP 低 5 位全部清零，将所有中断源均设置为低优先级中断。

如果几个同一优先级的中断源同时向 CPU 申请中断，CPU 通过内部硬件查询逻辑按自然优先级顺序确定应该响应哪个中断请求。其自然优先级由硬件形成，排列如下：

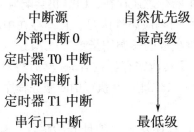

这种排列顺序在实际应用中很方便且合理。如果重新设置了优先级，则顺序查询逻辑电路将会相应改变排队顺序。例如如果给 IP 中设置的优先级控制字为 14H，则 PS 和 PT0 均为高优先级中断，但当这两个中断源同时发出中断申请时，CPU 将先响应自然优先级高的外部中断 1 的中断申请。

2.4.7　中断处理过程分析

中断处理过程可分为三个阶段，即中断响应、中断处理和中断返回。所有计算机的中断处理都有这样三个阶段，但不同的计算机由于中断系统的硬件结构不完全相同，因而中断响应的方式有所不同，在此以 AT89S51 单片机为例来介绍中断处理的过程。

1. 中断响应

中断响应是在满足 CPU 的中断响应条件之后，CPU 对中断源中断请求的回答。在这一阶段，CPU 要完成中断服务以前的所有准备工作，包括保护断点和把程序转向中断服务程序的入口地址。

计算机在运行时，并不是任何时刻都会去响应中断请求，而是在中断响应条件满足之后才会响应。

（1）CPU 的中断响应条件　CPU 响应中断的条件主要有以下几点：

1）有中断源发出中断申请。

2）中断总允许位 EA = 1，即 CPU 允许所有中断源申请中断；且申请中断的中断源的中断允许位为 1，即此中断源可以向 CPU 申请中断。

以上是 CPU 响应中断的基本条件。若满足则 CPU 一般会响应中断，但如果有下列任何一种情况存在，中断响应都会受到阻断。

1）CPU 正在执行一个同级或高一级的中断服务程序。

2）当前的机器周期不是正在执行的指令的最后一个周期，即正在执行的指令完成前，任何中断请求都得不到响应。

3）正在执行的指令是返回（RETI）指令或者对特殊功能寄存器 IE、IP 进行读/写的指令，此时，CPU 在执行 RETI 或者读/写 IE、IP 之后，不会马上响应中断请求。

若存在上述任何一种情况，则不会马上响应中断，而把该中断请求锁存在各自的中断标志位中，在下一个机器周期再按顺序查询。

在每个机器周期的 S5P2 期间，CPU 对各中断源采样，并设置相应的中断标志位。CPU 在下一个机器周期 S6 期间按优先级顺序查询各中断标志，如查询到某个中断标志为 1，将在下一个机器周期 S1 期间按优先级进行中断处理。中断查询在每个机器周期中重复执行，如果中断响应的基本条件已满足，但由于存在中断阻断的情况而未被及时响应，待上述封锁中断的条件被撤销之后，由于中断标志还存在，CPU 仍会响应。

（2）中断响应过程　如果中断响应条件满足，且不存在中断阻断的情况，则 CPU 响应中断。此时，中断系统通过硬件生成的长调用指令 "LCALL"，自动把断点地址压入堆栈保护（但不保护状态寄存器 PSW 及其他寄存器内容），然后将对应的中断入口地址装入程序计数器 PC，使程序转向该中断入口地址，并执行中断服务程序。

2. 中断处理

中断处理（又称中断服务）程序从入口地址开始执行，直到返回指令 "RETI" 为止，这个过程称为中断处理。此过程一般包括两部分内容，一是保护现场，二是处理中断源的请求。因为一般主程序和中断服务程序都可能会用到累加器、PSW 寄存器及其他一些寄存器。CPU 在进入中断服务程序后，用到上述寄存器时就会破坏它原来存在寄存器中的内容，一旦中断返回，将会造成主程序的混乱。因而，在进入中断服务程序前，一般要先保护现场，然后再执行中断处理程序，在返回主程序以前也要先恢复现场。

另外，在编写中断服务程序时还需注意以下几点：

1）因为各入口地址之间只相隔 8 个字节，一般的中断服务程序是容纳不下的，因此最常用的方法是在中断入口地址单元处存放一条无条件转移指令，使程序跳转到用户安排的中断服务程序起始地址上去。这样可使中断服务程序灵活地安排在 64KB 程序存储器的任何空间。图 2-14 给出了外部中断 0 入口地址的处理。

2）若在执行当前中断程序时禁止更高优先级中断源的中断请求，应先用软件关闭 CPU 中断，或屏蔽更高级中断源的中断，在中断返回前再开放被关闭或被屏蔽的中断。

3）在保护现场和恢复现场时，为了不使现场数据受到破坏或者造成混乱，一般规定此时 CPU 不响应新的中断请求。这就要求在编写中断服务程序时，注意在保护现场之前要关中断，在恢复现场之后开中断。如果在中断处理时允许有更高级的中断打断它，则在保护现场之后再开中断，恢复现场之前关中断。

图 2-14　入口地址的处理

3. 中断返回

中断返回是指中断服务完成后，计算机返回到断点（即原来主程序断开的位置），继续执行原来的程序。中断返回由专门的中断返回指令"RETI"实现，该指令的功能是把断点地址取出，送回到程序计数器 PC 中去。另外，它还通知中断系统已完成中断处理，将清除优先级状态触发器。特别要注意不能用"RET"指令代替"RETI"指令。

综上所述，我们可以把中断处理过程加以概括，如图 2-15 所示。图中，保护现场之后的开中断是为了允许有更高级的中断打断此中断服务程序。

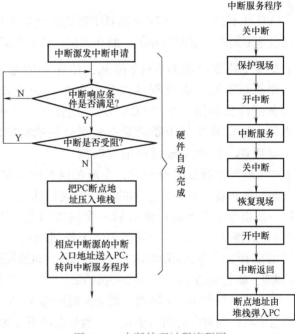

图 2-15　中断处理过程流程图

4. 中断请求的撤除

在 CPU 响应某中断请求后，中断返回（RETI）之前，该中断请求应该及时撤销，否则会重复引起中断而发生错误。AT89S51 单片机的各中断请求撤销的方法各不相同，分别如下：

（1）硬件清零　定时器 T0 和定时器 T1 的溢出中断标志 TF0、TF1 及采用下降沿触发方式的外部中断 0 及外部中断 1 的中断请求标志 IE0、IE1 可以由硬件自动清零。

（2）软件清零　串行口发出的中断请求，在 CPU 响应后，硬件不能自动清除 TI 和 RI 标志位，因此 CPU 响应中断后，必须在中断服务程序中，用软件来清除相应的中断标志位，以撤销中断请求。

（3）强制清零　当外部中断采用低电平触发方式时，仅仅依靠硬件清除中断标志 IE0、IE1 并不能彻底清除中断请求标志。因为尽管在 AT89S51 单片机内部已将中断标志位清除，但如果外围引脚$\overline{INT0}$、$\overline{INT1}$ 上的低电平不清除，在下一个机器周期采样中断请求信号时，又会重新将 IE0、IE1 置 1，引起错误中断，这种情况必须进行强制清零。

如图 2-16 所示为一种清除中断请求的电路方案，将外部中断请求信号加在 D 触发器的时钟输入端。当有中断请求信号产生低电

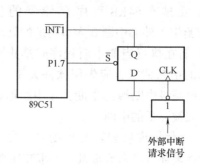

图 2-16　低电平触发的外部中断请求清除电路

平时，在 D 触发器的时钟输入端会产生一个上升沿，将 D 端的状态输出到 Q 端，形成一个有效的中断请求信号送入$\overline{INT1}$引脚。当 CPU 响应中断后，利用"CLR　P1.7"指令在 P1.7 引脚输出低电平至 D 触发器的置位端，将 Q 端直接置 1，从而清除外部中断请求信号。

5. 中断响应时间

CPU 并不是在任何情况下都对中断请求予以响应的。此外，不同的情况对中断响应的时间也是不同的。下面以外部中断 0 为例，说明中断响应的时间。

在每个机器周期的 S5P2 期间，$\overline{INT0}$端的电平被锁存到 TCON 的 IE0 位，CPU 在下一个机器周期才会查询这些值。如果满足中断响应条件，下一条要执行的指令将是一条硬件长调用指令"LCALL"，使程序转入中断矢量入口。调用本身要用 2 个机器周期，这样从外部中断请求有效到开始执行中断服务程序的第一条指令至少需要 3 个机器周期，这就是最短的响应时间。

如果遇到中断受阻的情况，中断响应时间会更长一些。例如如果一个同级或更高级的中断服务正在进行，则附加的等待时间取决于正在进行的中断服务程序；如果正在执行的一条指令还没有进行到最后一个机器周期，则附加的等待时间为 1~3 个机器周期（因为一条指令的最长执行时间为 4 个机器周期）；如果正在执行的是"RETI"指令或者访问 IE 或 IP 的指令，则附加的等待时间在 5 个机器周期之内（为完成正在执行的指令，还需要 1 个周期，加上为完成下一条指令所需的最长时间，即 4 个周期，故最长为 5 个周期）。

若系统中只有一个中断源，则响应时间为 3~8 个机器周期。如果有两个以上中断源同时申请中断，则响应时间将更长。一般情况可不考虑中断响应时间，但在精确定时的场合需要考虑此问题。

2.4.8　中断技术应用

在使用中断系统时，需要编写的程序有中断初始化程序和中断服务程序。中断初始化程序用于实现对中断的控制，常放在主程序中和主程序一起运行。中断服务程序用于完成中断源所要求的各种具体操作，放在中断入口地址所对应的存储区中或放到 ROM 的其他地方以避开其他中断入口地址，使其仅在发生中断时才会执行。

中断初始化程序主要包括以下几点：

1）对中断允许控制寄存器 IE 进行设置，开放 CPU 总中断或关闭总中断，以及对某个

中断源对应的允许控制位进行置 1 或清零。

2）对中断优先级控制寄存器 IP 进行设置，设置各中断源的优先级。

3）对 TCON 寄存器进行设置，设置外部中断请求的触发方式。

4）在程序入口地址 0000H 处放置一条无条件转移指令，跳过中断入口地址，将主程序放在避开 5 个重要的入口地址的 ROM 空间中。

5）设置堆栈指示器 SP 的值，将堆栈开辟到 RAM 的高位地址段，通常是 30H 以后。

中断服务程序一般编写格式如下：

```
CH1：CLR EA
     PUSH A
     PUSH R1
     …
     SETB EA
     …
     CLR EA
     …
     POP R1
     POP A
     SETB EA
     RETI
```

下面通过具体实例说明中断控制和中断服务程序的设计。

例 2-4　外部中断的应用，如图 2-17 所示，编程实现如下控制：程序运行后，P1 口 8 只 LED 刚开始都是灭的。每按一次 S1 按钮，P1 口的 8 只 LED 闪烁 5 次，又恢复到熄灭状态。

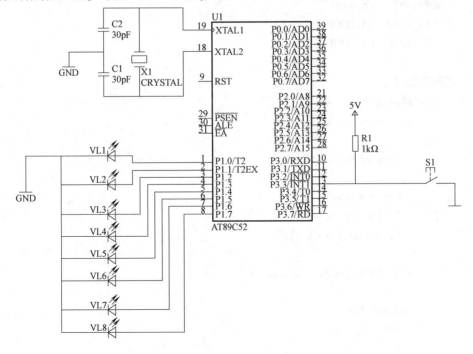

图 2-17　外部中断 1 的应用电路图

解：分析电路可知，S1 连接单片机的$\overline{\text{INT1}}$，S1 没按下时，$\overline{\text{INT1}}$是高电平，S1 按下后，在$\overline{\text{INT1}}$端会产生一个负跳变，符合外部中断的其中一种触发方式。因此在编程时，可以用外部中断1，在中断服务程序中实现 P1 口 LED 的闪烁。

汇编源程序如下：

```
            ORG 0000H
            AJMP START
            ORG 0013H
            AJMP INTX1
            ORG 0100H
    START:SETB EA
            SETB EX1
            SETB IT1
            MOV P1,#00H
            SJMP $
    INTX1: MOV R3,#05
    LOOP5:MOV P1,#0FFH
            ACALL DELY
            MOV P1,#00H
            ACALL DELY
            DJNZ R3,LOOP5
            RETI
    DELY: MOV R4,#00H
    LOOP1:MOV    R5,#00H
    LOOP: DJNZ    R5,LOOP
            DJNZ    R4,LOOP1
            RET
```

C51 源程序如下：

```c
            #include "reg51.h"
            void delay02s(void)
            {
                unsigned char i,j,k;

                for(i=20;i>0;i--)
                for(j=20;j>0;j--)
                for(k=248;k>0;k--);
            }
            void   INTX1(void)   interrupt  2
            {
            unsigned char i;
                for(i=5;i>0;i--)
                {
                P1=0xff;
```

```
          delay02s();
          P1 = 0x00;
          delay02s();
          }
     }
     void   main(void)
     {
     EA = 1;
     EX1 = 1;
     IT1 = 1;
     P1 = 0x00;
     do {
          }
     while(1);
     }
```

　　在本例的中断服务程序中既没有关中断也没有保护现场，因为本例中的程序只有一个中断源，且主程序中没有需要保护的内容。

任务2.5　学习MCS-51单片机定时器/计数器

　　在单片机测量控制系统中，有很多场合需要用到一定时间的定时，有时也需要对脉冲的数量进行计数。常用的定时方法有：

　　（1）硬件定时　对于时间较长的定时，常使用硬件定时完成，例如用时间继电器、555定时器、其他定时芯片或搭建分立电路来实现。硬件定时的特点是定时全部由硬件电路完成，不占用CPU时间。但需通过变换元器件或改变电路的元器件参数来调节定时时间，在使用上不够方便。

　　（2）软件定时　软件定时是靠执行一段延时程序来实现定时。它的一个明显的缺点是会占用CPU，CPU在执行这段延时程序时不能做其他工作，因此软件定时的时间不宜太长。

　　（3）可编程定时器定时　这种定时方法是通过对系统时钟脉冲的计数来实现的，定时的时间长短可以通过程序设定。对可编程定时器的编程可以采用查询或中断方式，如果采用中断编程，定时器在工作期间不会占用CPU的资源，只有在定时时间到的时候才需要CPU处理，这个方法的优越性显而易见。此外，可编程是指其功能（如工作方式、定时时间、量程及启动方式等）均可由指令来设定和改变。

2.5.1　定时器/计数器的结构和工作原理

　　AT89S51单片机片内有两个16位的可编程定时器/计数器T0和T1，其结构框图如图2-18所示。每个定时器都可以实现定时或者计数。

1. 定时器/计数器的结构

对于 AT89S51 内部的定时器/计数器，我们可以把它看作是一台机器设备，机器设备有工作机构和控制机构，控制机构用来控制工作机构按什么样的方式工作。和 T0、T1 相关的 SFR 有 6 个，TL0、TH0 两个 8 位的 SFR 构成 T0 的工作机构，TL1、TH1 两个 8 位的 SFR 构成 T1 的工作机构，而 TMOD（定时器方式寄存器）和 TCON（定时器控制寄存器）则是定时器/计数器的控制机构，可实现工作方式选择和设定、启动控制以及建立溢出标志。

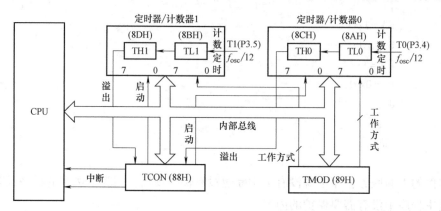

图 2-18　AT89S51 内部定时器/计数器原理结构框图

2. 定时器/计数器的原理

AT89S51 内部的两个 16 位的定时器/计数器 T0 和 T1 实质上是一个加 1 计数器，其控制电路受软件控制及切换，下面以 T0 为例进行介绍。

当定时器/计数器 T0 在 TMOD 中被设定为定时工作方式时，计数器的加 1 信号由振荡器的 12 分频信号产生，也就是对机器周期进行计数。启动后，每过一个机器周期，计数器加 1，直至计满溢出为止。显然，定时器的定时时间与系统的振荡频率有关。因为一个机器周期等于 12 个晶振的振荡周期，所以计数频率 $f_c = \dfrac{1}{12}f_{osc}$。如果晶振频率为 12MHz，则计数周期为 $T = \dfrac{1}{12\text{MHz} \times 1/12} = 1\mu s$。

如果在 TMOD 中选择 T0 为计数方式，则对 T0 引脚（P3.4）上的外部输入脉冲进行计数，如果在第一个机器周期检测到 T0 引脚为高电平，在第二个机器周期检测到 T0 引脚为低电平，即出现负跳变时，计数器加 1。由于检测到一次负跳变需要两个机器周期，所以最高的外部计数脉冲的频率不能超过振荡频率的 1/24，并且要求外部计数脉冲的高电平和低电平的持续时间不能小于一个机器周期。

3. 定时器/计数器方式控制寄存器 TMOD

定时器/计数器方式控制寄存器 TMOD 的地址为 89H，用于控制和选择定时器/计数器的工作方式，高 4 位控制 T1，低 4 位控制 T0，不能采用位寻址方式，其格式如下：

位	7	6	5	4	3	2	1	0
TMOD (0x89) (89H)	GATE	C/$\overline{\text{T}}$	M1	M0	GATE	C/$\overline{\text{T}}$	M1	M0
	←		控制 T1	→	←		控制 T0	→

下面说明各位的功能。

GATE——门控位，当 GATE =0 时，只要软件控制位 TR0 或 TR1 置 1 即可启动定时器开始工作；当 GATE =1 时，只有 $\overline{INT0}$ 或 $\overline{INT1}$ 引脚为高电平，且 TR0 或 TR1 置 1 时，才能启动相应的定时器开始工作。定时器/计数器的启动控制如图 2-19 所示。

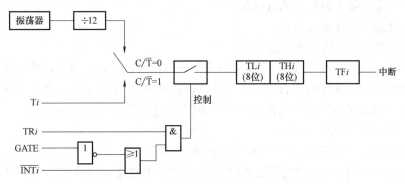

图 2-19　定时器/计数器的启动控制原理图

$C/\overline{T}$——定时/计数功能选择位，当 $C/\overline{T}$ =0 时为定时器方式；当 $C/\overline{T}$ =1 时为计数器方式。

M1 和 M0——工作方式选择位，其定义见表 2-5。

表 2-5　工作方式说明表

M1　M0	方式	说明
0　0	方式 0	TLi 的低 5 位与 THi 的 8 位构成 13 位计数器
0　1	方式 1	TLi 的 8 位与 THi 的 8 位构成 16 位计数器
1　0	方式 2	具有自动重装初值功能的 8 位计数器
1　1	方式 3	T0 分成两个独立的计数器，T1 可工作在方式 0 ~ 方式 2

工作方式的设定只能通过字节操作实现。例如要求使定时器 T1 工作于方式 1 定时，启动方式为内部启动，则 TMOD 的内容应该为 0001 0000，所用的汇编语句为：MOV TMOD, #10H，而对应的 C51 语句为：TMOD = 0x10。

4. 定时器/计数器控制寄存器 TCON

TCON 的作用是控制定时器的启动、停止，标志定时器的溢出和中断情况。定时器控制寄存器 TCON 的格式如下：

位	7(0x8F)	6(0x8E)	5(0x8D)	4(0x8C)	3(0x8B)	2(0x8A)	1(0x89)	0(0x88)
TCON (0x88) (88H)	TF1	TR1	TF0	TR0	IE1	IT1	IE0	IT0
					← 用于外部中断 →			

各位定义如下：

TF1——定时器 1 溢出标志，当定时器 1 计满溢出时，由硬件使 TF1 置 1，并且申请中断。进入中断服务程序后，由硬件自动清零，在查询方式下用软件清零。

TR1——定时器 1 运行控制位，由软件清零关闭定时器 1，当 GATE =1，且 $\overline{INT1}$ 为高电平时，TR1 置 1，启动定时器 1；当 GATE = 0 时，TR1 置 1，即启动定时器 1。

TF0——定时器 0 溢出标志，其功能及操作情况同 TF1。

TR0——定时器 0 运行控制位，其功能及操作情况同 TR1。

IE1——外部中断 1 请求标志。

IT1——外部中断 1 触发方式选择位。

IE0——外部中断 0 请求标志。

IT0——外部中断 0 触发方式选择位。

由于 TCON 可以进行位寻址，因而可以用位操作指令启动定时器或清除溢出标志位。例如执行"SETB TR1"或语句"TR1 = 1"后可启动定时器 1 开始工作（当然前面还要设置方式字）。执行"CLR TF0"或"TF0 = 0"后，则清除定时器 0 的溢出标志位。

5. 定时器/计数器的初始化

在使用定时器/计数器时，需要对 TMOD 操作设置其工作方式，需要在 TH0、TL0 或 TH1、TL1 中置入初值，还需要根据编程方式决定是否开放定时器中断，然后才能启动定时器开始工作，这个过程叫作定时器的初始化。初始化步骤一般如下：

（1）确定工作方式　对 TMOD 赋值。

（2）预置定时或计数的初值　将初值写入 TH0、TL0 或 TH1、TL1。

1）作为定时器工作时，设定时时间为 Δt，时钟频率为 f_{osc}，定时器/计数器在某种工作方式下的位数为 n，则

$$定时器初值 = 2^n - \frac{\Delta t}{12} \times f_{osc}$$

2）作为计数器工作时，设计数值为 C，定时器/计数器在某种工作方式下的位数为 n，则

$$计数初值 = 2^n - C$$

（3）根据需要开放定时器/计数器的中断　完成这项内容只需直接对 IE 位赋值即可。

（4）启动定时器/计数器　若已规定用软件启动，则可把 TR0 或 TR1 置 1；若已规定由外中断引脚电平启动，则需给外引脚加启动电平。当实现了启动要求之后，定时器即按规定的工作方式和初值开始计数或定时。

现举例说明定时初始化方法，若 AT89S51 单片机主频为 6MHz，要求用 T1 产生 1ms 的定时，对其进行初始化编程。

在 12MHz 主频情况下，机器周期为 1μs。如果要产生 50ms 的定时时间，则需计 50000 个数。如果要求在方式 1 情况下工作，则初值 $X = 2^{16}$ − 计数值 = 65536 − 50000 = 15536 = 3CB0H。

对应的初始化程序为：

```
MOV TMOD, #10H
MOV TL1, #0B0H
MOV TH0, #3CH
```

C51 程序为：

```
TMOD = 0x10;
TL1 = 15536 % 256;
TH1 = 15536 / 256;
```

2.5.2 定时器/计数器的四种工作方式分析

由 2.5.1 节的内容可知，通过对 M1、M0 位的设置，可选择 4 种工作方式。本节将介绍 4 种工作方式的结构、特点及其工作过程。

1. 方式 0

方式 0 定时器/计数器是一个 13 位的定时器/计数器。图 2-20 所示为定时器 0 在方式 0 时的逻辑电路结构。定时器 1 的结构和操作与定时器 0 完全相同。

在这种方式下，16 位寄存器（TH0 和 TL0）只用 13 位。其中 TL0 的高 3 位未用，其余位占整个 13 位的低 5 位，TH0 占高 8 位。当 TL0 的低 5 位溢出时向 TH0 进位，而 TH0 溢出时向中断标志 TF0 进位（称硬件置位 TF0），并申请中断。确定定时器 0 计数溢出与否，可通过查询 TF0 是否置位，或是否产生定时器 0 中断实现。

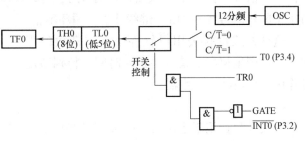

图 2-20 T0 在方式 0 时的电路结构

当 $C/\bar{T} = 0$ 时，多路开关连接振荡器的 12 分频器输出，T0 对机器周期计数，这就是定时工作方式。

当 $C/\bar{T} = 1$ 时，多路开关与引脚 T0（P3.4）相连，外部计数脉冲由引脚 T0 输入。当外信号电平发生 1 到 0 的跳变时，计数器加 1，这时 T0 成为外部事件计数器。

当 GATE = 0 时，封锁"或"门，使引脚 $\overline{INT0}$ 输入信号无效。这时"或"门输出常"1"，打开"与"门，由 TR0 控制定时器 0 的开启和关断。若 TR0 置 1，接通控制开关，启动定时器 0，允许 T0 在原计数值上作加法计数，直至溢出。溢出时计数寄存器值为 0，TF0 置位并申请中断，T0 从 0 开始计数。因此，若希望计数器按原计数初值开始计数，在计数溢出后，应给计数器重新赋初值。若 TR0 = 0，则关断控制开关，停止计数。

当 GATE = 1，且 TR0 = 1 时，"或"门、"与"门全部打开，外信号电平通过 $\overline{INT0}$ 引脚直接开启或关断定时器计数。输入"1"电平时，允许计数，否则停止计数，这种操作方法可用来测量外信号的脉冲宽度等。

2. 方式 1

方式 1 定时器/计数器是一个 16 位定时器/计数器。其结构与操作几乎与方式 0 完全相同，唯一的差别是：在方式 1 中，定时器是以全 16 位二进制数参与操作，如图 2-21 所示。

3. 方式 2

方式 2 定时器/计数器是能重置初值的 8 位定时器/计数器。方式 0、方式 1 若用于循环重复定时/计数时（如产生连续脉冲信号），每次计满溢出，

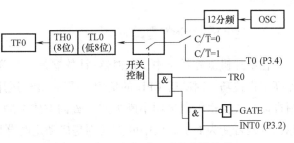

图 2-21 T0 在方式 1 时的电路结构

寄存器全部为0，第二次计数还得重新装入计数初值。这样不仅编程麻烦，且影响定时时间精度。方式2有自动恢复初值（初值自动再装入）的功能，避免了上述缺陷，适合用作较精确的定时脉冲信号发生器。

在方式2中（见图2-22），16位的计数器被拆成两个。TL1用作8位计数器，TH1用以保持初值。在程序初始化时，TL1和TH1由软件赋予相同的初值。一旦TL1计数溢出则置TF1，并将TH1中的初值再装入TL1，继续计数，循环不止。

这种方式可省去用户软件中重装常数的程序，并可产生相当高精度的定时时间，特别适用于作串行口波特率发生器。

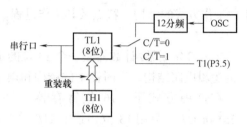

图2-22　T1在方式2时的电路结构

4. 方式3

方式3只适用于定时器T0。定时器T0在方式3下被拆成两个独立的8位计数器TL0和TH0（见图2-23）。其中，TL0用原T0的控制位、引脚和中断源，即C/$\overline{\text{T}}$、GATE、TR0、TF0和T0（P3.4）引脚、$\overline{\text{INT0}}$（P3.2）引脚。除了仅用8位寄存器TL0外，其功能和操作与方式0、方式1完全相同，可定时亦可计数。

从图2-23中可看出，此时TH0只可用作简单的内部定时功能，它占用原定时器T1的控制位TR1和TF1，同时占用T1的中断源，其启动和关闭仅受TR1置1和清0的控制。方式3为定时器T0增加了一个8位定时器。

在定时器T0用作方式3时，T1仍可设置为方式0~2。由于TR1、TF1和T1中断源均被定时器T0占用，此时仅有控制位C/$\overline{\text{T}}$切换定时器或计数器工作方式，计数溢出时，只能将输出送入串

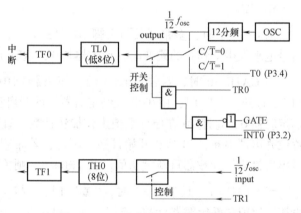

图2-23　T0在方式3时的电路结构

行口。由此可见，在这种情况下，定时器T1一般用作串行口波特率发生器。当设置好工作方式时，定时器1自动开始运行。通常把定时器T1设置为方式2，这样作为波特率发生器比较方便。

2.5.3　定时器/计数器的应用

在单片机测控系统中，定时器/计数器是个非常重要的部件，灵活运用各种工作方式并提高编程技巧，对减轻CPU的负担、提高CPU运用效率非常重要。对定时器的编程可以采用查询方式，也可以采用中断方式。查询方式指的是启动定时器后，采用查询语句查询溢出标志位是否变为1了。而中断方式则是启动定时器后，CPU可以执行其他程序，只有定时器产生中断的时候，才去执行中断服务程序。本任务中，将举例讲述定时器方式0、1和2的

应用编程。

1. 方式 0 和方式 1 的应用

例 2-5 选择 T1 方式 0 用于定时，在 P1.0 输出周期为 1ms 的方波，已知晶振频率为 6MHz。

解：根据题意，只要使 P1.0 每隔 500μs 取反一次即可得到 1ms 的方波，所以 T1 的定时时间为 500μs，因定时时间不长，取方式 0 即可，则 M1M0 = 00；因为是定时器方式，所以 C/$\overline{\text{T}}$ = 0；在此用软件启动 T1，所以 GATE = 0。T0 不用，方式字可任意设置，故 TMOD = 00H。

计算 500μs 定时器 T0 初始值为

机器周期 $T = 12/f_{\text{osc}} = \dfrac{12}{6\text{MHz}} = 2\mu\text{s}$

设初始值为 X，则

$$(2^{13} - X) \times 2 \times 10^{-6}\text{s} = 500 \times 10^{-6}\text{s}$$

$$X = 7942\text{D} = 1111100001110\text{B} = 1\text{F06H}$$

因为在作 13 位计数器用时，TL1 的高 3 位未用，应填写 0，TH1 占高 8 位，所以 X 的实际填写值应为

$$X = 1111100000000110\text{B} = \text{F806H}$$

结果为：TH1 = 0F8H，TL1 = 06H。

汇编语言源程序如下：

```
        ORG 0000H
        AJMP START
        ORG 0100H
START:MOV  TL1,#06H    ;给 TL1 置初值
      MOV  TH1,#0F8H   ;给 TH1 置初值
      SETB TR1         ;启动 TI
LP1：  JBC  TF1,LP2     ;查询计数溢出否
      AJMP  LP1
LP2：  MOV  TL1,#06H    ;重新设置计数初值
      MOV  TH1,#0F8H
      CPL  P1.0        ;输出取反
      AJMP  LP1        ;重复循环
```

C51 源程序如下：

```
        #include < reg51. h >
        sbit P10 = P1^0;
        void main( void)
        {
            TMOD = 0x00;
            TH1 = 0x06;
            TL1 = 0xF8;
            TR1 = 1;
            do{
                if( TF1 = = 1)
```

```
              {
              TH1 = 0x06;
              TL1 = 0xF8;
              TF1 = 0;
              P10 = ! P10;
              }
        } while(1);
     }
```

例 2-6 利用定时器 T0 定时，在 P1.0 端输出方波信号，方波周期为 20ms，已知晶振频率为 12MHz。

解：在例 2-5 中用的是查询方法，现在采用中断的方法实现这一要求。T0 的中断服务程序入口地址为 000BH。

汇编语言源程序如下：

```
              ORG 0000H
              AJMP 0100H
              ORG 000BH
              AJMP INTT0
              ORG 0100H
              MOV      TMOD, #01H
              MOV      TL0, #0F0H
              MOV      TH0, #0D8H
              MOV      IE, #82H        ; CPU 开中断，T0 中断
              SETB     TR0             ; 启动 T0
        HERE: SJMP     HERE            ; 循环等待定时到
              ORG 0200H                ; T0 的中断服务程序
        INTT0: MOV     TL0, #0F0H      ; 重赋初值
              MOV      TH0, #0D8H
              CPL      P1.0            ; 输出取反
              RETI
```

C51 源程序如下：

```
              #include "reg51.h"
              sbit P10 = P1^0;
              void   timer0(void)   interrupt   1
              {
                   TH0 = (65536-10000)/256;
                   TL0 = (65536-10000)%256;
              P10 = ! P10;
              }
              void   main(void)
              {
                   TMOD = 0x01;
                   TH0 = (65536-10000)/256;
```

```
        TL0  = (65536-10000)%256;
        EA   = 1;//开中断
        ETO  = 1;
        TR0  = 1;
        do｛｝while(1);
    ｝
```

例2-7　用定时器T0定时,使P1.2端电平每隔1s变反一次,晶振频率为12MHz。

解:在方式1下,最大的定时时间T_{max}为

$$T_{max} = M \times 12/f_{osc} = 65536 \times 12/(12 \times 10^6\,\text{Hz}) = 65536\mu s = 65.536\text{ms}$$

显然不能满足本题的定时时间要求,因而需另设一个软件计数器,在此用片内40H作软件计数器。

让T0单次溢出定时50ms,则T1的初始值X为

$$(M - X) \times 1 \times 10^{-6}s = 50 \times 10^{-3}s$$

$$X = 65536 - 50000 = 15536 = 3CB0H$$

汇编语言源程序如下:

```
        ORG 0000H
        AJMP START
        ORG 0100H
START:  MOV    40H, #20    ; 定时1s循环次数
        MOV    TMOD, #01H  ; 设定时器0为方式1
        MOV    TH0, #3CH   ; 赋初值
        MOV    TL0, #0B0H
        SETB   TR0         ; 启动T0
L2: JBC    TF0, L1     ; 查询计数溢出
        SJMP   L2
L1: MOV    TH0, #3CH
        MOV    TL0, #0B0H
        DJNZ   40H,  L2    ; 未到1s,继续循环
        MOV    40H, #20
        CPL    P1.2        ; 1s到,P1.2端取反
        SJMP   L2          ; 反复循环
```

对应的C51源程序如下:

```
        #include < reg51. h >
        sbit P10 = P1^0;
        void main( void)
        ｛
            unsigned char i = 0x14;
            TMOD = 0x01;
            TH0 = 0x3C;
            TL0 = 0xB0;
            TR0 = 1;
            do｛
```

```
        if(TF0 = = 1)
        {
            TH0 = 0x3C;
        TL0 = 0xB0;
        TF0 = 0;
        i--;
        if(i = = 0)
        {
            i = 0x14;
            P10 = ! P10;
        }
        }
    }while(1);
}
```

2. 方式2的应用

例2-8 用定时器/计数器T0采用方式2计数，要求每计满100次，将P1.0端取反。

解：在T0计数方式下，是对外部计数信号输入端T0（P3.4）输入的脉冲信号进行计数，每负跳变一次计数器加1，由程序查询TF0。方式2具有初值自动重装功能，初始化后不必再置初值。

$$初值 \ X = 2^8 - 100 = 156D = 9CH$$

$$TH0 = TL0 = 9CH, \quad TMOD = 06H$$

汇编语言源程序如下：

```
        ORG 0000H
        AJMP START
        ORG 0100H
START:  MOV   TMOD,#06H    ;设置T0为方式2计数
        MOV   TH0,#9CH     ;赋初值
        MOV   TL0,#9CH
        SETB  TR0          ;启动
DEL:    JBC   TF0,REP      ;查询计数溢出
        AJMP  DEL
REP:    CPL   P1.0         ;输出
        AJMP  DEL
```

例2-9 由P3.4引脚（T0）输入一个低频脉冲信号（其频率<0.5kHz），要求P3.4每发生一次负跳变，P1.0输出一个500μs的同步负脉冲，同时P1.1输出一个1ms的同步正脉冲。已知晶振频率为6MHz。

解：按题意，设计方法如图2-24所示。

初态P1.0输出高电平，P1.1输出低电平，T0选方式2（初值为FFH）。当加在P3.4上的外部脉冲负跳变时，

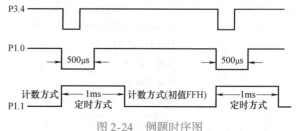

图2-24 例题时序图

则使 T0 加 1 计数器溢出。程序查询到 TF0 为 1 时，改变 T0 为 500μs 定时器工作方式，并且使 P1.0 输出 0，P1.1 输出 1。T0 第一次计数溢出后，P1.0 恢复 1，T0 第二次计数溢出后，P1.1 恢复 0，T0 恢复外部计数。

设定时 500μs 的初始值为 X，则

$$(2^8 - X) \times 2 \times 10^{-6} \text{s} = 500 \times 10^{-6} \text{s}$$
$$X = 6 = 06\text{H}$$

汇编语言源程序如下：

```
            ORG 0000H
            AJMP      START
            ORG       0100H
START: MOV      TMOD,#06H      ;设 T0 为方式 2 外部计数
            MOV      TH0,#0FFH      ;计数值加 1 即溢出
            MOV      TL0,#0FFH
            MOV      50H,#02H       ;软件计数器
            SETB     P1.0
            CLR      P1.1           ; P1.1 初值为 0
            SETB     TR0            ;启动计数器
DEL1: JBC       TF0,RESP1       ;检测外跳变信号
            AJMP      DEL1
RESP1: CLR      TR0
            MOV      TMOD,# 02H      ;重置 T0 为 500μs 定时
            MOV      TH0,# 06H       ;重置定时初值
            MOV      TL0,# 06H
            SETB     P1.1           ;P1.1 置 1
            CLR      P1.0           ;P1.0 清零
            SETB     TR0            ;启动定时器
DEL2: JBC       TF0,RESP2       ;检测第一次 500μs 到否
            AJMP      DEL2
RESP2: SETB     P1.0           ;P1.0 恢复 1
            DJNZ     50H,DEL2       ;判断是否到 1ms
            CLR      P1.1           ;P1.1 复 0
            CLR      TR0
            AJMP      START
```

3. 门控位的应用

例 2-10　门控位 GATE 为 1 时，允许外部输入电平控制启、停定时器。利用这个特性可以测量外部输入脉冲的宽度。

编程思路：测量电路如图 2-25 所示，其原理是当门控位 GATE 为 1 且 TRi =1 时，是否启动定时器/计数器取

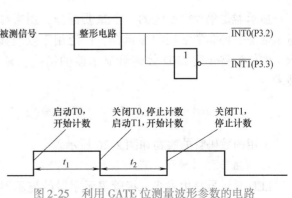

图 2-25　利用 GATE 位测量波形参数的电路

决于 $\overline{\text{INT}i}$ 的状态。当 $\overline{\text{INT}i}$ = 1 时开始计数；当 $\overline{\text{INT}i}$ = 0 时停止计数。这样可测得持续高电平和低电平的时间。

汇编语言源程序如下：

```
            ORG     0000H
            AJMP    START
            ORG     0100H
START:      MOV     TMOD,#99H     ;写入方式控制字, T0、T1 工作在方式 1 下
            MOV     TH1,#00H      ;置 T1 计数器初值为 0
            MOV     TL1,#00H
            MOV     TH0,#00H      ;置 T0 计数器初值为 0
            MOV     TL0,#00H
LOWAZT:     JNB     P3.2,LOWAZT   ;判断 P3.2 的电平,若为低电平,则等待
            SETB    TR0           ;若为高电平,则启动 T0
HIWAZT:     JB      P3.2,HIWAZT   ;判断 P3.2 的电平,若为高电平,则继续计数
            CLR     TR0           ;否则,停止 T0 计数
            SETB    TR1           ;启动 T1
HLOOP:      JB      P3.3, HLOOP   ;判断 P3.3 的电平,若为高电平,则继续计数
            CLR     TR1           ;否则,停止 T1 计数
            MOV     R0,#35H       ;存放 T0 及 T1 的计数值
            MOV     @R0,TH0
            INC     R0
            MOV     @R0,TL0
            INC     R0
            MOV     @R0,TH1
            INC     R0
            MOV     @R0,TL1
            LCALL   DATAPR        ;调用数据处理子程序
DATAPR:-----------------------
```

任务 2.6 认识 LED 数码管显示器

显示器是单片机系统的一个重要部分，用来显示程序的执行状态或结果。LED 数码管显示器是一种非常常用的显示器，广泛用于仪表显示、各种家用电器的显示模块和时钟显示。本任务将介绍 LED 数码管显示器的结构、显示原理、显示方式以及和单片机的接口技术。

2.6.1 LED 数码管显示器的内部结构和显示原理

常用的数码管的实物如图 2-26 所示。

1. 等效电路和显示原理

LED 显示器是由发光二极管显示字段的显示器。通常使用的是八段 LED 显示器，也有

图 2-26 几种常见的 LED 数码管实物图

"米"字段 LED 显示器。八段 LED 显示器的每一段分别称为 a、b、c、d、e、f、g 和 dp。通过八个发光段的不同组合，可以显示 0~9 和 A~F 16 个数字和字母，从而可以实现十六进制整数和小数的显示。

八段 LED 数码管显示器可以分为共阴极和共阳极两种结构，如图 2-27 所示。如果所有的 LED 的阴极接在一起，称为共阴极结构，则数码显示段输入高电平有效，当某段输入高电平时该段便发光。如果所有的 LED 的阳极接在一起，称为共阳极结构，则数码显示段输入低电平有效，当某段接通低电平时该段便发光。

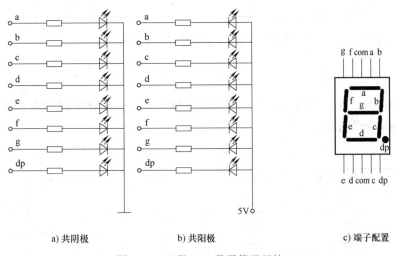

a) 共阴极   b) 共阳极   c) 端子配置

图 2-27 八段 LED 数码管显示块

以共阴极为例，如果要显示字符"0"，则应该让 a、b、c、d、e 和 f 段接高电平，同时让 g、dp 段接低电平即可；要显示字符"A"，则应该让 a、b、c、e、f 和 g 段接高电平，同时让 d、dp 段接低电平。

2. 编码格式和字符编码

实际使用时，数码管显示器要和 I/O 口连接起来。显示什么内容要通过单片机发出一个内容送到 I/O 口来控制它的显示。八段 LED 数码管显示器有 8 根线，I/O 口也有 8 根线，这就存在一个连接方式的问题。

例如，按图 2-28a 连接时，要显示"0"，需要 a~f、dp 分别是 11111100，也就是在 I/O 口应输出 00111111，即 3FH。换一种连接方式如图 2-28b 所示，要显示"0"，需要 a~f、dp 分别是 11111100，也就是在 I/O 口应输出 11111100，即 FCH。可见送出的内容与 I/O 口和 a~f、dp 的连接方式有关，连接方式不一样要显示同样的字符送出的内容也不一样。

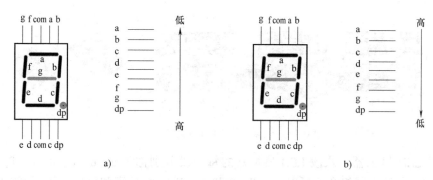

图2-28 八段LED显示器和I/O口不同的连接方式

编码格式:编码格式指的是LED数码管显示器的a~f、dp这8根线和I/O口8位的连接方式。

字符编码:某一个字符所对应的I/O口的输出编码。

常用下面的格式来描述编码格式:

dP	g	f	e	d	c	b	a

在这种编码格式下,一些常见字符的字符编码见表2-6。

2.6.2 LED显示方式

在实际使用时,往往要用几个显示块实现多位显示。在构成多位LED显示时,点亮显示器有静态和动态两种方式。

表2-6 常用字符编码表

显示字符	共阴极段选码	共阳极段选码	显示字符	共阴极段选码	共阳极段选码
0	3FH	C0H	B	7CH	83H
1	06H	F9H	C	39H	C6H
2	5BH	A4H	D	5EH	A1H
3	4FH	B0H	E	79H	86H
4	06H	99H	F	71H	8EH
5	6DH	92H	P	73H	8CH
6	7DH	82H	U	3EH	C1H
7	07H	F8H	Y	6EH	91H
8	8FH	80H	灭	00H	FFH
9	6FH	90H	…	…	…
A	77H	88H	…	…	…

1. LED静态显示方式

LED显示器工作于静态显示方式时,各位的共阴极(或共阳极)连接在一起并接地(或5V);每位的段选线(a~f、dp)分别与一个8位的I/O口相连。图2-29所示为一个4位静态LED显示电路。该电路的各位可独立显示,只要在该位的段选线上保持段选码电平,该位就能保持相应的显示字符。由于各位分别由一个 8 位 I/O 口控制段选码，故在同一时间里，每一位显示的字符可以各不相同。

这种显示方式接口编程容易，管理也简单，但是占用口线资源较多。若用 I/O 口线接口，则要占 4 个 8 位 I/O 口；若用锁存器（如 74HC573）接口，则要用 4 片 74HC573。如果显示器位数还要再增多，则静态显示方式更是无法适应。因此在显示位数较多的情况下，一般都采用动态显示方式。

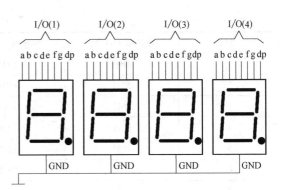

图 2-29　4 位 LED 静态显示电路

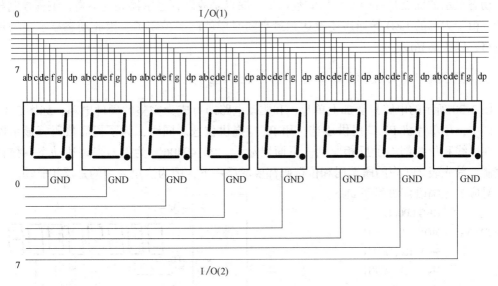

图 2-30　8 位 LED 动态显示电路

2. LED 动态显示方式

在多位 LED 显示时，为了简化硬件电路，通常将所有位的段选线相应地并联在一起，由一个 8 位 I/O 口控制，形成段选线的多路复用。而各位的共阳极或共阴极分别由相应的 I/O 口线控制，实现各位的分时选通。图 2-30 所示为一个 8 位八段 LED 动态显示电路原理图。其中段选线占用一个 8 位 I/O 口，位选线占用另一个 8 位 I/O 口。由于各位的段选线并联，段选码的输出对各位来说都是相同的。因此，在同一时刻，如果各位位选线都处于选通状态的话，8 位 LED 将显示相同的字符。若要各位 LED 能够显示出与本位相应的显示字符，就必须采用分时扫描显示方式。即在某一时刻只让某一位的位选线处于选通状态，而其他各位的位选线处于关闭状态，同时，段选线上输出相应位要显示字符的字形码，这样同一时刻 8 位 LED 中只有选通的那一位显示出字符，而其他 7 位则是熄灭的，依次循环。由于人眼有视觉暂留现象，只要每位显示间隔足够短，就可造成多位同时亮的假象，达到同时显示的目的。

例如，要显示"20140406"，则可按表 2-7 顺序分时送出段选码和位选码。

表2-7 显示"20140406"的顺序

时间	段选线 I/O(1)	位选线 I/O(2)	显示位数	显示内容
1	5BH	FEH	1	2
2	3FH	FDH	2	0
3	06H	FBH	3	1
4	66H	F7H	4	4
5	3FH	EFH	5	0
6	66H	DFH	6	4
7	3FH	BFH	7	0
8	7DH	7FH	8	6

动态显示的优点是占用I/O口的数量少，缺点是数码管显示器亮度不高，编程控制相对复杂。由于内部的LED导通后还没达到最亮的时候就已经关闭了，因此动态显示要增加驱动电路，以提高亮度。

2.6.3 MCS-51和八段数码管显示器的接口设计

图2-30所示的电路只要加上单片机和驱动电路即可成为完整的硬件电路，如图2-31所示。图中，用单片机P1口提供段选，用P2口提供位选。同时，为了提高数码管显示器亮度，在段线和位线都加了反相驱动。下面以显示"20140406"为例，来讲述动态扫描程序的编制。首先表2-7中的段选码和位选码都要取反一下，因为这里采用的是反相驱动。

对应的汇编语言源程序如下：

```
            ORG 0000H
START:      MOV R1, #00H
            MOV R2, #01H
            MOV R3, #08H
            MOV DPTR, #TAB
SCAN:       MOV A, R1
            MOVC A, @A + DPTR
            MOV P1, A
            MOV A, R2
            MOV P2, A
            ACALL DELY1MS
            MOV P2, #00H
            INC R1
            RL A
            MOV R2, A
            DJNZ R3, SCAN
            SJMP START

DELY1MS:    MOV R7, #01H
D0:         MOV R5, #10H
```

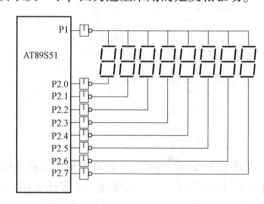

图2-31 AT89S51与8位数码管显示器动态显示接口电路

```
D1： MOV R4，#10H
D2： DJNZ R4，$
D3： DJNZ R5，D1
     DJNZ R7，D0
     RET
```

TAB：DB 0A4H，0C0H，0F9H，99H，0C0H，99H，0C0H，82H

对应的 C51 程序如下：

```c
#include < AT89X51. h >
typedef unsigned char u8;
u8 code Numbercode[ ] = {0xA4,0xC0,0xF9,0x99,0xC0,0x99,0xC0,0x82};
/* 延时 1ms */
void Delay( )
{
u8 i,j;
for(i = 0;i > 0;i-- )
for(j = 125;j > 0;j--);
}
/* 主函数 */
void main( )
{
  while(1)
  {
    u8 i = 0;
    P3 = 0x01;
    for(i = 0;i < 8;i + + )
      {
        P2 = Numbercode[i];
        Delay( );
        P2 = 0xFF;
        P3 = P3 < < 1;
      }
  }
}
```

任务2.7　8位数字时钟的设计与仿真

本任务中，将会用到前面学过的定时器、中断和 LED 数码管显示器设计一个 8 位的数字时钟。

2.7.1　硬件电路设计

参考图 2-32 所示电路，完成 8 位数字时钟的硬件电路。图中用 74HC245 来做位驱动，它是 8 位双向总线驱动器，起信号功率放大作用。引脚 AB/$\overline{BA}$为输入/输出端口方向切换，高电平时信号由 A 端输入，B 端输出，低电平时则相反。$\overline{CE}$为使能端，该引脚为 1 时，A/B 端的信号将不导通，只有为 0 时 A/B 端才被启用，该引脚起到开关作用。

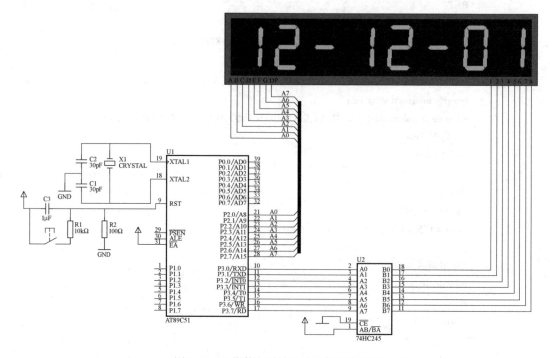

图 2-32　8 位数字时钟电路及仿真效果图

2.7.2　程序设计

汇编语言参考程序如下：

```
SECOND EQU 30H                    ;秒计数器
MINUTE   EQU 31H                  ;分计数器
HOUR EQU 32H                      ;时计数器
SECOND1 EQU 21H                   ;秒个位数存放处
SECOND2   EQU 22H                 ;秒十位数存放处
MINUTE1 EQU 24H                   ;分个位数存放处
MINUTE2 EQU 25H                   ;分十位数存放处
HOUR1    EQU 27H                  ;时个位数存放处
HOUR2 EQU 28H                     ;时十位数存放处
;----------------------------------------------------------------
        ORG 0000H
        AJMP START
        ORG 000BH
        AJMP INTT0
;------以下为初始化程序
```

```
        ORG 0100H
START:MOV SP,#60H
       SETB EA
       SETB ET0
       MOV TMOD,#01H
       MOV TL0,#0DAH
       MOV TH0,#61H
       MOV 50H,#14H
;------初始化时间
       MOV SECOND,#50
       MOV MINUTE,#59
       MOV HOUR,#17
;--------------------
       MOV 23H,#0AH
       MOV 26H,#0AH
       SETB TR0
;-----以下为扫描显示的主程序
;-----扫描初始化
MAIN: MOV R2,#80H
       MOV R1,#21H
       MOV R7,#08H
       MOV DPTR,#TAB
       MOV A,SECOND
       MOV B,#10
       DIV AB
       MOV SECOND2,A
       MOV SECOND1,B

       MOV A,MINUTE
       MOV B,#10
       DIV AB
       MOV MINUTE2,A
       MOV MINUTE1,B

       MOV A,HOUR
       MOV B,#10
       DIV AB
       MOV HOUR2,A
       MOV HOUR1,B
SCAN:MOV A,@R1
       MOVC A,@A+DPTR
       MOV P2,A
       MOV A,R2
```

```
        MOV P3,A
        ACALL D1MS
        MOV P3,#00H    ;去消隐
        INC R1
        RR A
        MOV R2,A
        DJNZ R7,SCAN
        SJMP MAIN
;----以下为中断服务程序
        ORG 0200H
INTT0:PUSH A                    ;将A压入堆栈
        MOV TL0,#0DAH
        MOV TH0,#61H
        DJNZ 50H,NEXT
        MOV 50H,#14H
        INC SECOND
        MOV A,SECOND
        CJNE A,#60,NEXT         ;秒数是否等于60
        MOV SECOND,#0
        INC MINUTE
        MOV A,MINUTE
        CJNE A,#60,NEXT         ;分钟数是否等于60
        MOV MINUTE,#0
        INC HOUR
        MOV A,HOUR
        CJNE A,#24,NEXT         ;小时数是否等于24
        MOV HOUR,#0
;-----计算时分秒的数值,每50ms计算一次
NEXT:POP A            ;将A恢复
        RETI
;----延时1ms程序
D1MS:MOV R5,#10H
  D1: MOV R4,#30H
  D2:DJNZ R4,$
        DJNZ R5,D1
        RET
;----0~9十个数字对应的字形码
TAB: DB 0C0H,0F9H,0A4H,0B0H,99H,92H,82H
        DB 0F8H,80H,90H,0BFH   ;013456789字形码
        END
```

C51参考程序如下：

```
#include < AT89X51. h >
typedef unsigned char u8;
```

```c
u8 counter,flag;
u8 hou = 12,min = 12,sec;
u8 hour2,hour1,minute2,minute1,second2,second1;
u8 code Numbercode[ ] = {0xc0,0xF9,0xA4,0xB0,0x99,0x92,0x82,0xF8,0x80,0x90};
/*初始化*/
void Init( )
{
    TMOD = 0x01;
    TH0 = (65536-50000)/256;
    TL0 = (65536-50000)%256;
    EA = 1;
    ET0 = 1;
    TR0 = 1;
    sec = 0;
    counter = 0;
    flag = 0;
}
/*延时 tms*/
void Delay(u8 t)
{
    u8 i,j;
    for(i = t;i > 0;i--)
    for(j = 125;j > 0;j--);
}
/*8位 LED 显示时分秒*/
void Display( )
{
    P2 = Numbercode[hour2];
    P3 = 0x01;
    Delay(1);
    P2 = 0xFF;

    P2 = Numbercode[hour1];
    P3 = 0x02;
    Delay(1);
    P2 = 0xFF;

    P2 = 0xBF;
    P3 = 0x04;
    Delay(1);
    P2 = 0xFF;

    P2 = Numbercode[minute2];
```

```
        P3 = 0x08;
        Delay(1);
        P2 = 0xFF;

        P2 = Numbercode[minute1];
        P3 = 0x10;
        Delay(1);
        P2 = 0xFF;

        P2 = 0xBF;
        P3 = 0x20;
        Delay(1);
        P2 = 0xFF;

        P2 = Numbercode[second2];
        P3 = 0x40;
        Delay(1);
        P2 = 0xFF;

        P2 = Numbercode[second1];
        P3 = 0x80;
        Delay(1);
        P2 = 0xFF;
}

/* 主函数 */
void main()
{
    Init();
    while(1)
    {
        if(sec == 60)
        {
            sec = 0;
            min++;
            if(min == 60)
            {
                min = 0;
                hou++;
                if(hou == 24) hou = 0;
            }
        }
        hour2 = hou/10;
```

```
        hour1 = hou%10;
        minute2 = min/10;
        minute1 = min%10;
        second2 = sec/10;
        second1 = sec%10;
        Display();
        Keyscan();
    }
}
/ * T0 中断函数 * /
void Timer0() interrupt 1
{
        TH0 = (65536-50000)/256;
        TL0 = (65536-50000)%256;
        counter + + ;
        if( counter = = 20)
        {
            flag = 1;
            counter = 0;
            while( flag = = 1)
            {
                flag = 0;
                sec + + ;
            }
        }
}
```

2.7.3　综合调试

先仔细检查硬件电路，再调试软件，最后在 Proteus 中联合调试，看结果是否正确。完成以上内容后使该时钟连续运行一段时间，看时间是否准确。

思考与练习

1. 编写程序，把外部 RAM 2000H ~ 20FFH 的区域内的数据逐个搬到从 1000H 单元开始的区域。

2. 设两个 16 位数分别在片内 RAM 的 30H 和 40H 开始的两个单元中，高字节在低地址单元中，低字节在高地址单元中，编程求两个数之和并将其存入 40H 开始的单元中。

3. 将 20H 单元中的无符号二进制数转换为 3 位 BCD 码，转换结果的百位存到 21H 单元，十位存到 22H 单元，个位存到 23H 单元。

4. 设变量 X 以补码的形式放在片内 RAM 30H 单元，函数 Y 与 X 的关系为

$$Y = \begin{cases} X & X > 0 \\ 20H & X = 0 \\ X+5 & X < 0 \end{cases}$$

试编写程序，根据 X 的大小求出 Y 的值并放回原单元。

5. 编程将内部 RAM 的 30H ~ 4FH 共 32 个连续单元清 0。

6. 编程求出内部 RAM 的 30H 单元中的数据中 "0" 的个数，并将结果存入 31H 单元。

7. 设单片机的晶振频率 $f_{osc} = 6MHz$，试编写延时 10ms 的延时程序。

8. 从内部 RAM 的 30H 单元开始存放一组无符号数，其数据个数存放在 21H 单元中。试编写程序，求出这组无符号数中的最小数，并将其存入 20H 单元中。

9. 编程查找内部 RAM 的 20H ~ 40H 单元中出现 0FFH 的次数，并将结果存入 41H 单元中。

10. 设有 100 个有符号数，连续存放在以 2000H 为首地址的外部 RAM 中。试编程统计其中正数、负数和零的个数，并将结果分别放到片内 RAM 20H、21H 和 22H 三个单元中。

11. 在 20H 和 21H 两个单元中各有一个 8 位数，试编程求出两数的二次方和。要求用子程序方法实现求二次方，结果存放在 22H 和 23H 两个单元中。

12. AT89S51 单片机内部有几个定时器/计数器？和定时器相关的特殊功能寄存器有哪些？

13. AT89S51 单片机的定时器/计数器有哪几种工作方式？各有什么特点？

14. 定时器/计数器用作定时方式时，其定时时间与哪些因素有关？用作计数方式时，对外界计数频率有什么限制？

15. 在 AT89S51 单片机中，已知时钟频率为 12MHz，请编程使 P1.0 和 P1.1 分别输出周期为 2ms 和 500μs 的方波。

16. 已知 AT89S51 的 $f_{osc} = 6MHz$，利用定时器/计数器 T0 编程实现 P1.0 端口输出矩形波。要求矩形波高电平宽度为 50μs，低电平宽度为 300μs。

17. 简述中断和中断嵌套的概念。

18. AT89S51 有几个中断源？各中断标志是如何产生的？它们又是如何清零的？

19. 什么是中断优先级？中断优先级处理的原则是什么？

20. CPU 响应中断时，中断入口地址各是多少？

21. 中断响应时间是否是确定不变的？为什么？

22. 中断响应过程中，为什么通常要保护现场？如何保护现场？

23. AT89S51 单片机 P1 口外接 8 只共阴极 LED，在 P3.2 设置一按钮，要求实现如下控制要求：程序执行后，LED 一开始全是灭的，每按一次按钮，LED 闪烁 5 次，之后又处于熄灭状态。

24. LED 显示器指的是什么显示器？这类显示器有几种？

25. LED 显示器的显示方式有几种？各有什么优缺点？

26. 要求用单片机的 P2 口和 P0 口扩展一只 8 位 LED 数码管显示器，编程使其轮流显示"cpuready"和"hello---"，每隔 1s 切换一次，在 Proteus 中画出电路并进行综合仿真。

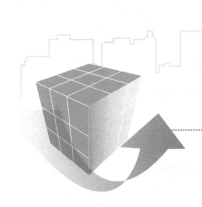

项目3

可调控走马灯的设计与制作

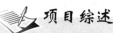
项目综述

当你走在大街上，看到五彩斑斓的走马灯，是不是也想自己一试身手，亲自做一个出来？本项目就将设计一个带按键控制的非常漂亮的走马灯。本项目涉及的知识点有键盘接口、中断系统、定时器定时和C51编程。

任务3.1　学习键盘接口技术

键盘接口是单片机系统的一个非常常见且实用的接口，用于实现人机交互中指令的输入。常见的键盘接口有独立式按键和行列式（也叫矩阵式）键盘。

3.1.1　独立式键盘应用

1. 独立式按键结构

独立式按键接口电路如图3-1所示。

独立式按键的结构特点为每个按键单独占有一根I/O口线，按键的两个端子一端接地，另外一端接到一个单独的I/O口，同时通过上拉电阻接到5V电源端，每个按键的工作不会影响其他I/O口的状态。在此电路中，按键输入为低电平有效，上拉电阻保证了按键断开时，I/O口有确定的高电平。当I/O口内部有上拉电阻时，外电路可以不配置上拉电阻。

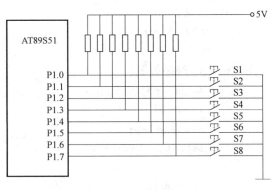

图3-1　独立式按键接口电路

2. 独立式按键的软件设计

按图3-1给出的电路，设计出独立式键盘程序如下，此程序中Keyfun1～Keyfun8分别为每个按键对应的功能子程序标号（可根据实际需要编写），按键去除抖动采用软件延时，按键的接口选用P1端口。

汇编语言源程序如下：

```
START:MOV   A ,P1          ;读入键盘状态
      MOV   30H,A          ;保存键盘状态值
      LCALL  DL10ms        ;延时10ms消抖
      MOV   A,P1           ;再读键盘状态
```

```
        CJNE    A,30H,RETURN      ;两次结果不同,说明是抖动引起,返回
        CJNE    A,#0FFH,KEY-1     ;确认是否有键按下
        LJMP    RETURN
KEY-1： CJNE    A,#0FEH,KEY-2     ;S1 键未按下,转 KEY-2
        LJMP    Keyfun1           ;S1 键按下,转 KEY-1 对应的功能子程序
KEY-2： CJNE    A,#0FDH,KEY-3     ;S2 键未按下,转 KEY-3
        LJMP    Keyfun2           ;S2 键按下,转 Keyfun2 处理
KEY-3： CJNE    A,#0FBH,KEY-4     ;S3 键未按下,转 KEY-4
        LJMP    Keyfun3           ;S3 键按下,转 Keyfun3 处理
KEY-4： CJNE    A,#0F7H,KEY-5
        LJMP    Keyfun4
KEY-5： CJNE    A,#0EFH,KEY-6
        LJMP    Keyfun5
KEY-6： CJNE    A,#0DFH,KEY-7
        LJMP    Keyfun6
KEY-7： CJNE    A,#0BFH,KEY-8
        LJMP    Keyfun7
KEY-8： CJNE    A,#7FH,RETURN     ;S8 未按下,返回
        LJMP    Keyfun8           ;S8 键按下,转 Keyfun8 处理
RETURN：RET                       ;重键或无键按下,不处理返回
DL10ms：MOV R7,#12H              ;三循环延时程序,大约 10ms
    D0： MOV R5,#10H
    D1： MOV R4,#10H
    D2： DJNZ R4,$
    D3： DJNZ R5,D1
        DJNZ R7,D0
        RET
```

对应的 C51 程序如下:

```c
#include < AT89X51. H >
void delay( )
{unsigned int i;
for(i = 0;i < 2000;i + + );
}
void main( )
{
unsigned char key;
while(1)
    {
    key = P1;
    if(key!  = 0xFF)
    delay( );
    if(key!  = 0xFF)key = P1;
    while(P1!  = 0xFF);
```

```
switch(key)
    {
    case 0xFE：Keyfun1( );break；
    case 0xFD：Keyfun2( );break；
    case 0xFB：Keyfun3( );break；
    case 0xF7：Keyfun4( );break；
    case 0xEF：Keyfun5( );break；
    case 0xDF：Keyfun6( );break；
    case 0xBF：Keyfun7( );break；
    case 0x7F：Keyfun8( );break；
    }
    }
}
```

在按键较少的情况下，独立式按键识别和编程非常简单。

3.1.2 按键的消抖处理

在单片机应用系统中使用的键盘按键是一种机械开关，其机械触点在闭合或断开瞬间，会出现电压抖动现象，如图3-2所示。为了保证按键识别的准确性，可采用硬件消抖和软件

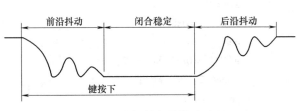

图3-2 按键触点的抖动过程

消抖两种方法进行消抖处理。硬件方法可采用 RS 触发器等消抖电路。软件方法则是采用时间延迟，由于键的前沿抖动时间大约为10ms，因此可在延时10ms后待按键稳定闭合时再判别键盘的状态，若仍有按键闭合，则确认有键按下，否则认为是按键的抖动。

例3-1 如图3-3所示，实现如下功能：按下某个键，在单个数码管显示器上显示出键号。

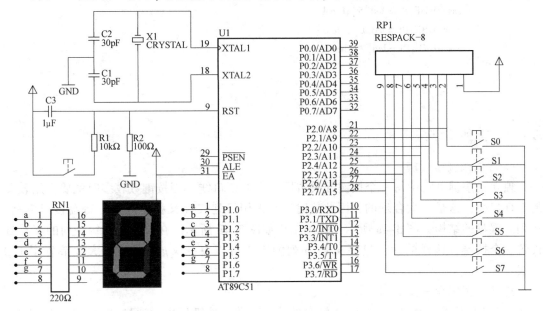

图3-3 数码管显示按键号电路图

解：本题中，按键全部为独立式按键，读取 P1 口的状态即可判断按下的是哪个键，读取相应的键的编码送入 P1 口即可。

C51 源程序如下：

```
#include < AT89X51. H >
unsigned char led[ ] = {0xC0,0xF9,0xA4,0xB0,0x99,0x92,0x82,0xF8};
void delay( )
{unsigned int i;
for( i = 0;i < 2000;i + + );
}
void main( )
{
unsigned char key;
while(1)
    {
    key = P2;
    if( key! = 0xFF)
    delay( );
    if( P2! = 0xFF)key = P2;
    while(P2! = 0xFF);
    switch( key)
        {
        case 0xFE:P1 = led[0];break;
        case 0xFD:P1 = led[1];break;
        case 0xFB:P1 = led[2];break;
        case 0xF7:P1 = led[3];break;
        case 0xEF:P1 = led[4];break;
        case 0xDF:P1 = led[5];break;
        case 0xBF:P1 = led[6];break;
        case 0x7F:P1 = led[7];break;
        }
    }
}
```

3.1.3 行列式键盘应用

1. 行列式键盘结构

独立式按键电路中每一个按键开关占用一根 I/O 口线，当按键数较多时就要占用较多的 I/O 口线，这是不太合理的，因此这时通常采用行列式（又称矩阵式）键盘接口电路。行列式键盘的结构如图 3-4a 所示，详细结构如图 3-4b 所示。在每一行和每一列的交点处设置一个按键，这样的话，只要 m 行 n 列的键盘可以有 $m \times n$ 个按键，大大节省了 I/O 口线。

2. 行列式键盘按键识别

图 3-4 所示为 AT89S51 与 4 × 4 键盘的接口电路，按键识别时通过 P1.0 ~ P1.3（X0 ~

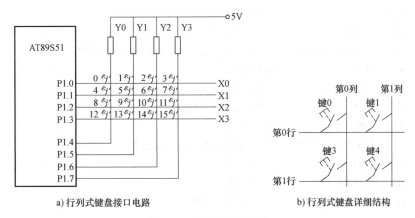

图 3-4 行列式键盘结构

X3）分别输出低电平，检测 P1.4 ~ P1.7（Y0 ~ Y3）的状态是否为低电平来确定是否有键按下，通常把 X3 ~ X0 称为行扫描输出线，Y0 ~ Y3 称为列检测输入线。具体识别过程如下：

1）判别键盘上有无键闭合。其方法为使 X0 ~ X3 输出全"0"，读 Y0 ~ Y3 的状态，若为全"1"（键盘上列线全为高电平）则键盘上没有闭合键，若 Y0 ~ Y3 不为全"1"则有键处于被按下状态。

2）去除键的机械抖动。其方法为判别到键盘上有键被按下后，采用软件延迟一段时间（一般为 10ms）再判别键盘的状态，若仍为有键为按下状态，则认为键盘上有一个确定的键被按下，否则认为是键的抖动。

3）判别闭合键的键号。方法为对 X0 ~ X3 依次分别输出低电平，其他三条线为高电平，对键盘的列线进行检测。即相应地顺次读 Y0 ~ Y3 的状态，若 Y0 ~ Y3 为全"1"，则行线为 0 的这一行上没有键被按下，否则这一行上有键被按下。被按下的键的键号等于为低电平的列号加上为低电平行的首键号。例如：X0 ~ X3 输出为 1101 时，读出 Y0 ~ Y3 为 1101，则第 2 行与第 2 列相交的键处于被按下状态，第 2 行的首键号为 8，列号为 2，被按下的键的键号为

N = 为低电平的行首键号 + 为低电平的列号 = 8 + 2 = 10

4）使 CPU 对键的一次被按下仅做一次处理。被按下的键一次也只进行一次键功能操作，采用的方法为等待被按下的键释放以后再把键值送入 A 中，然后执行键功能操作。

3. 行列式键盘软件编程方式

单片机应用系统中键盘扫描只是 CPU 工作的内容之一，CPU 在完成各项工作任务时如何兼顾键盘扫描，使其既保证不失时机地响应键操作，又不过多占用 CPU 时间，这就要根据应用系统中 CPU 的忙、闲情况选择好键盘的工作方式。键盘的工作方式有编程扫描方式、中断扫描方式。

（1）编程扫描方式 编程扫描方式是利用 CPU 在完成其他工作的空余时间调用键盘扫描子程序来响应键输入要求。在执行键功能程序时，CPU 不响应键输入要求。

下面是按照图 3-4 所示的电路编写的键扫描汇编语言源程序：

```
BEGIN: MOV  R4,#00H          ;R4 寄存器清零
       MOV  P1,#0F0H         ;P1 口高 4 位置 1
```

```
            MOV A,P1                ;输入 P1 口数据
            ANL A,#0F0H             ;屏蔽低 4 位
            CJNE A,#0F0H,DELAY      ;判断有没有键被按下,若有则调用延时
            SJMP RETU               ;转返回
    DELAY：  ACALL DL10ms           ;10ms 延时消除抖动
            MOV A,P1                ;重新输入 P1 口数据
            ANL A,#0F0H             ;屏蔽低 4 位
            CJNE A,#0F0H;PROG       ;再次判断是否真有键被按下
            SJMP RETU               ;没有返回
    PROG：   MOV R2,#04H            ;向 R2 送行扫描次数
            MOV R3,#01H             ;向 R3 送行线初值
    SCAN：   MOV A,R3
            CPL A
            MOV P1,A                ;输出第一行为低电平
            MOV A,P1                ;输入扫描结果列线值
            ANL A,#0F0H             ;屏蔽低 4 位
            CJNE A,#0F0H,FN         ;判断是否为本行键,是则转键值处理
            MOV A,R3
            RL A                    ;修改行线状态使下一行为低电平
            MOV R3,A                ;保存修改后的值
            DJNZ R2,SCAN            ;扫描次数减 1,若没完成继续扫描
            SJMP RETU
     FN：    CPL A
            ANL A,#0F0H             ;A 的高 4 位为键所在的列号
            ACALL KEYNO            ;调用键值计算程序
            MOV R4,A               ;按键值送 R4 保存
    RETU：   RET
    DL10ms： MOV R7,#12H           ;三循环延时程序,大约 10ms
        D0:MOV R6,#10H
        D1:MOV R5,#10H
        D2:DJNZ R5, $
        D3:DJNZ R6,D1
            DJNZ R7, D0
            RET
    KEYNO：  CJNE A,#01H,COL1
            MOV A,#00H
            SJMP ROW
     COL1：  CJNE A,#02H,COL2
            MOV A,#01H
            SJMP ROW
     COL2：  CJNE A,#04H,COL3
            MOV A,#02H
            SJMP ROW
```

```
COL3：    MOV A,#03H
ROW：     CJNE R3,#01H,ROW1
          MOV R3,#00H
          SJMP KEYNOCAL
ROW1：    CJNE R3,#02H,ROW2
          MOV R3,#01H
          SJMP KEYNOCAL
ROW2：    CJNE R3,#04H,ROW3
          MOV R3,#02H
          SJMP KEYNOCAL
ROW3：    MOV R3,#03H
KEYNOCAL：MOV B,#04H
          MUL AB
          ADD A,R3
          RET
```

本程序采用延时 10ms 去抖动，执行后 R4 的内容为键值，后续程序可根据 R4 的内容自动跳转。

在程序扫描法中，CPU 的空闲时间必须扫描键盘，否则当有键被按下时 CPU 就无法知道。但多数时间里 CPU 处于空扫描状态，CPU 的时间开销太大，也不利于监控程序的模块化。

（2）中断扫描方式　中断扫描方式又分为两种：定时器中断扫描方式和键盘按键中断扫描方式。

定时器中断扫描方式是利用单片机的内部定时器产生定时中断（例如 100ms），CPU 响应中断请求时，对键盘进行扫描和键值识别。定时器中断扫描方式的键盘接口电路与程序扫描法的接口电路相同。定时器中断键盘扫描程序实际上是作为定时器中断服务程序。这种方式虽然可以改善程序结构，但是多数扫描仍然可能为"空扫描"，对 CPU 效率提高不大。

另外一种中断扫描方式是键盘按键中断扫描方式。图 3-5 是按键中断扫描方式的 AT89S51 与键盘的接口电路。

在键盘按键中断扫描方式下，当键盘上有键被按下时，列线中必有一个为低电平，经四

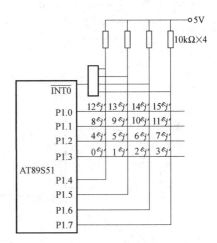

图 3-5　中断方式的键盘接口

输入与门输出"0"，在 $\overline{INT0}$ 产生一负跳变，可向单片机发出中断请求信号。CPU 响应中断时，在中断程序中进行键的识别处理。在这种方式下，键盘程序仅作为监控程序的一个功能模块。在没有键按下的时间里 CPU 不会扫描键盘，这种方式大大提高了 CPU 的效率。

任务 3.2 可调控走马灯的设计与仿真

3.2.1 硬件电路设计

本项目在 P2 和 P0 口连接 16 个共阳极的 LED，在 P1 口的第 0、1、2 位分别设置 3 个独立式按键，在 P3 口连接一只共阳极的七段数码管显示器。要实现的功能如下：模式键 S1 设置走马灯的模式，共有 8 种模式可设置，每种模式对应 16 只 LED 的走动模式。选择某种模式后可在数码管显示器上显示出模式号。加速键 S2 用来实现走马灯的速度加速。减速键则用来实现走马灯的速度减速。电路如图 3-6 所示。

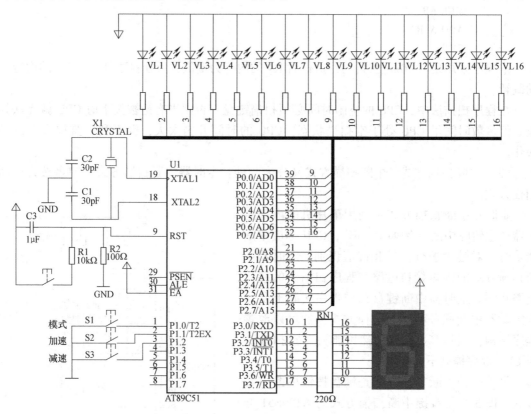

图 3-6 按键控制的走马灯电路图

3.2.2 程序编制

本项目对应的汇编语言程序如下：

MODE	EQU	30H	;模式编号
MOVBIT	EQU	31H	;移动位数
Speed	EQU	32H	;移动速度
DISPH	EQU	33H	;显示位高 8 位缓存

```
        DISPL       EQU     34H         ;显示位低8位缓存
        DIRECT      BIT     10H         ;滚动方向
        CYBIT       BIT     11H         ;CY 缓存位
        ORG 0000H
                            LJMP 0200H
                            ORG 000BH
                            LJMP INTT0
;;;;;;;;;;;;;;;;;;;;;;;;;;;;;;;;;;;;;;;;;;;;;;;;;;;;;;;;;;;;;;;;;;;;;;;;;;;;;;;;;;;;;;;;;;;;;;;;;
ORG 0200H
                    MOV     TMOD,#01H
                    MOV     TL0,#80H
                    MOV     TH0,#80H
                    MOV     IE,#82H         ;CPU 开中断,T0 中断
                    SETB    TR0             ;启动 T0
                    MOV     Speed,#03H      ;初始速度
                    MOV     MODE,#00H       ;模式初始化
                    MOV     R3,#0H          ;延时计数器
                    MOV     MOVBIT,#00H     ;移动位数初始化
                    MOV     A,MODE          ;模式号显示
                    MOV     DPTR,#TAB
                    MOVC    A,@ A + DPTR
                    MOV     P3,A
                    MOV     DISPH,#00H
                    MOV     DISPL,#01H
SCAN:
                    MOV     P1,#0FFH
                    MOV     A,P1
                    MOV     40H,A
                    LCALL   DELY10MS        ;延时去抖动
                    MOV     A,P1
                    CJNE    A,40H,SCAN      ;两次结果不同是抖动引起,重新扫描
                    CJNE    A,#0FFH,KEY1    ;确认有键被按下
                    SJMP    SCAN            ;没有键被按下,继续循环扫描
KEY1:               CJNE    A,#0FEH,KEY1A
                    SJMP    WAIT1
KEY1A:              LJMP    KEY2
WAIT1:              LCALL   DELY10MS        ;模式按键处理
                    MOV     A,P1
                    CJNE    A,#0FFH,WAIT1   ;等待松开按键
                    LCALL   DELY10MS
                    INC     MODE            ;模式加 1
                    ANL     MODE,#07H       ;模式只有 0 ~ 7
                    MOV     A,MODE          ;模式号显示
```

```
                    MOV     DPTR,#TAB
                    MOVC    A,@ A + DPTR
                    MOV     P3,A
                    MOV     A,MODE
                    CJNE    A,#00H,ROW11
                    MOV     MOVBIT,#00H        ;模式 0 初始化
                    MOV     DISPH,#00H
                    MOV     DISPL,#01H
                    SJMP    SCAN
ROW11：              CJNE    A,#01H,ROW21
                    MOV     MOVBIT,#00H        ;模式 1 初始化
                    MOV     DISPH,#80H
                    MOV     DISPL,#00H
                    SJMP    SCAN
ROW21：              CJNE    A,#02H,ROW31
                    MOV     MOVBIT,#00H        ;模式 2 初始化
                    MOV     DISPH,#00H
                    MOV     DISPL,#01H
                    SJMP    SCAN
ROW31：              CJNE    A,#03H,ROW41
                    MOV     MOVBIT,#00H
                    MOV     DISPH,#0FFH
                    MOV     DISPL,#0FEH
                    SJMP    SCAN
ROW41：              CJNE    A,#04H,ROW51
                    MOV     MOVBIT,#00H
                    MOV     DISPH,#00H
                    MOV     DISPL,#0FH
                    SJMP    SCAN
ROW51：              CJNE    A,#05H,ROW61
                    MOV     MOVBIT,#00H
                    MOV     DISPH,#0FFH
                    MOV     DISPL,#0F0H
                    LJMP    SCAN
ROW61：              CJNE    A,#06H,ROW71
                    SETB    DIRECT
                    MOV     MOVBIT,#00H
                    MOV     DISPH,#00H
                    MOV     DISPL,#00H
                    LJMP    SCAN
ROW71：              CJNE    A,#07H,ROW81
                    SETB    DIRECT
                    MOV     MOVBIT,#00H
```

```
                    MOV     DISPH,#00H
                    MOV     DISPL,#00H
ROW81：             LJMP    SCAN            ;循环
KEY2：              CJNE    A,#0FDH,KEY23
                    SJMP    WAIT2           ;加速按键处理
KEY23：             SJMP    KEY3
WAIT2：             LCALL   DELY10MS
                    MOV     A,P1
                    CJNE    A,#0FFH,WAIT2   ;等待松开按键
                    LCALL   DELY10MS
                    MOV     A,Speed
                    CJNE    A,#01H,KEY22
                    LJMP    SCAN
KEY22：             DEC     Speed
                    LJMP    SCAN            ;循环
KEY3：              CJNE    A,#0FBH,KEYEND
WAIT3：             LCALL   DELY10MS        ;减速按键处理
                    MOV     A,P1
                    CJNE    A,#0FFH,WAIT3   ;等待松开按键
                    LCALL   DELY10MS
                    MOV     A,Speed
                    CJNE    A,#0AH,KEY33
                    LJMP    SCAN
KEY33：             INC     Speed
KEYEND：            LJMP    SCAN            ;循环


TAB：DB 0C0H,0F9H,0A4H,0B0H,99H,92H,82H,0F8H
DELY10MS：          MOV R7,#0AH
                    D0：MOV R5,#10H
                    D1：MOV R4,#10H
                    D2：DJNZ R4,$
                    D3：DJNZ R5,D1
                    DJNZ R7,D0
                    RET
;;;;;;;;;;;;;;;;;;T0 的中断服务程序;;;;;;;;;;;;;;;;;;;;
ORG 1000H
INTT0：
                    MOV     TL0,#80H        ;重赋初值
                    MOV     TH0,#80H
                    INC     R3              ;延时计数器
                    MOV     A,R3
                    CJNE    A,Speed,IN0
                    MOV     R3,#00H
```

```
                SJMP    IN1
IN0：           LJMP    RE
IN1：
                MOV     A,MODE
                CJNE    A,#00H,ROW1     ;模式判断
                LCALL   BITRL16         ;模式0处理
                LJMP    L1
ROW1：          CJNE    A,#01H,ROW2
                LCALL   BITRR16         ;模式1处理
                LJMP    L1
ROW2：          CJNE    A,#02H,ROW3
                JB      DIRECT,ROW2R    ;模式2处理
                LCALL   BITRL16
                LJMP    L1
ROW2R：         LCALL   BITRR16
                LJMP    L1
ROW3：          CJNE    A,#03H,ROW4
                JB      DIRECT,ROW3R
                LCALL   BITRL16
                LJMP    L1
ROW3R：         LCALL   BITRR16
                LJMP    L1
ROW4：          CJNE    A,#04H,ROW5
                JB      DIRECT,ROW4R
                LCALL   BITRL16
                LJMP    L1
ROW4R：         LCALL   BITRR16
                LJMP    L1
ROW5：          CJNE    A,#05H,ROW6
                JB      DIRECT,ROW5R
                LCALL   BITRL16
                LJMP    L1
ROW5R：         LCALL   BITRR16
                LJMP    L1
ROW6：          CJNE    A,#06H,ROW7
                JB      DIRECT,ROW6R
                LCALL   BITRL16
                ANL     DISPL,#0FEH
                MOV     P2,DISPL
                LJMP    L1
ROW6R：         ORL     DISPL,#01H
                LCALL   BITRR16
                LJMP    L1
```

```
ROW7：       CJNE    A,#07H,RE
             JB      DIRECT,ROW7R
             LCALL   BITRL16
             ANL     DISPL,#0FEH
             MOV     P2,DISPL
             LJMP    L1
ROW7R：
             LCALL   BITRL16
             ORL     DISPL,#01H
             MOV     P2,DISPL
L1：
             INC     MOVBIT
             ANL     MOVBIT,#0FH
             MOV     A,MOVBIT
             CJNE    A,#0FH,RE
             CPL     DIRECT
             MOV     MOVBIT,#00H
RE：         RETI
BITRL16：                               ;16位数左移显示程序
             CLR     C
             MOV     A,DISPH
             RLC     A
             MOV     DISPH,A
             MOV     A,DISPL
             RLC     A
             MOV     DISPL,A
             MOV     A,#00H
             RLC     A
             ORL     DISPH,A
             MOV     P0,DISPH
             MOV     P2,DISPL
             RET
BITRR16：                               ;16位数右移显示程序
             CLR     C
             MOV     A,DISPH
             RRC     A
             MOV     DISPH,A
             MOV     A,DISPL
             RRC     A
             MOV     DISPL,A
             MOV     A,#00H
             RRC     A
             ORL     DISPH,A
```

```
        MOV     P0,DISPH
        MOV     P2,DISPL
        RET
```

本项目对应的 C51 源程序如下:

```c
#include < AT89X51. h >
#define u8 unsigned char
#define u16 unsigned int
u8 ModeNo;//模式编号
u8 MovingBit = 0;//移动位数
u8 Tdx;          //速度索引
u8 TCounter = 0;//延时计数器
u16 Speed;//二极管移动速度
bit Direction = 1;//滚动方向
u8 code ModeDisplay[ ] = {0xC0,0xF9,0xA4,0xB0,0x99,0x92,0x82,0xF8};
u16 code SpeedCommon[ ] = {0,2,4,6,8,10,15,30,45,80,120,160,200,240,280};//速度
                     常数
//延时函数
void Delay( u16 x)
{
  u8 i;
    while( x-- )for( i = 0;i < 120;i + + );
}
    //三按键识别函数
    u8 GetKey( )
    {
    u8 K;
    if( P1 = = 0xFF)return 0;//如果没有键被按下,则返回 0
    Delay( 10);
    switch( P1)//确认有键被按下,判断是哪个键
    {
            case 0xFE:K = 1;break;
            case 0xFD:K = 2;break;
            case 0xFB:K = 3;break;
            default:K = 0;
    }
    while( P1! = 0xFF);//等待按键释放再返回键值
    return K;
    }
    //按键处理
    void KeyProcess( u8 Key)
    {
    switch( Key)
    {
```

```
        case 1:Direction = 1;MovingBit = 0;
                ModeNo = (ModeNo + 1)% 8;
                P3 = ModeDisplay[ModeNo];
                break;
        case 2:if(Tdx > 1)Speed = SpeedCommon[- -Tdx];break;
        case 3:if(Tdx < 14)Speed = SpeedCommon[+ +Tdx];
    }
}
//点亮16位LED
void LedLight(u16 Led16bits)
{
    P2 = Led16bits & 0x00FF;//点亮前8个LED
    P0 = Led16bits > >8;//点亮后8个LED
}
//定时器中断函数
void T1_INT( ) interrupt 3
{
    if( + +TCounter < SpeedCommon[Tdx])return;//控制延时
    TCounter = 0;
    switch(ModeNo)
{
    case 0:LedLight(0x0001 < <MovingBit);break;
    case 1:LedLight(0x8000 > >MovingBit);break;
    case 2:if(Direction)LedLight(0x0001 < <MovingBit);
            else LedLight(0x8000 > >MovingBit);
            if(MovingBit = =15)Direction = ! Direction;
            break;
    case 3:if(Direction)LedLight( ~ (0x0001 < <MovingBit));
            else LedLight( ~ (0x8000 > >MovingBit));
            if(MovingBit = =15)Direction = ! Direction;
            break;
    case 4:if(Direction)LedLight(0x000F < <MovingBit);
            else LedLight(0xF000 > >MovingBit);
            if(MovingBit = =15)Direction = ! Direction;
            break;
    case 5: if(Direction)LedLight( ~ (0x000F < <MovingBit));
            else LedLight( ~ (0xF000 > >MovingBit));
            if(MovingBit = =15)Direction = ! Direction;
            break;
    case 6:if(Direction)LedLight(0xFFFE < <MovingBit);
            else LedLight( ~ (0x7FFF > >MovingBit));
            if(MovingBit = =15)Direction = ! Direction;
            break;
```

```
        case 7:if(Direction) LedLight(0xFFFE < < MovingBit);
                else LedLight( ~ (0xFFFE < < MovingBit));
                if(MovingBit = = 15) Direction = ! Direction;
                break;
        }
        MovingBit = (MovingBit + 1)%16;
    }
    //主函数
    void main()
    {
        u8 Key;
        P0 = P1 = P2 = P3 = 0xFF;
        ModeNo = 0;
        Tdx = 4;
        Speed = SpeedCommon[Tdx];
        P3 = ModeDisplay[ModeNo];
        IE = 0x88;
        TMOD = 0x00;
        TR1 = 1;
        while(1)
        {
    Key = GetKey();
    if(Key! = 0) KeyProcess(Key);
        }
    }
```

3.2.3 综合仿真调试

先在 Proteus 中仔细检查硬件电路，然后在 KEIL 中编程并进行软件调试，最后在 Proteus 中进行软硬件联合调试，看结果是否正确。

思考与练习

1. 试说明非编码键盘的工作原理，如何除去键抖动？如何判断键是否释放？

2. AT89S51 的 P1 口作为 8 个按键的独立式键盘接口，试画出接口电路并编写相应的键盘处理程序。

3. 用 AT89S51 的 P1 口搭接 3×3 矩阵式键盘接口，画出电气原理图并编写出识别按键的程序。

4. 用 AT89S51 的 P1 口搭接 4×4 矩阵式键盘接口，在 P2 口连接一只七段数码管显示器，画出电气原理图，编写按键识别以及在数码管显示器上显示的程序。在 Proteus 中画出电路图，并进行综合仿真调试。

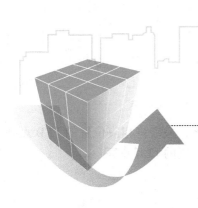

项目4

单片机控制的点阵显示屏的设计与制作

项目综述

LED 点阵显示屏是由若干个 LED 像素点均匀排列组成的。利用不同的材料可以制造不同色彩的 LED 像素点，目前应用最广的是红色、绿色和黄色像素点，可用来显示文字、图形、图像、动画、视频和录像信号等各种信息。LED 显示屏显示画面色彩鲜艳，立体感强，广泛应用于商场、银行、码头、机场、车站、医院、宾馆、证券市场、建筑市场、拍卖行、工业企业和其他公共场所。本项目将设计单片机控制的 16×16 点阵显示屏。涉及的知识点有点阵显示器的结构和原理，以及汇编语言和 C51 编程。

任务4.1 LED 点阵显示器介绍

4.1.1 LED 点阵显示器的结构和原理

1. LED 点阵显示器的结构

LED 点阵显示器根据 LED 的极性排列方式，可分为行共阴极与行共阳极两种类型。如果根据点阵矩阵每行或每列所含 LED 个数的不同，点阵显示器还可分为 5×7、8×8 和 16×16 等类型。需要强调的是，点阵显示器的引脚号分布会因型号的不同而不同，没有规律可循，在拿到某种型号的点阵显示器后，需要用万用表的二极管档来测量点阵显示器 LED 的正负极以及行线和列线。这里以单色行共阳极 8×8 点阵显示器为例，其外观和引脚排列分别如图 4-1 和图 4-2 所示。在图 4-2 中，标号为 A～H 的是列线，是 LED 的负极；标号为 0～7 的是行线，是 LED 的正极。

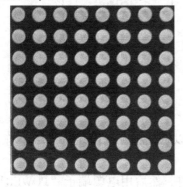

图 4-1 8×8 点阵显示器的实物正面

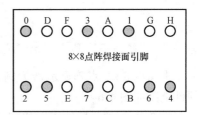

图 4-2 8×8 点阵显示器的引脚图

内部等效电路如图 4-3 所示。

2. LED 点阵显示器的显示原理

由图 4-3 可知，要想显示某个数字、字符或简单的汉字，只需将相应位置的 LED 点亮即可，例如显示大写字母"A"，如图 4-4 所示，可让字符位置的 LED 点亮。

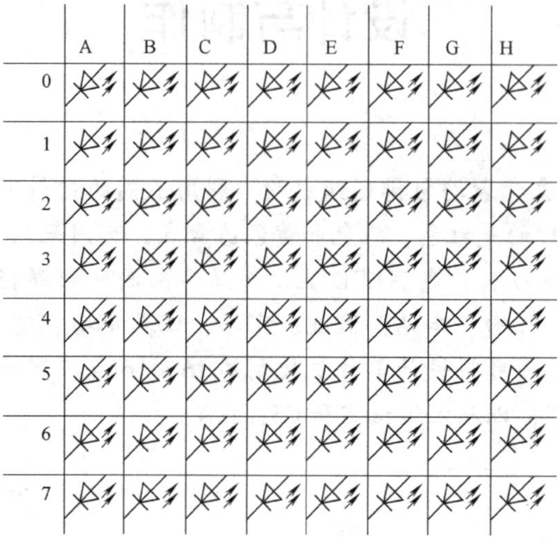

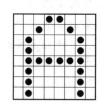

图 4-3 8×8 点阵显示器的内部等效电路

图 4-4 字母"A"的造型

要想显示字母"A"，造型中的 LED 同时点亮是不可能的，这和 LED 数码管显示器动态显示的道理是一样的。那就只能使用分时显示的方法，采用逐行扫描或者逐列扫描。所谓的逐行扫描就是行线送出扫描信号，0～7 行每次只有 1 行是高电平，同时列线送出扫描码，8 行采用分时显示。逐列扫描则是列线送出扫描信号，A～H 每次只有 1 列是低电平，同时行线送出扫描码，8 列采用分时显示。这样的话，字母"A"、数字"0"、汉字"工"对应的行扫描码和列扫描码如图 4-5 所示。

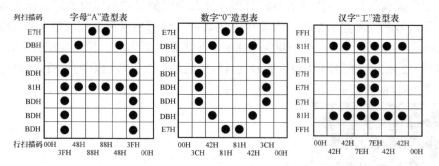

图 4-5 几个字符的造型表及扫描码

4.1.2 MCS-51 单片机和 LED 点阵显示器的接口设计

下面以 8×8 点阵显示器为例，介绍如何和单片机接口以及编程，进而显示一个字符。硬件电路如图 4-6 所示。

在 Proteus 的元器件库中找到"MATRIX-8×8-RED"器件，然后用电源端子"POWER"和地端子"GROUND"来测试点阵显示器的引脚对应的 LED 的正负极性，进而测试出列线和

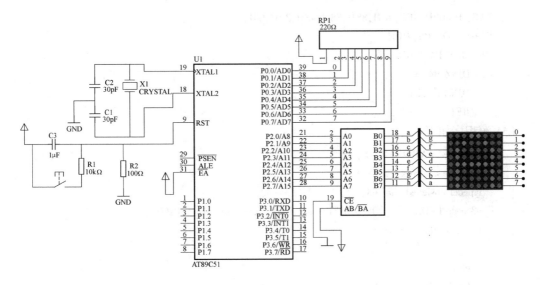

图 4-6　8×8 点阵显示器和单片机接口电路

行线。在硬件连线时，行线、列线和 I/O 口可以随意连接，但程序和硬件要对应起来，也就是说，是行扫描还是列扫描可完全由程序来决定。在图 4-6 中，经过测试，点阵显示器右边的引脚为列信号，从上至下依次为 0~7 列（上面为第 0 列，由上而下顺次对应第 0~7 脚），而左边的引脚为行信号，从下而上依次为 0~7 行（下面为第 0 行，由下而上顺次对应第 a~h 脚）。

可以采用列扫描编制程序，即每次选中一列，然后送出列扫描码，延时大约 1ms，如此让 8 列循环点亮即可。

汇编语言源程序如下：

```
;P2 口提供行线\P0 口提供列线
        ORG 0000H
MAIN:   MOV R2,#0FEH
        MOV R1,#00H
        MOV R7,#08H
        MOV DPTR,#TAB
SCAN:   MOV A,R1
        MOVC A,@ A + DPTR
        MOV P2,A
        MOV A,R2
        MOV P0,A
        ACALL D1MS
        MOV P0,#0FFH
        INC R1
        RL A
        MOV R2,A
        DJNZ R7,SCAN
        SJMP MAIN
```

```
    TAB: DB 00H,3FH,48H,88H,88H,48H,3FH,00H
    D1MS:MOV R5,#10H
    D1: MOV R4,#10H
    D2: DJNZ R4, $
        DJNZ R5,D1
        RET
```

C51 源程序如下：

```
    #include  < AT89X51. h >
    #include < intrins. h >
    typedef unsigned char u8;
    u8 code LEDA[ ] = {0x00,0x3F,0x48,0x88,0x88,0x48,0x3F,0x00};
    void delay02s( void)
    {
      u8 i,j;
      for( i = 20 ;i > 0 ;i-- )
      for( j = 20 ;j > 0 ;j-- ) ;
    }
    void main( void) / * 主函数 */
    {
      u8 m,i,j;
      while( 1 )
      { m = 0xfe;
        j = 0;
        for( i = 0 ;i < 8 ;i + + )
         {
          P0 = m;
          P2 = LEDA[ j];
          delay02s( ) ; / * 调用函数 delay02s( ) */
          m = _crol_( m,1 );
          j + + ;
         }
      }
    }
```

任务4.2   单片机控制的点阵显示屏的设计与仿真

本任务将完成 16×16 大屏幕点阵显示器的接口设计，并编程使其显示汉字。

4.2.1   硬件电路设计

16×16 点阵显示屏接口电路及仿真效果如图 4-7 所示。

Proteus 中若没有 16×16 的点阵显示器，可以用 4 片 8×8 的点阵显示器来拼装。即从库

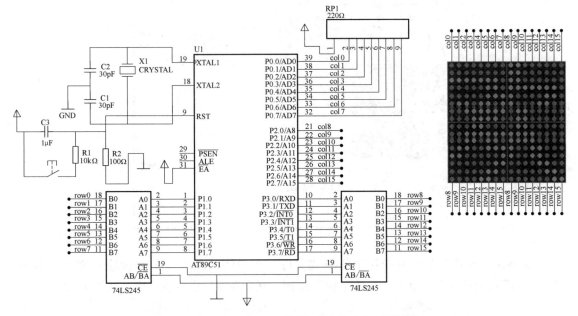

图 4-7　16×16 点阵显示屏接口电路及仿真效果图

中找到"MATRIX-8×8-RED"器件，放置 4 块到文档编辑窗口。每一块显示器的上边 8 个引脚为列线，下边 8 个引脚为行线。拼接时可这样连线：左上和左下两片点阵显示器的列线连接起来组成 col0 ~ col7，左上和右上两片点阵显示器的行线连接起来组成 row0 ~ row7；右上和右下两片点阵显示器的列线连接起来组成 col8 ~ col15，左下和右下两片点阵显示器的行线连接起来组成 row8 ~ row15。row0 ~ row7 则在图中被盖住了。用单片机的 P0 口和 P2 口连接 16 位列线，P1 口和 P3 口通过两片 74LS245 连接 16 位行线，74LS245 起驱动行信号的作用。

硬件连接完成后，接下来就可以编写显示程序了，依据显示的内容和方式不同，程序也会有所不同。但有一点是一定的，那就是待显示的汉字或符号的编码，也可叫字模。字模若手工算起来太麻烦，可用专门的字模软件。下面介绍一款字模软件"PCtoLCD2002 完美版"。

"PCtoLCD2002 完美版"是一款绿色软件，无须安装，直接运行即可，它支持字符模式和图形模式取模。下面简单说明该软件的用法。

如果在"模式"菜单中选择图形模式，那么在"文件"菜单中单击"新建"命令后，会弹出图 4-8 所示的"新建图像"对话框，在"图片宽度（像素）"和"图片高度（像素）"文本框中分别输入"16"和"16"，单击"确定"按钮后进入图 4-9 所示的图形编辑界面。

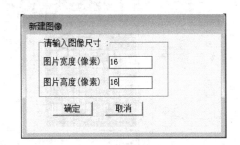

图 4-8　图形尺寸设置对话框

在这个界面中，可用鼠标直接书写或画出要显示的汉字或符号。接下来，单击"选项"菜单，在弹出的"字模选项"菜单中做些必要的设置，如图 4-10 所示，然后单击"生成字模"按钮，就会在窗口中生成字模，如图 4-11 所示。

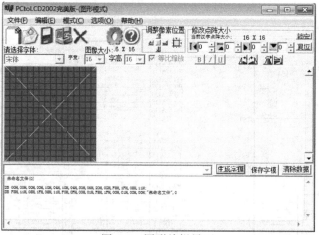

图 4-9　图形编辑界面

　　如果在"模式"菜单中选择字符模式，可以在中间的文本框中直接输入文字，再按图 4-10 所示设置好后，单击"生成字模"按钮，就会在窗口中生成字模，如图 4-12 所示。

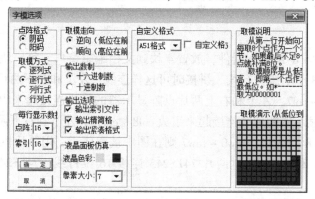

图 4-10　设置窗口

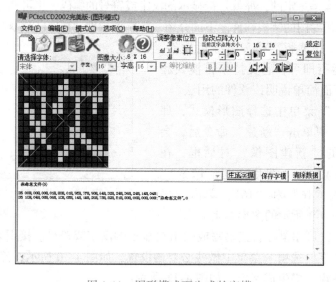

图 4-11　图形模式下生成的字模

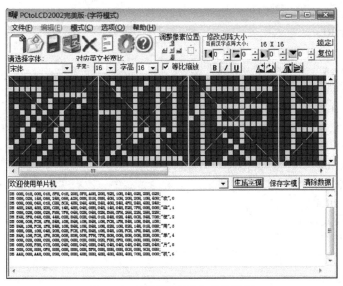

图 4-12 字符模式下生成的字模

4.2.2 程序编制

取得字模后，即可开始编写动态扫描程序。

汇编语言源程序如下：

```
;阵列 LED 显示实验,P0、P2 接列,P1、P3 接行,高低位按自然顺序对应,阵列自上而下扫描
        ORG 0000H
MAIN: MOV R2,#0FEH
      MOV R1,#00H
      MOV R7,#08H
      MOV DPTR,#TAB
SCAN1:MOV A,R1
      MOVC A,@ A + DPTR
      MOV P0,A
      INC R1
      MOV A,R1
      MOVC A,@ A + DPTR
      MOV P2,A
      MOV A,R2
      MOV HANG,A
      ACALL D1MS
      MOV HANG,#0FFH
      INC R1
      RL A
      MOV R2,A
      DJNZ R7,SCAN1
      MOV R7,#08H
```

```
        MOV R2,#0FEH
SCAN2:MOV A,R1
        MOVC A,@ A + DPTR
        MOV P0,A
        INC R1
        MOV A,R1
        MOVC A,@ A + DPTR
        MOV P2,A
        MOV A,R2
        MOV P3,A
        ACALL D1MS
        MOV P3,#0FFH
        INC R1
        RL A
        MOV R2,A
        DJNZ R7,SCAN2
        SJMP MAIN
TAB:DB 00H,01H,00H,01H,3FH,01H,20H,3FH,0A0H,20H,92H,10H,54H,02H,28H,02H;
DB 08H,02H,14H,05H,24H,05H,0A2H,08H,81H,08H,40H,10H,20H,20H,10H,40H;"欢",0
D1MS:MOV R5,#10H
 D1: MOV R4,#10H
 D2: DJNZ R4, $
        DJNZ R5,D1
        RET
```

C51 源程序如下:

```c
#include <AT89X51.h>
#include <intrins.h>
typedef unsigned char u8;
u8 code liedata[ ] = {0x00,0x01,0x00,0x01,0x3F,0x01,0x20,0x3F,
                0xA0,0x20,0x92,0x10,0x54,0x02,0x28,0x02,
                0x08,0x02,0x14,0x05,0x24,0x05,0xA2,0x08,
                0x81,0x08,0x40,0x10,0x20,0x20,0x10,0x40};/* "欢",0 */
void delay02s(void)
{
  u8 i,j;
  for(i = 20;i > 0;i - - )
  for(j = 20;j > 0;j - - );
}
void main(void)/* 主函数 */
{
  u8 m,i;
  while(1)
    { m = 0xfe;
```

```
        for(i=0;i<8;i++)
          {
          P1=m;
          P0=liedata[i*2];
          P2=liedata[i*2+1];
          delay02s();/*调用函数delay02s()*/
          m=_crol_(m,1);
          }
          P1=0xff;
          m=0xfe;
        for(i=8;i<16;i++)
          {
          P3=m;
          P0=liedata[i*2];
          P2=liedata[i*2+1];
          delay02s();/*调用函数delay02s()*/
          m=_crol_(m,1);
          }
          P3=0xff;
      }
  }
```

4.2.3 综合仿真调试

硬件及程序完成后，应在 Proteus 中进行软硬件联合调试，观察显示是否正常。如果不正常，应从硬件和程序两方面找原因。

思考与练习

1. 如何使 8×8 点阵显示器轮流显示 $0 \sim 9$ 这 10 个数字？

2. 如何编程让本项目中 16×16 的点阵显示屏滚动显示"欢迎使用单片机项目化教程"这几个字？

3. 用软件"PCtoLCD2002 完美版"绘制一个心形字符，并取其字模。

4. 编写显示心形字符的汇编和 C51 程序。

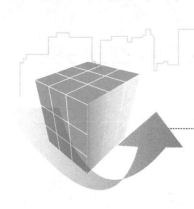

项目5

用LCD1602与DS18B20设计数字温度计

项目综述

本项目介绍由 LCD1602 与 DS18B20 构成的数字温度计的设计与仿真。该数字温度计具有体积小、成本低、功耗低、精度高、响应快速及抗干扰等优点，因此被广泛应用于工业自动化和农业生产等各种场合的环境温度监测及自动控制。本项目涉及的知识点有 LCD1602 接口技术、1-wire 总线技术、DS18B20 用法以及汇编语言和 C51 编程。

任务5.1　学习 LCD1602 的原理与接口

5.1.1　LCD1602 的内部结构

1. LCD1602 简介

LCD1602 字符型液晶显示器能够同时显示 16 列 2 行，即 32 个字符，它是一种专门用来显示字母、数字和符号等的点阵型液晶显示器模块，如图 5-1 所示。它由 32 个 5×7 或者 5×11 的点阵字符位组成，每个点阵字符位都可以显示一个字符，每位之间有一个点距的间隔，每行之间也有间隔，起到了字符间距和行间距的作用，不过正因为如此，它不能很好地显示图形。其优点是微功耗、体积小、显示内容丰富、超薄轻巧及易于控制，常用在袖珍式仪表和低功耗单片机应用系统中。Proteus 中的 LCD1602 模型如图 5-2 所示。

图 5-1　LCD1602 实物图

图 5-2　Proteus 中 LM016L 模拟的 LCD1602

市面上的字符型液晶显示器大多数是基于 HD44780 液晶芯片驱动的，它们的控制原理完全相同，因此基于 HD44780 的控制程序可以很方便地应用于市面上大部分的字符型液晶显示器。在 Proteus 软件中 LCD1602 液晶显示器可以用 LM016L 来模拟，唯一不同的是某些

LCD1602有背光控制引脚而LM016L没有背光控制引脚，但背光就相当于LED，很容易控制，这里不再作详细讲解。

2. LCD1602引脚定义

1602采用标准的16脚接口，其中：

第1脚：GND为电源地。

第2脚：VCC接5V电源正极。

第3脚：V0为液晶显示器对比度调整端，接正电源时对比度最弱，接地电源时对比度最高（对比度过高时会产生重影，使用时可以通过一个10kΩ的电位器调整对比度）。

第4脚：RS为寄存器选择，高电平（1）时选择数据寄存器，低电平（0）时选择指令寄存器。

第5脚：RW为读写信号线，高电平（1）时进行读操作，低电平（0）时进行写操作。

第6脚：E（或EN）端为使能（Enable）端，高电平（1）时读取信息，负跳变时执行指令。

第7~14脚：D0~D7为8位双向数据端。

第15~16脚：空脚或背灯电源。15脚背光正极，16脚背光负极。

3. LCD1602功能特性

1）采用3.3V或5V工作电压，对比度可调。

2）内含复位电路。

3）提供各种控制命令与功能，如清屏、字符闪烁、光标闪烁和显示移位等。

4）具有80B显示数据存储器DDRAM。

5）内建有192个5×7点阵的字符发生器CGROM。

6）具有8个可由用户自定义的5×7点阵的字符发生器CGRAM。

4. LCD1602的RAM地址映射及标准字库表

液晶显示器是一个慢显示器件，所以在执行每条指令之前一定要确认显示器的忙标志为低电平，即不忙，否则此指令失效。显示字符时要先输入显示字符地址，也就是告诉显示器在哪里显示字符，图5-3所示为LCD1602的内部显示地址。

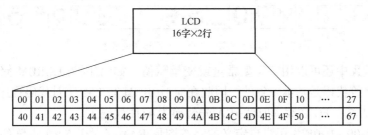

图5-3　LCD1602内部显示地址

显然第二行第一个字符的地址是40H，那么是否直接写入40H就可以将光标定位在第二行第一个字符的位置呢？这是不行的，因为写入显示地址时要求最高位D7恒定为高电平1，所以实际写入的数据应该是01000000B（40H）+10000000B（80H）=11000000B（C0H）。

在对液晶显示器的初始化中要先设置其显示模式，在液晶显示器显示字符时光标是自动右移的，无须人工干预。每次输入指令前都要判断液晶显示器是否处于忙的状态。

LCD1602 内部的字符发生存储器（CGROM）已经存储了 160 个不同的点阵字符图形，这些字符包括阿拉伯数字、英文字母的大小写、常用的符号和日文假名等，每一个字符都有一个固定的代码，比如大写的英文字母"A"的代码是 01000001B（41H），显示时模块把地址 41H 中的点阵字符图形显示出来，我们就能看到字母"A"，如图 5-4 所示。

图 5-4　CGROM 中字符码与字符字模关系对照表

在单片机编程中还可以用字符型常量或变量赋值，如′A′因为 CGROM 储存的字符代码与计算机中的字符代码是基本一致的，因此在向 DDRAM 写 C51 字符代码程序时可以直接用 P1 = ′A′这样的方法。PC 在编译时就把′A′先转换为 41H 代码了。

字符代码 0x00 ~ 0x0F 为用户自定义的字符图形 RAM（对于 5 × 8 点阵的字符，可以存放 8 组；对于 5 × 10 点阵的字符，可以存放 4 组），也就是 CGRAM。

0x20 ~ 0x7F 为标准的 ASCII 码，0xA0 ~ 0xFF 为日文字符和希腊文字符，其余字符码（0x10 ~ 0x1F 及 0x80 ~ 0x9F）没有定义。

图 5-4 是 LCD1602 的十六进制 ASCII 码表地址，读的时候先读左边那列，再读上面那行，如感叹号"!"的 ASCII 码为 0x21，字母 B 的 ASCII 码为 0x42。

5.1.2　LCD1602 的控制命令

LCD1602 内部的控制器共有 11 条控制命令，见表 5-1。

表 5-1　LCD1602 的控制命令

序号	指令	RS	R/W	D7	D6	D5	D4	D3	D2	D1	D0
1	清显示	0	0	0	0	0	0	0	0	0	1
2	光标返回	0	0	0	0	0	0	0	0	1	*
3	置输入模式	0	0	0	0	0	0	0	1	I/D	S
4	显示开/关控制	0	0	0	0	0	0	1	D	C	B
5	光标或字符移位	0	0	0	0	0	1	S/C	R/L	*	*
6	置功能	0	0	0	0	1	DL	N	F	*	*
7	置字符发生存储器地址	0	0	0	1	字符发生存储器地址					
8	置数据存储器地址	0	0	1	显示数据存储器地址						
9	读忙标志和光标地址	0	1	BF	计数器地址						
10	写数到 CGRAM 或 DDRAM	1	0	要写的数据内容							
11	从 CGRAM 或 DDRAM 读数	1	1	读出的数据内容							

指令 1：清显示。指令码为 01H，光标复位到地址 00H 位置。

指令 2：光标返回。光标返回到地址 00H。

指令 3：置输入模式。光标和显示模式设置，其中 I/D 为光标移动方向，高电平表示右移，低电平表示左移；S 为屏幕上所有文字是否左移或者右移，高电平表示有效，低电平则表示无效。

指令 4：显示开/关控制。D 为控制整体显示的开与关，高电平表示开显示，低电平表示关显示；C 为控制光标的开与关，高电平表示有光标，低电平表示无光标；B 为控制光标是否闪烁，高电平表示闪烁，低电平表示不闪烁。

指令 5：光标或字符移位。S/C 为高电平时移动显示的文字，低电平时移动光标。

指令 6：置功能。这是功能设置命令，DL 为高电平时为 4 位总线，低电平时为 8 位总线；N 为低电平时单行显示，高电平时双行显示；F 为低电平时显示 5×7 的点阵字符，高电平时显示 5×10 的点阵字符。

指令 7：置字符发生存储器地址。即字符发生器 RAM 地址设置。

指令 8：置数据存储器地址。这是 DDRAM 地址设置。

指令 9：读忙标志和光标地址。BF 为忙标志位，高电平表示忙，此时模块不能接收命令或者数据，如果为低电平表示不忙。

指令 10：写数据。

指令 11：读数据。

基本操作时序：

（1）读状态　输入：RS = L，RW = H，E = H；输出：DB0 ~ DB7 = 状态字。

（2）写指令　输入：RS = L，RW = L，E = 下降沿脉冲，DB0 ~ DB7 = 指令码；输出：无。

（3）读数据　输入：RS = H，RW = H，E = H；输出：DB0 ~ DB7 = 数据。

（4）写数据　输入：RS = H，RW = L，E = 下降沿脉冲，DB0 ~ DB7 = 数据；输出：无。

5.1.3　MCS-51 与 LCD1602 的接口技术

1. 硬件连接

5.1.2 节介绍了 LCD1602（在 Proteus 中名称为 LM016L）的引脚功能，下面介绍如何在 Proteus 中按照引脚功能定义将其与 AT89C51 单片机进行连接，其电路如图 5-5 所示。

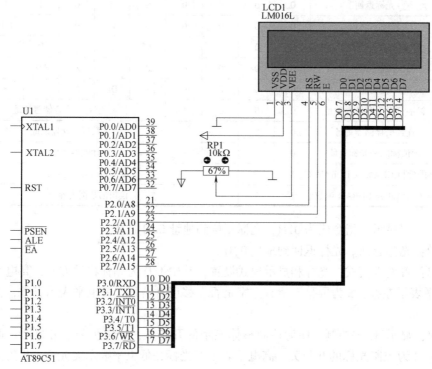

图 5-5　LCD1602 与单片机的硬件连接

1）第 1 脚：VSS，接地。

2）第 2 脚：VDD，接电源正极。

3）第 3 脚：VEE，通过一个 10kΩ 的电位器调整对比度。

4）第 4 脚：RS，接 P2.0。

5）第 5 脚：RW，接 P2.1。

6）第 6 脚：E，接 P2.2。

7）第 7 ~ 14 脚：D0 ~ D7，接 P3 口。

图 5-5 中 D0 ~ D7 采用了总线连接，总线连接整齐美观但不代表任何电气意义，需要用标号将对应引脚连接，其效果和各引脚一一对应连接效果相同，具体可参阅 Proteus 教程。

2. C 语言编程

下面是用 C 语言实现的在 LCD1602 上显示一个字符和字符串的实例，其程序如下：

```
#include < reg52. h >
#include  < intrins. h >
#include  < math. h >
```

```
#include  < stdio. h >
// ********************* LCD1602 设置 START *********************
#define LCD_DB            P3
         sbit         LCD_RS = P2^0;
         sbit         LCD_RW = P2^1;
         sbit         LCD_E = P2^2;
/ ****** 定义函数 *************** /
#define uchar unsigned char
#define uint unsigned int
void LCD_init( void);                      //初始化函数
void LCD_write_command( uchar command);    //写指令函数
void LCD_write_data( uchar dat);           //写数据函数
void LCD_disp_char( uchar x,uchar y,uchar dat);  //在某个屏幕位置上显示一个字符,x(0~15),
                                                 //  y(1~2)
void LCD_disp_str( uchar x,uchar y,uchar * str);  //LCD1602 显示字符串函数
void delay_n10us( uint n);                 //延时函数
uint jishu,jishu1 = 0,wendu,bb,fen = 0,miao = 0,fmiao = 0;
/ * ------------------------------------
;模块名称:LCD_init( );
;功      能:初始化 LCD1602
; ------------------------------------*/
void delay( uint z)
{
uint i,j;
  for( i = z;i > 0;i - - )
    for( j = 100;j > 0;j - - );
}
void LCD_init( void)
{
delay_n10us( 10);
LCD_write_command( 0x38);                  //设置 8 位格式,2 行,5×7
delay_n10us( 10);
LCD_write_command( 0x0c);                  //整体显示,关光标,不闪烁
delay_n10us( 10);
LCD_write_command( 0x06);                  //设定输入方式,增量不移位
delay_n10us( 10);
LCD_write_command( 0x01);                  //清除屏幕显示
delay_n10us( 100);                         //延时清屏,延时函数,延时约 n 个 10μs
}
/ * ------------------------------------
;模块名称:LCD_write_command( );
;功      能:LCD1602 写指令函数
;占用资源:P2. 0 - - RS( LCD_RS),P2. 1 - - RW( LCD_RW),P2. 2 - - E( LCD_E).
```

```
;参数说明:dat 为写命令参数
;--------------------------------------*/
void LCD_write_command(uchar dat)
{
delay_n10us(10);
LCD_RS = 0;                              //指令
LCD_RW = 0;                              //写入
LCD_E = 1;                               //允许
LCD_DB = dat;
delay_n10us(10);
LCD_E = 0;
delay_n10us(10);
}
/* --------------------------------------
;模块名称:LCD_write_data();
;功    能:LCD1602 写数据函数
;占用资源: P2.0 - - RS(LCD_RS),P2.1 - - RW(LCD_RW),P2.2 - - E(LCD_E).
;参数说明:dat 为写数据参数
;-------------------------------------- */
void LCD_write_data(uchar dat)
{
delay_n10us(10);
LCD_RS = 1;                              //数据
LCD_RW = 0;                              //写入
LCD_E = 1;                               //允许
LCD_DB = dat;
delay_n10us(10);
LCD_E = 0;
delay_n10us(10);
}
/* --------------------------------------
;模块名称:
;功    能:显示一个字符
;--------------------------------------*/
void LCD_disp_char(uchar x,uchar y,uchar dat)
{
uchar address;
  if(y ==1)
        address = 0x80 + x;
  else
        address = 0xc0 + x;
  LCD_write_command(address);
  LCD_write_data(dat);
```

```
}
/* --------------------------------------
;模块名称:
;功    能:显示一个字符串
; -------------------------------------*/
void LCD_disp_str(uchar x,uchar y,uchar * str)
{
uchar address;
    if(y = =1)
            address =0x80 + x;
    else
            address =0xc0 + x;
    LCD_write_command(address);
    while( * str!  ='\0')
    {
      LCD_write_data( * str);
      str + +;
    }
}
/* --------------------------------------
;模块名称:delay_n10us();
;功    能:延时函数,延时约 n 个 10μs
; -------------------------------------*/
void delay_n10us(uint n)                      //延时 n 个 10μs@12MHz 晶振
{
        uint i;
        for(i =n;i >0;i - -)
        {
        _nop_();;_nop_();;_nop_();;_nop_();;_nop_();;_nop_();
    }
}
// ********* 主函数 *****************
void main()
{
LCD_init();
        LCD_disp_char(0,1,'A');               //显示一个字符
        LCD_disp_char(15,1,1 +'0');           //显示一个字符
    LCD_disp_str(0,2,"LCD1602   OK");        //显示一个字符串
    while(1)
    {
    }
}
```

在 Proteus 下运行的结果如图 5-6 所示。

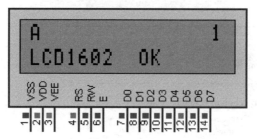

图 5-6　LCD1602 的 C 语言显示程序在 Proteus 下的运行结果

3. 汇编语言编程

下面用汇编语言实现在 LCD1602 上显示一个字符和字符串，其程序如下：

```
                RS BIT P2.0
                RW BIT P2.1
                E   BIT P2.2
                ORG 0000H
                AJMP START
                ORG 0100H               ;程序地址
START：
                ACALL INIT              ;调 INIT 子程序(LCD 模式设置)
                ACALL QLCD              ;调清屏子程序
                MOV A,#80H              ;#80H→A(设 LCD 地址第一行第一列)
                ACALL WIR               ;调写 IR 子程序
                MOV A,#31H              ;字符'A'地址
                ACALL WDR               ;写数据
                MOV A,#8FH              ;设 LCD 地址第一行第最后一列
                ACALL WIR               ;调写 IR 子程序
                MOV A,#41H              ;字符'1'地址
                ACALL WDR               ;写数据
                MOV A,#0C0H             ;#0C0H→A（设 LCD 地址第二行第一列）
                ACALL WIR               ;调写 IR 子程序
                MOV DPTR,#L2            ;#L2→DPTR 字符串存放地址
                ACALL PWDR              ;调批量写 DR 子程序
                AJMP $                  ;原地跳转
;--------------LCD 初始化子程序------------------------------------
INIT：          MOV A,#38H              ;使用 8bit 汇流排,显示 2 行 5×7 字符
                LCALL WIR               ;调写 IR 子程序
                MOV A,#0EH              ;#0EH→A（显示开,光标开,光标闪烁）
                LCALL WIR               ;调写 IR 子程序
                MOV A,#06H              ;字符不动,光标自动右移一格
                LCALL WIR               ;调写 IR 子程序
                RET                     ;返回
;---------------查空闲子程序-------------------------------------
CKLCD：         PUSH Acc                ;Acc 进栈
```

```
CK00:        CLR RS                  ;RS 清零
             NOP
             NOP
             NOP
             NOP
             SETB RW                 ;RW 置 1
             NOP
             NOP
             NOP
             NOP
             CLR E                   ;E 清零
             NOP
             NOP
             NOP
             NOP
             SETB E                  ;E 置 1
             NOP
             NOP
             NOP
             NOP
             MOV A,P3                ;P3→A
             NOP
             NOP
             NOP
             NOP
             CLR E                   ;E 清零
             NOP
             NOP
             NOP
             NOP
             JB Acc.7,CK00           ;Acc.7 = 1 转 CK00
             POP Acc                 ;Acc 出栈
             ACALL STS00             ;调延时子程序 STS00
             RET                     ;返回
; ----------------写命令子程序----------------------------------
WIR:         ACALL CKLCD             ;调空闲子程序
             CLR E                   ;E 清零
             NOP
             NOP
             NOP
             NOP
             CLR RS                  ;RS 清零
             NOP
```

```
                NOP
                NOP
                NOP
                CLRRW               ;RW 清零
                NOP
                NOP
                NOP
                NOP
                SETB E              ;E 置 1
                NOP
                NOP
                NOP
                NOP
                MOV P3,A            ;A→P3
                NOP
                NOP
                NOP
                NOP
                CLR E               ;E 清零
                RET                 ;返回
;─────────────写数据子程序─────────────────────────────────
WDR：           ACALL CKLCD         ;调空闲子程序
                CLR E               ;E 清零
                NOP
                NOP
                NOP
                NOP
                SETB RS             ;RS 置 1
                NOP
                NOP
                NOP
                NOP
                CLR RW              ;RW 清零
                NOP
                NOP
                NOP
                NOP
                SETB E              ;E 置 1
                NOP
                NOP
                NOP
                NOP
                MOV P3,A            ;A→P3
```

	NOP	
	NOP	
	NOP	
	NOP	
	CLR E	;E 清零
	RET	;返回
STS00:	MOV 52H,#05H	;#05H→52H
STS001:	MOV 51H,#0F8H	;#0F8H→51H
	DJNZ 51H,$	;51H－1 不等于 0 转再判断
	DJNZ 52H,STS001	;51H－1 不等于 0 转 STS001
	RET	;返回
QLCD:	MOV A,#01H	;#01H→A
	ACALL WIR	;调写 IR 子程序
	RET	;返回
PWDR:	PUSH ACC	;ACC 进栈
PWDR1:	CLR A	;A 清零
	MOVC A,@ A＋DPTR	;A＋DPTR→A
	JZ PEND	;A＝0 转 PEND
	ACALL WDR	;调写 DR 子程序
	INC DPTR	;DPTR＋1
	AJMP PWDR1	;转 PWDR1
PEND:	POP ACC	;ACC 出栈
	RET	;返回

L2: DB 4CH,43H,44H,31H,36H,30H,32H,20H,20H,4FH,4bH,20H,20H,20H,20H,20H,20H

END

　　在 Proteus 下运行该汇编语言程序并观察运行结果可见其与 C 语言程序运行结果相同。

任务5.2　1-wire 单总线技术与 DS18B20 的应用

5.2.1　1-wire 单总线技术简介

　　1-wire 单总线是 Maxim 全资子公司 DALLAS 的一项专有技术，与目前多数标准串行数据通信方式（如 SPI/I^{2}C/MICROWIRE）不同，它采用单根信号线，既传输时钟，又传输数据，而且数据传输是双向的，因此具有节省 I/O 口线资源、结构简单、成本低廉、便于总线扩展和维护等诸多优点。1-wire 单总线适用于单个主机系统，能够控制一个或多个从机设备。当只有一个从机位于总线上时，系统按照单节点系统操作；而当多个从机位于总线上时，系统按照多节点系统操作。

　　为了较为全面地介绍单总线系统，可将其分为三个部分讨论：硬件结构、命令序列和信号方式（信号类型和时序）。

1. 硬件结构

顾名思义，单总线就是只有一根数据线。设备（主机或从机）通过一个漏极开路或三态端口连接至该数据线，这样允许设备在不发送数据时释放数据总线，以便总线被其他设备使用。单总线端口为漏极开路，其内部等效电路如图5-7所示。

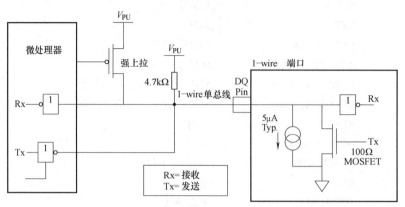

图 5-7　单总线硬件接口示意图

单总线要求外接一个约 $5k\Omega$ 的上拉电阻，这样单总线的闲置状态就为高电平。不管什么原因，如果传输过程需要暂时挂起，且要求传输过程还能继续，则总线必须处于空闲状态。位传输之间的恢复时间没有限制，只要总线在恢复期间处于空闲状态（高电平）即可。如果总线保持低电平超过480s，总线上的所有器件将复位。另外，在寄生方式供电时，为了保证单总线器件在某些工作状态下（如温度转换期间、EEPROM 写入时等）具有足够的电源电流，必须在总线上提供强上拉（如图5-7所示的 MOSFET）。

2. 命令序列

典型的单总线命令序列如下：

第一步：初始化。

第二步：ROM 命令（跟随需要交换的数据）。

第三步：功能命令（跟随需要交换的数据）。

每次访问单总线器件都必须严格遵守这个命令序列，如果出现序列混乱，则单总线器件不会响应主机。但是，这个准则对于搜索 ROM 命令和报警搜索命令例外，在执行两者中任何一条命令之后，主机不能执行其后的功能命令，必须返回至第一步。

（1）初始化　基于单总线上的所有传输过程都是以初始化开始的，初始化过程由主机发出的复位脉冲和从机响应的应答脉冲组成。应答脉冲使主机知道总线上有从机设备且准备就绪。复位和应答脉冲的时间详见单总线信号部分。

（2）ROM 命令　在主机检测到应答脉冲后，就可以发出 ROM 命令。这些命令与各个从机设备的唯一64 位 ROM 代码相关，允许主机在单总线上连接多个从机设备时指定操作某个从机设备。这些命令还允许主机能够检测到总线上有多少个从机设备以及其设备类型，或者有没有设备处于报警状态。从机设备可能支持5 种 ROM 命令（实际情况与具体型号有关），每种命令长度为8 位。主机在发出功能命令之前，必须送出合适的 ROM 命令。ROM 命令的操作流程如图5-8所示。下面将简要地介绍各个 ROM 命令的功能，以及在何种情况下使用。

1）搜索 ROM［F0h］。当系统初始上电时，主机必须找出总线上所有从机设备的 ROM 代码，这样主机就能够判断出从机的数目和类型。主机通过重复执行搜索 ROM 循环（搜索 ROM 命令跟随着位数据交换），找出总线上所有的从机设备。如果总线只有一个从机设备，则可以采用读 ROM 命令来替代搜索 ROM 命令。在每次执行完搜索 ROM 的循环后，主机必须返回至命令序列的第一步（初始化）。

2）读 ROM［33h］（仅适合于单节点）。该命令仅适用于总线上只有一个从机设备的情况。它允许主机直接读出从机的 64 位 ROM 代码，而无须执行搜索 ROM 过程。如果该命令用于多节点系统，则必然发生数据冲突，因为每个从机设备都会响应该命令。

3）匹配 ROM［55h］。匹配 ROM 命令跟随 64 位 ROM 代码，从而允许主机访问多节点系统中某个指定的从机设备。仅当从机完全匹配 64 位 ROM 代码时，才会响应主机随后发出的功能命令，其他设备将处于等待复位脉冲状态。

4）跳越 ROM［CCh］（仅适合于单节点）。主机能够采用该命令同时访问总线上的所有从机设备，而无须发出任何 ROM 代码信息。例如主机通过在发出跳越 ROM 命令后跟随转换温度命令［44h］，就可以同时命令总线上所有的 DS18B20 开始转换温度，这样大大节省了主机的时间。值得注意的是，如果跳越 ROM 命令跟随的是读暂存器［BEh］的命令（包括其他读操作命令），则该命令只能应用于单节点系统，否则将由于多个节点都响应该命令而引起数据冲突。

5）报警搜索［ECh］（仅少数 1-wire 器件支持）。除那些设置了报警标志的从机响应外，该命令的工作方式完全等同于搜索 ROM 命令。该命令允许主机设备判断哪些从机设备发出了报警（如最近的测量温度过高或过低等）。同搜索 ROM 命令一样，在完成报警搜索循环后，主机必须返回至命令序列的第一步。

（3）功能命令（以 DS18B20 为例）　在主机发出 ROM 命令以访问某个指定的 DS18B20 后，接着就可以发出 DS18B20 支持的某个功能命令，这些命令允许主机写入或读出 DS18B20 暂存器启动温度转换以及判断从机的供电方式。DS18B20 的功能命令总结见表 5-2，并在图 5-9 给出的流程图中做了说明。

表 5-2　DS18B20 功能命令集

命令	描述	命令代码	发送命令后，单总线上的响应信息	注释
温度转换命令				
转换温度	启动温度转换	44h	无	1
存储器命令				
读暂存器	读全部的暂存器内容，包括 CRC 字节	BEh	DS18B20 传输多达 9 个字节至主机	2
写暂存器	写暂存器第 2、3 和 4 个字节的数据（即 T_H、T_L 和配置寄存器）	4Eh	主机传输 3 个字节数据至 DS18B20	3
复制暂存器	将暂存器中的 T_H、T_L 和配置字节复制到 EEPROM 中	48h	无	1
回读 EEPROM	将 T_H、T_L 和配置字节从 EEPROM 回读至暂存器中	B8h	DS18B20 传送回读状态至主机	

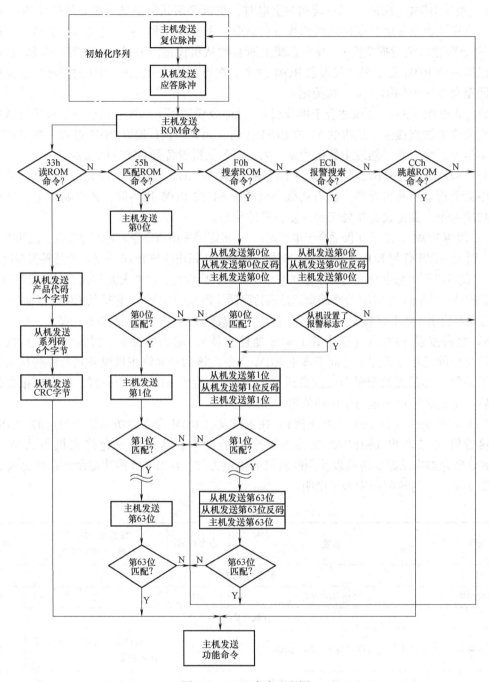

图 5-8 ROM 命令流程图

需要注意的是：

1）在温度转换和复制暂存器数据至 EEPROM 期间，主机必须在单总线上允许强上拉，且在此期间总线上不能进行其他数据传输。

2）通过发出复位脉冲，主机能够在任何时候中断数据传输。

3）在复位脉冲发出前，必须写入全部的三个字节。

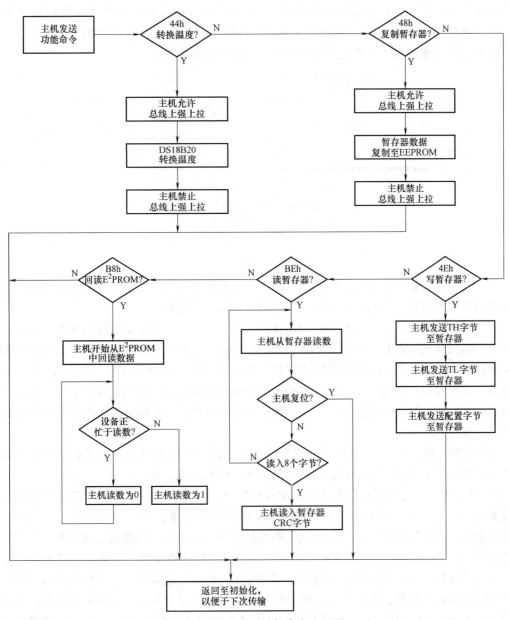

图 5-9　DS18B20 功能命令流程图

3. 信号方式

所有的单总线器件要求采用严格的通信协议以保证数据的完整性。该协议定义了几种信号类型：复位脉冲、应答脉冲、写 0、写 1、读 0 和读 1。所有这些信号除了应答脉冲以外，都由主机发出同步信号，并且发送的所有命令和数据都是字节的低位在前，这一点与多数串行通信格式不同（多数串行通信为字节的高位在前）。

（1）初始化序列：复位和应答脉冲　单总线上的所有通信都是以初始化序列开始，包括主机发出的复位脉冲及从机的应答脉冲，如图 5-10 所示。当从机发出响应主机的应答脉冲时，即向主机表明它处于总线上，且工作准备就绪。在主机初始化过程中，主机通过拉低单总线至少 480μs，以产生复位脉冲（Tx）。接着主机释放总线，并进入接收模式（Rx）。当总线被释放后，5kΩ 上拉电阻将单总线电平拉高。在单总线器件检测到上升沿后，延时 15~60μs，接着通过拉低总线电平 60~240μs，以产生应答脉冲。

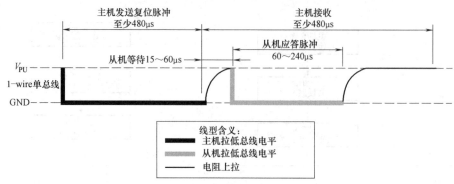

图 5-10　单总线初始化时序图

（2）读/写时隙　在写时隙期间，主机向单总线器件写入数据；而在读时隙期间，主机读入来自从机的数据。在每一个时隙，总线只能传输一位数据。

1）写时隙。写时隙有两种：写"1"和写"0"，主机采用写 1 时隙向从机写入 1，采用写 0 时隙向从机写入 0。所有写时隙至少需要 60μs，且在两次独立的写时隙之间至少需要 1μs 的恢复时间，两种写时隙均起始于主机拉低总线电平（见图 5-11）。产生写"1"时隙的方式：主机在拉低总线电平后，接着必须在 15μs 之内释放总线，由 5kΩ 上拉电阻将总线拉至高电平；产生写 0 时隙的方式：在主机拉低总线电平后，只需在整个时隙期间保持低电平即可（至少 60μs）。

在写时隙起始后 15~60μs 期间，单总线器件采样总线电平状态。如果在此期间采样为高电平，则逻辑 1 被写入该器件；如果为低电平，则写入逻辑 0。

2）读时隙。单总线器件仅在主机发出读时隙时才向主机传输数据，所以，在主机发出读数据命令后必须马上产生读时隙，以便从机能够传输数据。所有读时隙至少需要 60μs，且在两次独立的读时隙之间至少需要 1μs 的恢复时间。每个读时隙都由主机发起，至少拉低总线电平 1μs（见图 5-11）。在主机发起读时隙之后，单总线器件才开始在总线上发送 0 或 1。若从机发送 1，则保持总线为高电平；若发送 0，则拉低总线电平。当发送 0 时，从机在该时隙结束后释放总线，由上拉电阻将总线拉回至空闲高电平状态。从机发出的数据在起始时隙之后，保持有效时间 15μs，因而主机在读时隙期间必须释放总线，并且在时隙起始后的 15μs 之内采样总线状态。

5.2.2　DS18B20 简介

DS18B20 是 DALLAS 公司生产的常用的温度传感器，具有体积小、硬件成本低、抗干扰能力强和精度高的特点，如图 5-12 所示。DS18B20 数字温度传感器提供 9~12 位的摄氏温度测量精度和一个用户可编程的非易失性且具有过温和低温触发报警的报警功能。DS18B20 采用 1-wire 单总线通信，即仅采用一条数据线（以及地）与微控制器进行通信。该传感器的温度检测范围为 -55~125℃。此外 DS18B20 可以直接由数据线供电而不需要外部电源供电。

DS18B20 具有如下特性：

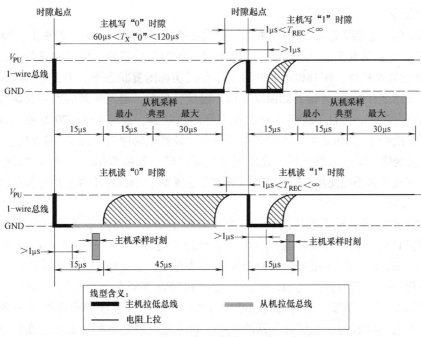

图 5-11　主机读/写时隙的时序示意图

1）独特的1-wire单总线接口仅需要一个引脚来通信。

2）每个设备的内部ROM上都烧写了一个独一无二的64位序列号。

3）多路采集能力使得分布式温度采集应用更加简单。

4）不需要外围元器件。

5）能够采用数据线供电；供电范围为3.0～5.5V。

6）温度可测量范围为 –55～125℃（–67～257℉）。

7）温度在 –10～85℃范围之外时具有 ±0.5℃的精度。

8）内部温度采集精度可以由用户自定义为9～12位。

9）温度转换时间在转换精度为12位时达到最大值750ms。

10）用户可自定义非易失性的温度报警设置。

11）定义了温度报警搜索命令当温度超过报警设置值时能识别并标志报警标志位。

12）可选择8-Pin SO（150mil，1mil = 25.4 × 10^{-6}m）、8-Pin μSOP及3-Pin TO-92封装形式。

1. DS18B20 引脚定义

1）DQ 为数字信号输入/输出端。

2）GND 为电源地。

3）VDD 为外接供电电源输入端（在寄生电源接线方式时接地）。

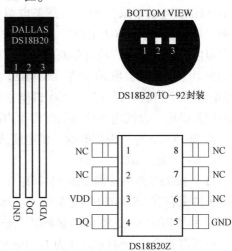

图 5-12　DS18B20 引脚封装图

2. 温度测量

DS18B20 的核心功能是温度–数字测量。其温度转换可由用户自定义为 9 位、10 位、11 位或 12 位精度，分别为 0.5℃、0.25℃、0.125℃ 或 0.0625℃ 分辨率。值得注意的是，它在上电时默认为 12 位转换精度，DS18B20 上电后工作在低功耗闲置状态下。主设备必须向 DS18B20 发送温度转换命令 [44h] 才能开始温度转换。温度转换后，温度转换的值将会保存在暂存存储器的温度寄存器中，并且 DS18B20 将会恢复到闲置状态。如果 DS18B20 是由外部供电，当发送完温度转换命令 [44h] 后，主设备可以执行"读数据时序"，若此时温度转换正在进行，DS18B20 将会响应"0"，若温度转换完成则会响应"1"。如果 DS18B20 是由"寄生电源"供电，该响应的技术将不能使用，因为在整个温度转换期间，总线电平都必须强制拉高。

3. 温度报警

当 DS18B20 完成一次温度转换后，该温度转换值将会与用户定义的温度报警 TH 和 TL 寄存器中的值进行比较。符号标志位（S）温度的正负极性：正数则 S = 0，负数则 S = 1。过温和低温（TH 和 TL）温度报警寄存器是非易失性的（EEPROM），所以其可以在设备断电的情况下保存。过温和低温（TH 和 TL）温度报警寄存器在"寄存器"中可以解释为暂存寄存器的第 2、3 个字节。因为过温和低温（TH 和 TL）温度报警寄存器是一个 8 位的寄存器，所以在与其比较时，温度寄存器的 4 ~ 11 位才是有效的数据。如果温度转换数据小于或等于 TL 及大于或等于 TH，DS18B20 内部的报警标志位将会被置位。该标志位在每次温度转换之后都会更新，因此，如报警控制消失，该标志位在温度转换之后将会关闭。

主设备可以通过报警查询命令 [Che] 查询该总线上的 DS18B20 设备的报警标志位。任何一个报警标志位已经置位的 DS18B20 设备都会响应该命令，因此，主设备可以确定到底哪个 DS18B20 设备存在温度报警。如果温度报警存在，并且过温和低温（TH 和 TL）温度报警寄存器已经被改变，则下一个温度转换值必须验证其温度报警标志位。

4. DS18B20 的供电

DS18B20 可以通过 VDD 引脚由外部供电，或者可以由"寄生电源"供电，这使得 DS18B20 可以不采用当地的外部电源供电而实现其功能。"寄生电源"供电方式在远程温度检测或空间比较有限制的地方有很大的应用。图 5-13 所示就是 DS18B20 的"寄生电源"控制电路，其由 DQ 口电平拉

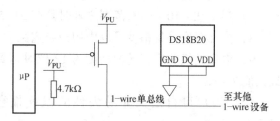

图 5-13 外部电源供电方式

高时向其供电。总线电平拉高的时候为内部电容充电，当总线电平拉低时由该电容向设备供电。当 DS18B20 为"寄生电源"供电模式时，该 VDD 引脚必须连接到地。

5. 64 位光刻 ROM 编码

每个 DS18B20 的片内 ROM 中都存有一个独一无二的 64 位的编码。在该片内 ROM 编码的低 8 位保存有 DS18B20 的分类编码：28h；中间的 48 位保存有独一无二的序列号；最高 8 位保存片内 ROM 中前 56 位的循环冗余校验（CRC）值。该 64 位 ROM 编码及相关的 ROM 功能控制逻辑允许 DS18B20 作为 1-wire 总线协议上的设备。

6. 存储器

DS18B20 的存储器组织结构见表 5-3。该存储器包含了 SRAM 暂存寄存器和存储着过温

和低温（TH 和 TL）温度报警寄存器及配置寄存器的非易失性 EEPROM。值得注意的是，当 DS18B20 的温度报警功能没有用到的时候，过温和低温（TH 和 TL）温度报警寄存器可以当作通用功能的存储单元。所有的存储命令在"DS18B20 功能命令"章节有详细描述。

表 5-3 DS18B20 的存储器组织结构

字节地址	存储器内容	存储器类型
Byte 0	所测温度值低 8 位	暂存寄存器
Byte 1	所测温度值高 8 位	暂存寄存器
Byte 2	温度报警值上限	可擦写 EEPROM
Byte 3	温度报警值下限	可擦写 EEPROM
Byte 4	配置寄存器	可擦写 EEPROM
Byte 5	保留	暂存寄存器
Byte 6	保留	暂存寄存器
Byte 7	保留	暂存寄存器
Byte 8	CRC 校验	暂存寄存器

暂存寄存器中的 Byte 0 和 Byte 1 分别作为温度寄存器的低字节和高字节，这两个字节是只读的。Byte 2 和 Byte 3 作为过温和低温（TH 和 TL）温度报警寄存器。Byte 4 保存着配置寄存器的数据，详见"配置寄存器"章节。Byte 5、6 和 7 作为内部使用的字节而保留使用，不可被写入。

暂存寄存器的 Byte 8 为只读字节，其中存储着该暂存寄存器中 Byte 0 至 Byte 7 的循环冗余校验（CRC）值。DS18B20 计算该循环冗余校验（CRC）值的方法请参考 DS18B20 数据手册。

使用写暂存寄存器命令 [4Eh] 才能将数据写入 Byte 2、3 和 4 中，这些写入 DS18B20 中的数据必须从 Byte 2 中最低位开始。为了验证写入数据的完整性，该暂存寄存器可以在写入后再读出来（采用读暂存寄存器命令 [BEh]）。当从暂存寄存器中读数据时，从 1-wire 单总线传送的数据是以 Byte 0 的最低位开始的。为了将暂存寄存器中的过温和低温（TH 和 TL）温度报警值及配置寄存器数据转移至 EEPROM 中，主设备必须采用复制暂存寄存器命令 [48h]。

在 EEPROM 寄存器中的数据在设备断电后是不会丢失的，在设备上电后 EEPROM 的值将会重新装载至相对应的暂存寄存器中。当然，在任何其他时刻 EEPROM 寄存器中的数据也可以通过重新装载 EEPROM 命令 [B8h] 将数据装载至暂存寄存器中。主设备可以在产生读时序后，紧跟着发送重新装载 EEPROM 命令，则如果 DS18B20 正在进行重新装载将会响应"0"电平，若重新装载已经完成则会响应"1"电平。

7. 配置寄存器

暂存寄存器中的 Byte 4 包含配置寄存器，见表 5-4。用户通过改变图 5-14 所示的寄存器 R0 和 R1 的值来配置 DS18B20 的分

Bit7	Bit6	Bit5	Bit4	Bit3	Bit2	Bit1	Bit0
0	R1	R0	1	1	1	1	1

图 5-14 DS18B20 配置寄存器

辨率。上电默认为 R0 = 1 及 R1 = 1（12 位分辨率）。需要注意的是，转换时间与分辨率之间是有制约关系的。Bit 7 和 Bit 0 至 Bit 4 作为内部使用而保留使用，不可被写入。

表5-4　温度分辨率配置表

R1	R0	分辨率/位	最长转换时间/ms
0	0	9	$93.75(t_{CONV}/8)$
0	1	10	$187.5(t_{CONV}/4)$
1	0	11	$375(t_{CONV}/2)$
1	1	12	$750(t_{CONV})$

DS18B20功能命令请参考1-wire总线章节（参见本书5.2.1节）。

任务5.3　数字温度计设计与仿真

5.3.1　硬件电路设计

本节将用单片机AT89C51、液晶显示器LCD1602和数字温度传感器DS18B20设计一款数字温度计。经过任务5.1和任务5.2的学习，我们对LCD1602和DS18B20的硬件接线都已熟悉，下面就在Proteus下进行电路设计，如图5-15所示。

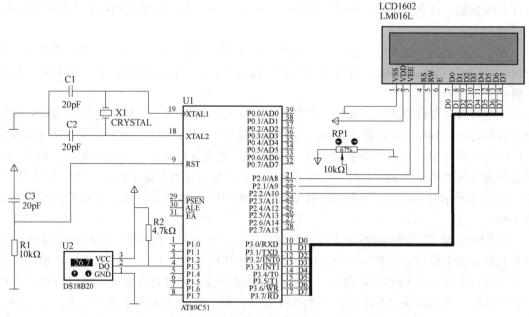

图5-15　数字温度计硬件仿真电路图

LCD1602显示部分与任务5.1讲述内容相同，这里不再赘述。

DS18B20采用外部电源供电，因此接线简洁，只需将DO口经4.7kΩ电阻上拉后接单片机P1.3口即可。

5.3.2　程序编制

结合任务5.1和任务5.2节关于1-wire协议和DS18B20的说明，下面进行数字温度计具体的 C 语言软件编写。由于篇幅限制，这里不再列举汇编语言的例子，有兴趣的读者可根据上两节内容自行编写。

1. DS18B20 的初始化

根据 DS18B20 的通信协议，主机（单片机）控制 DS18B20 完成温度转换必须经过三个步骤：每一次读写之前都要对 DS18B20 进行复位操作；复位成功后发送一条 ROM 指令；最后发送 RAM 指令。这样才能对 DS18B20 进行预定的操作。复位要求主机 CPU 将数据线电平下拉 $500\mu s$，然后释放，当 DS18B20 收到信号后等待 $15\sim60\mu s$ 后，发出 $60\sim240\mu s$ 的存在低脉冲，主机 CPU 收到此信号表示复位成功。

DS18B20 的初始化步骤如下：

1）先将数据线 DQ 置高电平"1"。

2）延时（该时间要求不是很严格，但应尽可能短一些）。

3）数据线拉到低电平"0"。

4）延时 $750\mu s$（该时间的取值范围可以为 $480\sim960\mu s$）。

5）数据线拉到高电平"1"。

6）延时等待（如果初始化成功则在 $15\sim60\mu s$ 时间之内产生一个由 DS18B20 返回的低电平"0"，据该状态可以确定它的存在。但是应注意不能无限地进行等待，不然会使程序进入死循环，所以要进行超时控制）。

7）若 CPU 读到了数据线上的低电平"0"后还要做延时，其延时的时间从发出的高电平算起（从第 5 步的时间算起）最少要 $480\mu s$。

8）将数据线电平再次拉高到"1"后结束。

初始化程序如下：

```
uchar Init_DS18B20()
{
    uchar status; //status 为 DS18B20 返回的状态
    DQ = 1;
    Delay(8);
    DQ = 0;
    Delay(90);
    DQ = 1;
    Delay(8);
    status = DQ;
    Delay(100);
    DQ = 1;
    return status;
}
```

2. DS18B20 的写操作

1）数据线先置低电平"0"。

2）延时确定的时间为 $15\mu s$。

3）按从低位到高位的顺序发送字节（一次只发送一位）。

4）延时时间为 $45\mu s$。

5）将数据线电平拉到高电平。

6）重复步骤1）~5）的操作，直到所有的字节全部发送完为止。

7）最后将数据线电平拉高。

写一字节程序如下：

```
void WriteOneByte(uchar dat)         //写字节 dat
{
    uchar i;
    for(i=0;i<8;i++)
    {
        DQ=0;
        DQ=dat&0x01;
        Delay(5);
        DQ=1;
        dat>>=1;
    }
}
```

3. DS18B20 的读操作

1）将数据线电平拉高为"1"。

2）延时 2μs。

3）将数据线电平拉低为"0"。

4）延时 3μs。

5）将数据线拉高电平"1"。

6）延时 5μs。

7）读数据线的状态得到 1 个状态位，并进行数据处理。

8）延时 60μs。

读一字节程序如下：

```
uchar ReadOneByte()
{
    uchar i,dat=0;
    DQ=1;
    _nop_();
    for(i=0;i<8;i++)
    {
        DQ=0;
        dat>>=1;
        DQ=1;
        _nop_();
        _nop_();
        if(DQ)
        dat|=0X80;
        Delay(30);
        DQ=1;
    }
}
```

```
    return dat;
}
```

编程中还需解决以下具体问题：

1）整数部分十六进制和十进制之间的转换。温度范围是3位十进制数，可以通过除以100得到百位，除以10得到10位，余数为个位。

2）小数点后的数字可以用查表法来处理。由于本例仅精确到一位小数，温度小数位对照表 df_Table［］ 将0000～1111对应的16个不同的小数四舍五入，例如当读取的温度低字节低4位为0101时，对应的温度应为 $2-2+2-4=0.3125\approx0.3$，因此数组第5个元素（对应0101）的值为3；又如低4位为0110时，对应的温度为 $2-2+2-3=0.375\approx0.4$，因此数组的第6个元素（对应0110）取值为4。

3）零下温度的显示等问题的解决方法请参考程序注释部分。

数字温度计完整C语言程序如下：

```
#include  < reg51. h >
#include  < intrins. h >
#define uint unsigned int
#define uchar unsigned char
#define delay4us( )                                    //12MHz 系统频率下,延时4μs
{_nop_( );_nop_( );_nop_( );_nop_( );}
sbit DQ = P1^3;
sbit LCD_RS = P2^0;
sbit LCD_RW = P2^1;
sbit LCD_EN = P2^2;
uchar code Temp_Disp_Title[ ] = {"Current Temp : "};      //LCD1602 液晶显示器第一行显示内容
uchar Current_Temp_Display_Buffer[ ] = {" TEMP:"}; //LCD1602 液晶显示器第二行显示内容
uchar code df_Table[ ] = { 0,1,1,2,2,3,4,4,5,6,6,7,7,8,9,9 };//温度小数位对照表
uchar CurrentT = 0;                                      //当前读取的温度整数部分
uchar Temp_Value[ ] = {0x00,0x00};                      //从 DS18B20 读取的温度值
uchar Display_Digit[ ] = {0,0,0,0};                     //待显示的各温度数位
bit DS18B20_IS_OK = 1;                                  //DS18B20 正常标志
void DelayXus( uint x)   //                              延时子程序 1
{
    uchar i;
    while( x − − )
    {
        for( i = 0;i < 200;i + + );
    }
}
bit LCD_Busy_Check( )    //LCD 忙标志,返回值为 LCD1602 的忙标志位,为 1 表示忙
{
    bit result;
    LCD_RS = 0;
    LCD_RW = 1;
    LCD_EN = 1;
```

```
        delay4us( );
        result = ( bit) ( P3&0x80) ;
        LCD_EN = 0;
        return result;
    }


    void Write_LCD_Command( uchar cmd)            //LCD1602 写指令函数
    {
        while( LCD_Busy_Check( ) ) ;
        LCD_RS = 0;
        LCD_RW = 0;
        LCD_EN = 0;
        _nop_( ) ;
        _nop_( ) ;
        P3  = cmd;
        delay4us( ) ;
        LCD_EN = 1;
        delay4us( ) ;
        LCD_EN = 0;
    }


    void Write_LCD_Data( uchar dat)               //LCD1602 写数据函数
    {
        while( LCD_Busy_Check( ) ) ;
        LCD_RS = 1;
        LCD_RW = 0;
        LCD_EN = 0;
        P3 = dat;
        delay4us( ) ;
        LCD_EN = 1;
        delay4us( ) ;
        LCD_EN = 0;
    }


    void LCD_Initialise( )                        //LCD1602 初始化
    {
        Write_LCD_Command( 0x01) ;
        DelayXus( 5) ;
        Write_LCD_Command( 0x38) ;
        DelayXus( 5) ;
        Write_LCD_Command( 0x0c) ;
        DelayXus( 5) ;
        Write_LCD_Command( 0x06) ;
        DelayXus( 5) ;
    }
```

```
void Set_LCD_POS(uchar pos)              //LCD1602 设置显示位置
{
    Write_LCD_Command(pos|0x80);
}
void Delay(uint x)                       //延时子程序2
{
    while(x--);
}
uchar Init_DS18B20()                     //初始化(即复位)DS18B20
{
    uchar status;
    DQ=1;
    Delay(8);
    DQ=0;
    Delay(90);
    DQ=1;
    Delay(8);
    status=DQ;Delay(100);
    DQ=1;
    return status;
}
uchar ReadOneByte()                      //从 DS18B20 读一字节数据
{
    uchar i,dat=0;
    DQ=1;
    _nop_();
    for(i=0;i<8;i++)
    {
        DQ=0;
        dat>>=1;
        DQ=1;
        _nop_();
        _nop_();
        if(DQ)
        dat|=0X80;
        Delay(30);
        DQ=1;
    }
    return dat;
}
void WriteOneByte(uchar dat)             //从 DS18B20 写一字节数据
{
    uchar i;
    for(i=0;i<8;i++)
    {
```

```
            DQ = 0;
            DQ = dat& 0x01;
            Delay(5);
            DQ = 1;
            dat > > = 1;
        }
    }


void Read_Temperature( )                        //从 DS18B20 读取温度值
{
    if( Init_DS18B20( ) = = 1)                   //DS18B20 故障
        DS18B20_IS_OK = 0;
    else
    {
        WriteOneByte(0xcc);                     //跳过序列号命令
        WriteOneByte(0x44);                     //启动温度转换命令
        Init_DS18B20( );                        //复位 DS18B20(每一次读写之前都要对
                                                //DS18B20 进行复位操作)
        WriteOneByte(0xcc);                     //跳过序列号命令
        WriteOneByte(0xbe);                     //读取温度寄存器
        Temp_Value[0] = ReadOneByte( );         //读取温度低 8 位(先读低字节,再读高字节)
        Temp_Value[1] = ReadOneByte( );         //读取温度高 8 位(每次只能读一个字节)
        DS18B20_IS_OK = 1;                      //DS18B20 正常
    }
}
void Display_Temperature( )                      //在 LCD1602 上显示当前温度
{
    uchar i;
    uchar t = 150, ng = 0;                       //延时值与负数标志
    if( ( Temp_Value[1]&0xf8) = = 0xf8)          //高字节高 5 位如果全为 1,则为负数,
                                                //为负数时取反加 1,并设置负数标志为 1
{
        Temp_Value[1] = ~ Temp_Value[1];
        Temp_Value[0] = ~ Temp_Value[0] +1;
        if(Temp_Value[0] = = 0x00)              //若低字节进位,则高字节加 1
            Temp_Value[1] + +;
        ng = 1;//设置负数标志为 1
    }
    Display_Digit[0] = df_Table[Temp_Value[0]&0x0f];    //查表得到温度小数部分
    //获取温度整数部分(低字节低 4 位清零,高 4 位右移 4 位) +(高字节高 5 位清零,
    //低 3 位左移 4 位)
    CurrentT = ( ( Temp_Value[0]&0xf0) > >4) | ( ( Temp_Value[1]&0x07) < <4);
    //将温度整数部分分解为 3 位待显示数字
    Display_Digit[3]  = CurrentT/100;
    Display_Digit[2]  = CurrentT%100/10;
```

```
    Display_Digit[1]  = CurrentT% 10;
    //刷新 LCD 缓冲      //加字符 0 是为了将数字转化为字符显示
    Current_Temp_Display_Buffer[11] = Display_Digit[0] + '0';
    Current_Temp_Display_Buffer[10] ='. ';
    Current_Temp_Display_Buffer[9] = Display_Digit[1] + '0';
    Current_Temp_Display_Buffer[8] = Display_Digit[2] + '0';
    Current_Temp_Display_Buffer[7] = Display_Digit[3] + '0';
    if( Display_Digit[3] = = 0)   //高位为 0 时不显示
        Current_Temp_Display_Buffer[7]  = '';
if( Display_Digit[2] = = 0&&Display_Digit[3] = =0)    //高位为 0,且次高位为 0,则
                                                     //次高位不显示
        Current_Temp_Display_Buffer[8]  = '';        //负号显示在恰当位置
if( ng)
    {
        if( Current_Temp_Display_Buffer[8]  = = '')
            Current_Temp_Display_Buffer[8]  = ' -';
        else if( Current_Temp_Display_Buffer[7]  = = '')
            Current_Temp_Display_Buffer[7]  = ' -';
        else
            Current_Temp_Display_Buffer[6]  = ' -';
    }
    Set_LCD_POS(0x00);                        //第一行显示标题
    for( i =0;i < 16;i + +)
    {
        Write_LCD_Data(Temp_Disp_Title[i]);
    }
    Set_LCD_POS(0x40);                        //第二行显示当前温度
    for( i =0;i < 16;i + +)
    {
        Write_LCD_Data( Current_Temp_Display_Buffer[i]);
    }
                                              //显示温度符号
    Set_LCD_POS(0x4d);
    Write_LCD_Data(0x00);
    Set_LCD_POS(0x4e);
    Write_LCD_Data('C');
}
void main( )                          //主函数
{
    LCD_Initialise( );
    Read_Temperature( );
    Delay(50000);
    Delay(50000);
    while(1)
```

```
    {
        Read_Temperature( ) ;
        if( DS18B20_IS_OK)
            Display_Temperature( ) ;
        DelayXus(100) ;
    }
}
```

5.3.3　综合仿真调试

如图 5-16 所示，运行中程序将 DS18B20 模拟的实时温度显示在液晶显示器上，这时可以单击 DS18B20 上的上、下箭头来调节模拟的温度值。如果 DS18B20 小数部分一直为 0，可以通过调整其精度值来显示小数部分，具体方法如下：

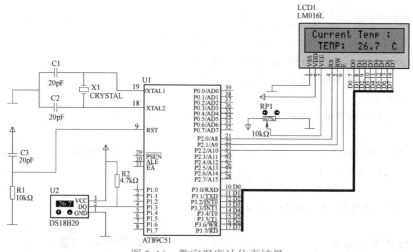

图 5-16　数字温度计仿真结果

1）在 DS18B20 上单击鼠标右键，在弹出的快捷菜单中单击"编辑属性"选项，弹出图 5-17 所示的窗口。

2）修改 Granularity 选项值为"0.1"，然后单击"确定"按钮即可。

思考与练习

1. 为数字温度计添加温度上下报警功能。

2. 理解传感器分辨率与精度的关系。

3. 每个传感器自身都存在一定的误差，而且不同的温度范围误差不同，如何在程序中进行校正？

4. 设计实现 DS18B20 的寄生供电。

5. 设计实现冷库单总线多点测量。

6. 设计实现空调或热水器控制器。

图 5-17　编辑 DS18B20 的属性

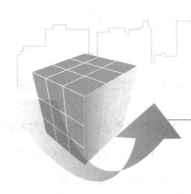

项目6

用24C02与LED数码管显示器
设计电子密码锁

项目综述

本项目将设计一个电子密码锁，它是一种通过密码输入来控制电路或芯片工作，从而控制机械开关的闭合，完成开锁、闭锁任务的电子产品。这是一种基于芯片的性价比较高的产品，可通过编程来实现。本项目涉及的知识点有 I^2C 总线、串行 E^2PROM 接口及读写、LED 显示器接口技术、矩阵键盘接口技术及 C51 编程。

任务 6.1　学习 I^2C 总线扩展

I^2C （Inter-Integrated Circuit）总线是由 Philips 公司开发的两线式串行总线，用于连接微控制器及其外围设备，是微电子通信控制领域广泛采用的一种总线标准。它是同步通信的一种特殊形式，具有接口线少、控制方式简单、器件封装小及通信速率较高等优点。总线上的器件既可作为发送器，也可作为接收器，并可按照一定的通信协议进行数据交换。总线上的每个器件都具有唯一的地址，各器件间通过寻址确定接收方。

6.1.1　I^2C 总线基础知识

在 I^2C 总线中有两个口线：SDA 和 SCL，这两个口线均为 OC 输出。OC 即开漏输出（Open-Collector）的简称，有时候也叫 OD 输出（Open-Drain），OD 是对 MOS 型晶体管而言，OC 是对双极型晶体管而言，二者在用法上没有区别。

I^2C 是由 SDA、SCL 两个口线组成的，这两个口线的高低电平组合、上升下降边沿组合就形成了总线的各种时序。图 6-1 所示为 I^2C 总线的 START 和 STOP 信号。

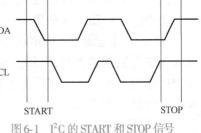

图 6-1　I^2C 的 START 和 STOP 信号

I^2C 数据总线 SDA 是在时钟为高电平时有效，在时钟 SCL 为高电平期间，SDA 如果发生了电平变化就会终止或重启 I^2C 总线，所以在数据传输过程中，要在 SCL 为低的时候去更改 SDA 的电平。

这样的设计和 I^2C 的多主性能有一定关系，因为 I^2C 的总线是开漏输出的，总线接上拉电阻后，SCL 和 SDA 就变成了高电平，这个时候挂接在总线上的任意一个 I^2C 主机口都可以把 SDA 拉高，即产生了一个 START 信号，接在总线上的其他 I^2C 主机检测到这个信号后就不去操作 I^2C 总线了，否则会发生冲突，直到检测到一个 STOP 信号为止。STOP

的信号是在 SCL 口线为高电平时，SDA 产生一个上升沿。STOP 信号之后，I^2C 总线恢复到初始状态。

在开始信号后，总线上送出的第一个字节数据是用来选择从器件地址的。该字节为 8 位数据，其中前 7 位为地址码，第 8 位（$R/\overline{W}$）为方式位，$R/\overline{W}$ =0 表示发送，即 CPU 把信息写到所选择的接口或存储器；$R/\overline{W}$ =1 表示 CPU 将从接口或存储器读信息。在系统发出开始信号后，系统中的各个器件将自己的地址和 CPU 发送到总线上的地址进行比较，如果与 CPU 发送到总线上的地址一致，则该器件即为被 CPU 寻址的器件。

数据在 I^2C 总线上以字节为单位进行传送，每次先传送字节的最高位。每次传送的数据字节数不限，在每个被传送的字节后面，都必须收到接收器发出的一位应答位（ACK），总线上第 9 个时钟脉冲对应于应答位，低电平是应答信号，高电平是非应答信号。等发送器确认后，才能发下一数据。

数据格式如下：

起始位	7 位从器件地址	$R/\overline{W}$	ACK	数据	ACK	数据	ACK	…	停止位

6.1.2 串行 E^2PROM 24C02 扩展

1. 串行 E^2PROM 24C02

串行 E^2PROM 24C01/02/04/08/16 是低工作电压的 1K/2K/4K/8K/16K 位串行电可擦除只读存储器，内部组织为 128/256/512/1024/2048 个字节，每个字节 8 位，该类芯片被广泛应用于低电压及低功耗的工商业领域。其主要特性有：工作电压 1.8～5.5V；输入/输出引脚兼容 5V；二线串行接口；输入引脚经施密特触发器滤波并抑制噪声；双向数据传输协议；兼容 400kHz（1.8V、2.5V、2.7V、3.6V）；支持硬件写保护；高可靠性，读写次数为1000000 次，数据保存 100 年。

这里以 AT24C02 为例来介绍 E^2PROM，AT24C02 是美国 Atmel 公司的低功耗 CMOS 型 E^2PROM。

图 6-2 所示为 AT24C02 的外形封装和引脚图。图中，VCC 和 VSS 分别为正、负电源。A0、A1、A2 三根地址线用于确定从芯片的器件地址。SDA 为串行数据输入/输出线，数据通过这条双向 I^2C 总线串行传送。SCL 为串行时钟输入线。WP 为写保护控制端，接 "0" 允许写入，接 "1" 禁止写入。

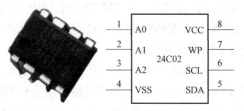

图 6-2 AT24C02 的外形封装和引脚图

2. AT24C02 的主要操作

当 I^2C 总线产生开始信号后，主控器件首先发出控制字节，用于选择从器件并控制总线的传送方向，其结构见表 6-1。

表 6-1 AT24C02 控制字格式

1 0 1 0	E2E1E0	$R/\overline{W}$
I^2C 从器件类型标识符	片选	读/写控制位

控制字节的高 4 位是器件类型识别符,对于 AT24C02,器件类型识别符是 1010。紧接着的 3 位 E2E1E0 是由 A2、A1、A0 决定的器件地址,A2、A1、A0 这 3 位接不同的电平,可实现在一个系统中扩展最多 8 片 AT24C02。如果只有 1 片 AT24C02,这 3 位可以都接低电平,这样的话 E2E1E0 送出 0 就可以了。最低位是读写控制位 $R/\overline{W}$,"0"表示写操作,"1"表示读操作。

(1)写字节操作 在主器件(单片机)送出起始位后,接着发送写控制字节,即 1010 E2E1E0 0,指示从器件被寻址。当主器件接收到来自从器件 AT24C02 的应答信号(ACK)后,将发送待写入的字节地址到 AT24C02 的地址指针。主器件再次接收到来自 AT24C02 的应答信号后,将发送数据字节写入存储器的指定地址中。当主器件再次收到应答信号后,产生停止位结束一个字节的写入。AT24C02 允许多个字节顺序写入,连续送多个字节数据,再送停止位。格式如下:

起始位	写控制字节	ACK	字节地址	ACK	数据字节	ACK	停止位

字节写操作的时序如图 6-3 所示。

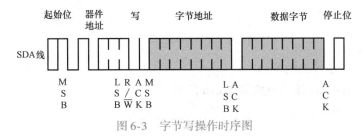

图 6-3 字节写操作时序图

(2)读字节操作 读操作分三种:现行地址读、随机读和顺序读。以随机读为例,字节读操作需要在读之前,先用写操作指定字节地址,主器件在收到应答信号后,再发送读控制字节,从 AT24C02 发出应答信号后发出 8 位数据,当主器件发出信号后(即主器件不产生确认位)发出一个停止位,结束读操作。格式如下:

起始位	写控制字节	ACK	字节地址	ACK	起始位	读控制字节	ACK	数据字节	停止位

随机地址字节读操作的时序如图 6-4 所示。

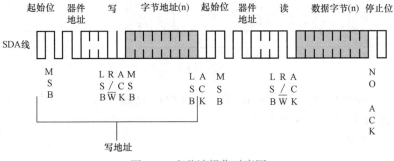

图 6-4 字节读操作时序图

AT24C02 允许多个字节顺序读出,在以上格式中,每当从 AT24C02 发出一个位数据后,主器件发送确认信号,就可以控制 24C02 发送下一个地址的数据,直到主器件发出停止信号为止。

（3）确认应答 主机写从机时，每写完一个字节且正确，则从机将在下一个时钟周期将数据线 SDA 的电平拉低，告诉主机操作有效。在主机读从机时，正确读完一字节后，主机在下一个时钟周期也要将数据线 SDA 的电平拉低，发出确认信号，告诉从机所发数据已经接收。但在最后一个字节数据接收完后不发应答信号，直接发停止信号。确认应答信号的时序如图6-5所示。

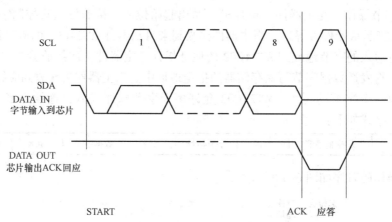

图6-5　确认应答信号时序图

3. AT24C02 和单片机的接口

AT24C02 和单片机的接口电路如图6-6所示。

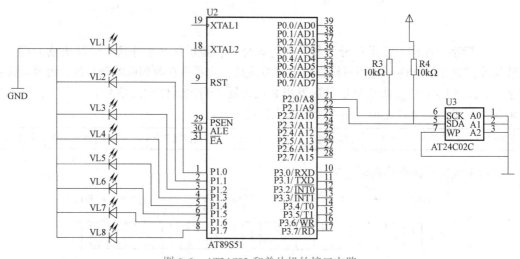

图6-6　AT24C02 和单片机的接口电路

按照图6-6所示的电路，要求将 0x55 写入 AT24C02 的地址 23，并从 23 读出内容传送给 P1 口，控制 P1 口所连的 8 个 LED。

对应的 C51 源程序如下：

```
#include < at89x51. h >
typedef unsigned char uchar
sbit scl = P2^0;
sbit sda = P2^1;
```

```
        uchar a;
        void delay( )                          //延时函数
        { ;; }
//开始信号
        void start( )
        {
        sda = 1;
        delay( );
        scl = 1;
        delay( );
        sda = 0;
        delay( );
        }
//停止信号
        void stop( )
        {
        sda = 0;
        delay( );
        scl = 1;
        delay( );
        sda = 1;
        delay( );
        }
//应答,在数据传送8位后,等待或者发送一个应答信号
        void respons( )
        {
        uchar i;
        scl = 1;
        delay( );
        while( ( sda = = 1)&&( i < 250) )i + + ;
        scl = 0;
        delay( );
        }
        void init( )                          //初始化函数,拉高 SDA 和 SCL 两条总线的电平
        {
        sda = 1;
        scl = 1;
        }
//写一字节,将 date 写入
        void write_byte( uchar date)
        {
        uchar i;
        scl = 0;
```

```
        for(i=0;i<8;i++)
        {
        date=date<<1;
        sda=CY;                              // 将要送入数据送入 SDA
        scl=1;                               //SCL 电平拉高,准备写数据
        delay();
        scl=0;                               //SCL 电平拉低,数据写完毕
        delay();
        }
        }
//从 AT24C02 中读取一个字节数据
        uchar read_byte()
        {
        uchar i,k;
        for(i=0;i<8;i++)
        {
        scl=1;                               //SCL 电平拉高,准备读数据
        delay();
        k=(k<<1)|sda;                        //将 SDA 中的数据读出
        scl=0;                               //SCL 电平拉低,数据写完毕
        delay();
        }
        return k;
        }
        void delay1(uchar x)                 // 延时程序,放在写入与读出之间
        {
        uchar a,b;
        for(a=x;a>0;a--)
        for(b=100;b>0;b--);
        }
//向 AT24C02 中写数据//
        void write_add(uchar address,uchar date)
        {
        start();
        write_byte(0xa0);
        respons();
        write_byte(address);
        respons();
        write_byte(date);
        respons();
        stop();
        }
//从 AT24C02 中读出数据//
```

```
uchar read_add(uchar address)
{
uchar date;
start();
write_byte(0xa0);
respons();
write_byte(address);
respons();
start();
write_byte(0xa1);
respons();
date = read_byte();
stop();
return date;
}
void main()
{
init();                 //初始化 AT24C02
write_add(23,0x55);                      //在 23 地址处写入数据 0x55
delay1(100);
P1 = read_add(23);                       //读出地址为 23 处的数据
while(1);
}
```

任务6.2 电子密码锁设计与仿真

本任务将用24C02和LED数码管显示器以及行列式键盘设计一个电子密码锁并实现如下功能：用键盘实现密码的输入、确认、删除和设置，用24C02保存密码，在LED数码管显示器上显示当前实时输入的密码。在输入正确的密码后开锁并且黄色指示灯点亮。在开锁成功后，用户有权设定新密码，可按下"设置"键输入新密码，然后再按"确认"键将新密码写入24C02。

6.2.1 硬件电路设计

在图6-7所示的电路中，用到了 AT24C02、4 位 LED 数码管显示器、4×4 矩阵键盘以及一个开锁指示灯。P1 口所接矩阵键盘的 0~9 十个数字键可键入密码，3 个功能键分别实现 "删除""设置""确认"功能。4 位 LED 分别用 P0 和 P2 口的 0、1、2、3 位来控制段选和位选。用 P3.0 和 P3.1 分别模拟 I²C 总线的 SCL 和 SDA 信号线。系统实现如下功能：开始运行后，显示器显示 "0000"，如图 6-8 所示。系统初始化时，向 24C02 写入密码 "6677"。可用数字键键入 4 个密码，键入的第一位显示在最右边，键入密码第二位时，先前的第一位左移一位，即新键入的总是在最右边显示，在输入的过程中，可用 "删除" 键进行修改。4 位输入完毕后，按"确认"键。如果键入的密码和系统设置的密码一致，或者和万能密码一致（当忘记密码时可用万能密码开锁，万能密码为"1234"），则开锁指示灯点亮，表示开锁成功。开锁成功后，方可按"设置"键，然后再键入 4 位新密码，按"确认"键可将新密码保存到 24C02 中，同时开锁指示灯熄灭。

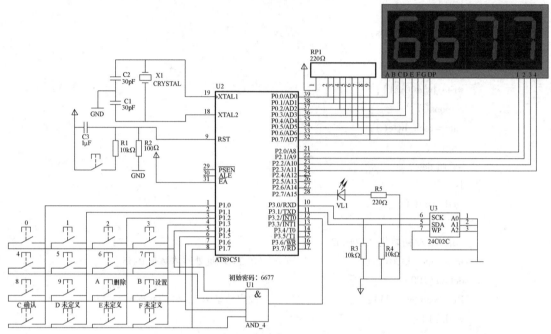

图 6-7　用 AT24C02 和 LED 数码管显示器设计的电子密码锁电路

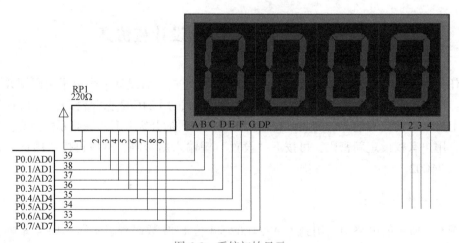

图 6-8　系统初始显示

6.2.2　程序编制

本项目对应的 C51 源程序如下：

```c
#include < regx51. h >
typedef unsigned char u8;
```

```
typedef unsigned int u16;
u8 key = 0;                          //按键值
u8 keyflag = 0;                      //0 为删除键,1 为设置键,2 为确认键,3 为数字键
u8 flag = 0;                         //控制标志,0 为输入密码,1 为设置密码
u8 counter = 0;                      //记录数字按键按下的次数
u16 nowpassword = 0000;              //实时的密码输入
u16 a = 0,b = 0,c = 0,d = 0;
u16 password = 2468;
sbit P20 = P2^0;
sbit P21 = P2^1;
sbit P22 = P2^2;
sbit P23 = P2^3;
sbit scl = P3^0;
sbit sda = P3^1;
sbit LED = P2^7;
u8 code TABLE[ ] = {0x3f,0x06,0x5b,0x4f,0x66,0x6d,0X7d,0x07,0x7f,0x6f};
//主函数中的延时函数
voiddelayms( u8 t)
{
u8 i,j;
for( i = t;i > 0;i - - )
for( j = 100;j > 0;j - - );
}
//中断中的延时函数
void intdelaytms( u8 t)
{
u8 i,j;
for( i = t;i > 0;i - - )
for( j = 100;j > 0;j - - );
}
//微秒级延时
void delay( )
{;;}
//总线初始化
void init( ){
    sda = 1;
    delay( );
    scl = 1;
    delay( );
}
//总线启动
void start( ){
    sda = 1;
```

```
        delay( ) ;
        scl = 1 ;
        delay( ) ;
        sda = 0 ;
        delay( ) ;
    }
//总线停止
void stop( ) {
    sda = 0 ;
    delay( ) ;
    scl = 1 ;
    delay( ) ;
    sda = 1 ;
    delay( ) ;
    }
//总线应答
void response( ) {
    u8 i ;
    scl = 1 ;
    delay( ) ;
    while( ( sda = = 1 ) && ( i < 256 ) )
    { i + + ; }
    scl = 0 ;
    delay( ) ;
}
//读一个字节
u8 read( )
{   u8 i,h ;
    scl = 0 ;
    delay( ) ;
    sda = 1 ;
    delay( ) ;
    for( i = 0 ; i < 8 ; i + + )
    {   scl = 1 ;
        delay( ) ;
        h = ( h < < 1 ) | sda ;
        scl = 0 ;
        delay( ) ;
    }
    return h ;
}
//写一个字节
void write( u8 db) {
```

```
        u8 i;
        u8 temp;
        temp = db;
        for( i = 0; i < 8; i + + )
        {   temp = temp < < 1;
            scl = 0;
            delay( );
            sda = CY;
            delay( );
            scl = 1;
            delay( );
        }
        scl = 0;
        delay( );
        sda = 1;
        delay( );
    }
//读任意一个地址
    u8 readbyte( u8 address)
{
        u8 retdb;
        start( );
        write( 0xa0);
        response( );
        write( address);
        response( );
        start( );
        write( 0xa1);
        response( );
        retdb = read( );
        stop( );
        return retdb;
}
//写任意一个地址
void writebyte( u8 address, u8 mydata)
{
        start( );
        write( 0xa0);
        response( );
        write( address);
        response( );
        write( mydata);
        response( );
```

```
        stop();
    }
    //从 24C02 中读回密码
    u16 read_password()
    {   u16 temp1 = 0, temp2 = 0;
        temp1 = readbyte(1) * 100;
        delayms(20);
        temp2 = readbyte(2);
        delayms(20);
        return temp1 + temp2;
    }
    //键盘扫描函数
    void scankey()
    {   u8 temp;
        P1 = 0xfe;
        temp = P1;
        temp = temp&0xf0;
        if(temp! = 0xf0)
        {
        intdelaytms(10);
        temp = P1;
        temp = temp&0xf0;
        if(temp! = 0xf0)
            {
                temp = P1;
                switch(temp)
                {
                case 0xee:keyflag = 3;key = 0;counter + + ;break;
                case 0xde:keyflag = 3;key = 4;counter + + ;break;
                case 0xbe:keyflag = 3;key = 8;counter + + ;break;
                case 0x7e:keyflag = 2;break;
                }
            }
            while(temp! = 0xf0)
            {
            temp = P1;
            temp = temp&0xf0;
            }
        }

        P1 = 0xfd;
        temp = P1;
        temp = temp&0xf0;
```

```
if( temp! = 0xf0)
{
intdelaytms( 10) ;
temp = P1 ;
temp = temp&0xf0 ;
if( temp! = 0xf0)
    {
      temp = P1 ;
       switch( temp)
      {
      case 0xed : keyflag = 3 ; key = 1 ; counter + + ; break ;
      case 0xdd : keyflag = 3 ; key = 5 ; counter + + ; break ;
      case 0xbd : keyflag = 3 ; key = 9 ; counter + + ; break ;
      case 0x7d : break ;
         }
    }
    while( temp! = 0xf0)
  {
    temp = P1 ;
    temp = temp&0xf0 ;
     }
 }
P1 = 0xfb ;
temp = P1 ;
temp = temp&0xf0 ;
if( temp! = 0xf0)
 {
intdelaytms( 10) ;
temp = P1 ;
temp = temp&0xf0 ;
if( temp! = 0xf0)
   {
      temp = P1 ;
      switch( temp)
     {
       case 0xeb : keyflag = 3 ; key = 2 ; counter + + ; break ;
       case 0xdb : keyflag = 3 ; key = 6 ; counter + + ; break ;
       case 0xbb : keyflag = 0 ; counter - - ; break ;
       case 0x7b : break ;
         }
     }
     while( temp! = 0xf0)
      {
```

```
            temp = P1;
          temp = temp&0xf0;
          }
    }
P1 = 0xf7;
temp = P1;
temp = temp&0xf0;
if( temp! = 0xf0)
{
intdelaytms(10);
temp = P1;
temp = temp&0xf0;
if( temp! = 0xf0)
    {
        temp = P1;
        switch(temp)
        {
            case 0xe7:keyflag = 3;key = 3;counter + + ;break;
            case 0xd7:keyflag = 3;key = 7;counter + + ;break;
            case 0xb7:keyflag = 1;break;
            case 0x77:break;
            }
        }
        while( temp! = 0xf0)
        {
        temp = P1;
        temp = temp&0xf0;
        }
    }
}
//按键处理函数
void handle_key( )
{
u16 temp1 = 0,temp2 = 0;
if( keyflag = = 3)
    {
        if( counter = = 1)
        {
            a = key;
            nowpassword = a;
        }else if( counter = = 2)
        {
            b = key;
```

```
            nowpassword = 10 * a + b;
        } else if( counter = = 3)
        {
          c = key;
          nowpassword = 100 * a + 10 * b + c;
        } else if( counter = = 4)
        {
          d = key;
          nowpassword = 1000 * a + 100 * b + 10 * c + d;
        } else { }
  } else if( keyflag = = 0)                //删除键处理
  {
  if( ( counter > 3) && ( counter < 255) )
  {
    counter = 3;
    nowpassword = 100 * a + 10 * b + c;
    } else if( counter = = 1) {
    nowpassword = a;
    } else if( counter = = 2) {
    nowpassword = 10 * a + b;
    } else if( counter = = 3) {
    nowpassword = 100 * a + 10 * b + c;
    } else if( counter = = 0) {
      counter = 0;
      nowpassword = 0;
      } else if( counter = = 255) {
      counter = 0;
      }
  } else if( keyflag = = 1) {             //设置键处理
    if( nowpassword = = password | | nowpassword = = read_password( ) )
      {
      flag = 1;
      LED = 0;
      }
  } else if( keyflag = = 2) {             //确认键处理
      if( flag = = 0) {
      if( nowpassword = = password | | nowpassword = = read_password( ) )
        {
        LED = 0;
        }
  } else if( flag = = 1) {
      LED = 1;
      temp1 = nowpassword/100;
```

```
    temp2 = nowpassword%100;
    init();
    writebyte(1,temp1);
    intdelaytms(20);
    writebyte(2,temp2);
    intdelaytms(20);
    flag = 0;
        }
    }
}
//数码管显示器显示
void Display(u16 mypassword){
u8 display[3];
display[0] = TABLE[mypassword/1000];
display[1] = TABLE[mypassword%1000/100];
display[2] = TABLE[mypassword%100/10];
display[3] = TABLE[mypassword%10];
P20 = 0;
P0 = display[0];
delayms(10);
P20 = 1;
P21 = 0;
P0 = display[1];
delayms(10);
P21 = 1;
P22 = 0;
P0 = display[2];
delayms(10);
P22 = 1;
P23 = 0;
P0 = display[3];
delayms(10);
P23 = 1;
}
//主函数
void main()
{ init();
  IT0 = 1;
  EA = 1;
  EX0 = 1;
writebyte(1,66);
delayms(20);
writebyte(2,77);
```

```
delayms(20);
while(1)
{
    P1 = 0xf0;
    Display(nowpassword);
    }
}
//外部中断0
void intx0( ) interrupt 0{
EX0 = 0;
scankey( );
handle_key( );
EX0 = 1;
}
```

6.2.3 综合仿真调试

在 Proteus 中进行软件和硬件的联合调试，测试数字键和三个功能键，检查是否满足设计的各项功能。

思考与练习

1. 对于本项目，若将 24C02 换成 24C04，应如何改动程序?

2. 对于本项目的密码锁电路，试编写程序，加入连续输入三次错误则禁止在指定的时间内重新输入密码的功能。

3. 对于本项目的密码锁电路，试编写程序，加入开锁成功后 20s 无操作则自动闭锁的功能（指示灯熄灭提示重新输入密码）。

4. 设计基于 24C02 和 LCD1602 的密码锁。

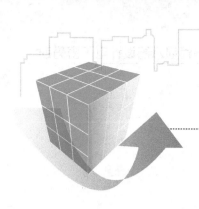

项目7
单片机控制波形发生器的
设计与制作

项目综述

单片机的一个重要应用领域就是测量控制系统。被测对象和被控对象的有关参量，如电压、电流、压力、温度、流量和速度等都是模拟量，但单片机只能接收和输出数字量。因此需要在单片机和被测量与被控制对象之间配置一种能把模拟量转换为数字量的接口——A-D 转换器和一种能把数字量转换为模拟量的接口——D-A 转换器。D-A 转换器和 A-D 转换器是单片机实时测量/控制系统中不可缺少的输入/输出通道。本项目介绍一种单片机控制的波形发生器的设计和仿真，涉及的知识点有并行 D-A 转换器 DAC0832 接口和 DAC1208 接口、串行 D-A 转换器 MAX517 接口、并行 A-D 转换器 ADC0809 接口、串行 A-D 转换器 TLC549 接口以及汇编和 C51 语言编程。

图 7-1 所示是一个微型计算机实时控制系统原理图。控制系统首先使用传感器将取自控制对象的被测非电量转换为电量，通过运算放大器把微弱的电信号放大为幅度足够的电信号，再经过 A-D 转换器把模拟量转换为数字量，送到微型计算机系统进行处理。处理后的数字量也不能直接作用于执行部件，而是要先经过 D-A 转换变为模拟量，再经过功率放大后才能驱动执行部件，实现对被控对象的实时控制。

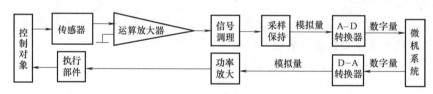

图 7-1　微型计算机实时控制系统原理图

任务7.1　了解 D-A 转换器原理及指标

7.1.1　D-A 转换器的原理

D-A 转换的基本原理是用电阻解码网络将 N 位数字量逐位转换成模拟量并求和，D-A 转换器的基本结构如图 7-2 所示。

在进行转换时，首先将单片机输出的数字信号传递到数据寄存器中，然后由模拟电子开关把数字信号的高低电平变成对应的电子开关状态。当数字量某位为 "1" 时，电子开关将基准电压 V_R 接入电阻网络的相应支路；若为 "0" 时，则将该支路接地。各支路的电流信

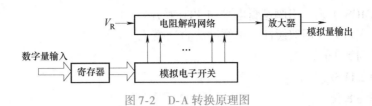

图 7-2　D-A 转换原理图

号经过电阻网络加权后，由运算放大器求和并转换成电压信号，作为 D-A 转换器的输出。

7.1.2　D-A 转换器的性能指标

1. 分辨率

分辨率是指最小输出电压（对应于输入数字量最低位增 1 所引起的输出电压增量）和最大输出电压（对应于输入数字量所有有效位全为 1 时的输出电压）之比，即表示 D-A 转换器所能分辨的最小模拟信号的能力。对于一个 n 位的 D-A 转换器，分辨率 $= 1/(2^n - 1)$。由于分辨率与 D-A 转换器位数之间具有固定的对应关系，一般用它们的位数来表示，如 8 位、10 位、12 位等。

2. 转换时间

转换时间是指当输入数字量由满度值变化（如全 "0" 到全 "1"）时，其输出模拟量达到满度值 $\pm 1/2\text{LSB}$（与最低有效位相当的模拟量）时所需的时间。

不同型号的 D-A 转换器的转换时间一般为几十纳秒到几微秒不等。

3. 输出电平

不同型号的 D-A 转换器的输出电平相差较大。一般来说，电压型 D-A 转换器输出为 0~5V 或 0~10V，电流型 D-A 转换器输出电流为几毫安至几安。

4. 绝对转换精度

绝对转换精度是指任意数码的实际转换值和理想转换值之间的最大偏差。该偏差是由 D-A 增益误差、零点误差和噪声引起的，一般应低于 0.5LSB。

5. 相对转换精度

相对转换精度是指在满刻度已校准的情况下，对应于任一数码的实际转换值与理论值之差相对于满刻度值的百分比，它反映了 D-A 转换器的线性度。通常，相对转换精度比绝对转换精度更具实用性。

6. 线性误差

相邻两个数字输入量直接的差应是 1LSB，即理想的转换特性是线性的。在满刻度范围内，偏离理想转换特性的最大值称为线性误差。

7.1.3　典型的 D-A 转换器 DAC0832

DAC0832 是美国国家半导体公司研制的 8 位双缓冲 D-A 转换器。其内部带有数据锁存器，可与数据总线直接相连。电路具有极好的温度跟随性，它使用了 CMOS 电流开关和控制逻辑以获得低功耗、低输出的泄漏电流误差。芯片采用 R-2R 的 T 形电阻网络，通过对参考电流进行分流来完成 D-A 转换。转换结果以一组差动电流 IOUT1 和 IOUT2 输出。

DAC0832 主要技术指标如下：

1）采用 CMOS 工艺，引脚逻辑电平与 TTL 兼容。

2）数据输入可以采用双缓冲、单缓冲或直通模式。

3）转换时间为 $1\mu s$。

4）精度为 ±1LSB。

5）分辨率为 8 位。

6）单一电源：5～15V，功耗为 20mW。

7）参考电压为 – 10～10V。

1. DAC0832 的内部结构

DAC0832 的内部结构如图 7-3 所示，主要包括以下 4 个部分：

1）8 位输入锁存器：可作为输入数据第一级缓冲，它的锁存控制信号为 $\overline{LE1}$。

2）8 位 DAC 锁存器：可作为输入数据第二级缓冲，它的锁存控制信号为 $\overline{LE2}$。

3）8 位 D-A 转换器：将 DAC 锁存器中的数据转换成具有一定比例的直流电流。

4）逻辑控制部分。

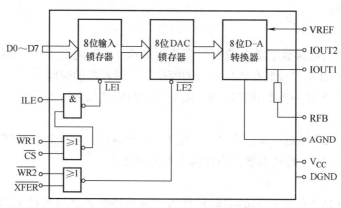

图 7-3　DAC0832 内部结构

在第一级锁存器中，当 ILE = 1、$\overline{CS}$ = 0 且 $\overline{WR1}$ = 0 时，LE1 = 1，输入锁存器的输出跟随输入数据而变化；当 $\overline{WR1}$ 由 0 变为 1 时，LE1 = 0，D7～D0 上的数据被锁存到输入锁存器中，这时输入锁存器的输出端不再跟随输入数据的变化而变化。在第一级锁存器中，当 $\overline{XFER}$ = 0、$\overline{WR2}$ = 0 时，LE_2 = 1，输入锁存器中的数据传送至 DAC 锁存器输出端；当 $\overline{WR2}$ 由 0 变为 1 时，LE2 = 0，DAC 锁存器中的数据被锁存并开始 D-A 转换。

2. DAC0832 的引脚

DAC0832 是 20 引脚的双列直插式芯片，其引脚排列如图 7-4所示。

各引脚信号功能分述如下。

（1）数字量输入线（8 条）

D7～D0：TTL 电平，有效时间大于 90ns。

（2）输出线（3 条）

IOUT1：DAC 电流输出 1，其值随输入数字量线性变化。

IOUT2：DAC 电流输出 2，IOUT1 + IOUT2 = 常数。

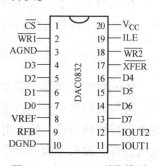

图 7-4　DAC0832 引脚排列

RFB：反馈信号输入端，反馈电阻在片内（DAC0832 内部已经有反馈电阻，所以 RFB 端可以直接接到外部运放的输出端，这样，相当于将一个反馈电阻接在运放的输入端和输出端之间）。

（3）控制信号线（5 条）

$\overline{\text{CS}}$：片选信号，低电平有效。

ILE：允许输入锁存信号，高电平有效。

$\overline{\text{WR1}}$：输入锁存器写选通信号，低电平有效。

$\overline{\text{WR2}}$：DAC 锁存器写选通信号，低电平有效。

$\overline{\text{XFER}}$：传送控制信号，控制从输入锁存器到 DAC 锁存器的内部数据传送。

（4）电源线（4 条）

V_{CC}：工作电源，范围为 5 ~ 15V，典型值为 15V。

VREF：参考输入电压，范围为 – 10 ~ 10V。

AGND 和 DGND：模拟信号地和数字信号地，通常将 AGND 和 DGND 相连。

3. DAC0832 的电压输出电路

DAC0832 为电流输出型 D- A 转换器。但在微机系统中，通常需要电压信号，此时，RFB、IOUT1 和 IOUT2 三个引脚需要外接运算放大器，以便将转换后的电流转换为电压输出。如果外接一个运算放大器，则为单极性输出，如图 7-5 中的 V_A 所示；如果外接两个运算放大器，则为双极性输出，如图 7-5 中的 V_{OUT} 所示。

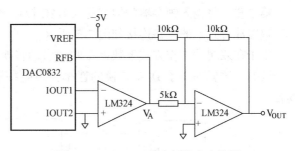

图 7-5　DAC0832 的电压输出电路图

任务7.2　学习单片机与 D- A 转换器的接口应用

7.2.1　单片机与并行 8 位 D- A 转换器的接口应用

由于 DAC0832 内部有两级数据锁存器，根据这两个锁存器控制方式的不同，DAC0832 有三种工作方式。

1. 单缓冲工作方式

单缓冲工作方式的特点是对待转换数据只进行一级缓冲，即使 DAC0832 的输入锁存器或 DAC 锁存器中的任意一个工作在直通状态，而另一个工作在受控锁存状态。单缓冲方式下的电路连接如图 7-6 所示，为使输入锁存器受控，DAC 锁存器直通，图中将 $\overline{\text{WR2}}$ 和 $\overline{\text{XFER}}$ 接地，ILE 接 5V。

单缓冲方式适用于只有一路模拟量输出通道，或虽有多路模拟量通道但不要求同步输出的场合。

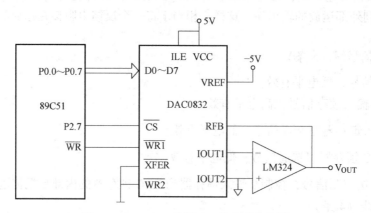

图 7-6　DAC0832 单缓冲工作方式电路图

2. 双缓冲工作方式

这种方式的特点是对待转换数据要进行两级缓冲，即 DAC0832 内的两个锁存器都处于受控状态，CPU 要对 DAC0832 先后进行两步写操作才能完成一次 D-A 转换。

第一步：将数据写入输入锁存器，但并不能送至后续的 DAC 锁存器。

第二步：将输入锁存器的内容写入 DAC 锁存器，同时开始转换。

双缓冲方式下的电路连接如图 7-7 所示。

由于在双缓冲工作方式下数据接收和启动转换异步进行，即在 D-A 转换的同时接收下一个数据，这就提高了 D-A 转换的速率，因此特别适用于多个 D-A 通道要求同步转换的场合。

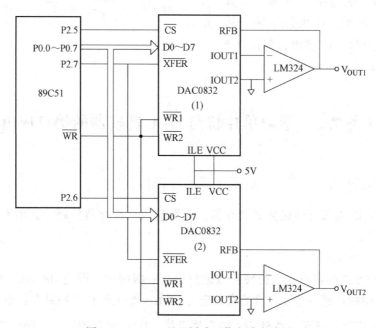

图 7-7　DAC0832 双缓冲工作方式电路图

3. 直通工作方式

这种方式的特点是将$\overline{CS}$、$\overline{XFER}$、$\overline{WR1}$以及$\overline{WR2}$引脚都接地，ILE 接 5V，使 DAC0832 的两个锁存器都处于直通状态。此时 DAC0832 就一直处于 D-A 转换状态，即模拟输出端始终跟踪输入端 D7～D0 的变化。由于这种工作方式下 DAC0832 不能直接与单片机的数据总线相连接，因此在实际工程实践中很少采用。DAC0832 带有两级数据锁存器，但也有些 D-A 转换器不带锁存器，此时，可用 74LS273 或 8255A 作为 D-A 转换器的数据锁存器，以保证得到持续稳定的模拟量输出。

图 7-8 所示为 DAC0832 与 8051 单片机组成的 D-A 转换接口的 Proteus 仿真电路，其中 DAC0832 工作于单缓冲器方式，它的 ILE 接 5V，$\overline{CS}$和$\overline{XFER}$相连后由 8051 的 P2.7 控制，$\overline{WR1}$和$\overline{WR2}$相连后由 8051 的$\overline{WR}$（P3.6）控制。例 7-1 为采用汇编语言编写的驱动程序，程序执行后 D-A 转换器将产生输出电压驱动直流电动机运转，通过"加速"和"减速"按键调节 D-A 转换器输出不同电压，导致直流电动机以不同速度运转。

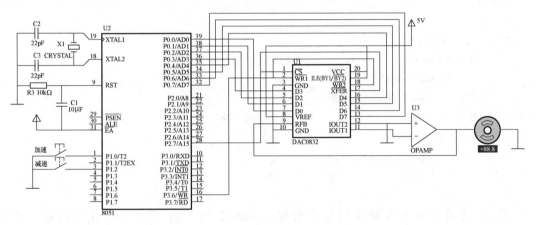

图 7-8 DAC0832 与 8051 单片机组成的 D-A 转换接口 Proteus 仿真电路

例 7-1 利用 D-A 转换器输出驱动直流电动机的汇编语言程序如下：

```
        ORG 0000H
START: LJMP MAIN
        ORG 0030H
MAIN： MOV DPTR,#7FFFH
        MOV A,#20H
LOOP： MOVX @ DPTR,A
        JNB P1.0,INCD        ;判断"加速"键是否按下
        JNB P1.2,DECD        ;判断"减速"键是否按下
        SJMP LOOP
INCD： ADD A,#20H            ;加速处理
        CJNE A,#0E0H,LOOP
        MOV  A,#20H
        SJMP LOOP
DECD： CLR  C                ;减速处理
        SUBB A,#20H
```

```
            CJNE A,#00H,LOOP
            MOV A,#20H
            SJMP LOOP
            END
```

利用 D-A 转换器输出驱动直流电动机的 C51 源程序如下:

```
#include "reg51.h"
#include <absacc.h>                    //外部存储器操作相关
#define  W_DATA  XBYTE[0x7FFF];
sbit K1 = P1^0;
sbit K2 = P1^2;
void main(void)
{
int Speed = 0X20;
while(1)
{
W_DATA = Speed;
    If (K1 ==0);                      //判断加速键是否按下
        if (Speed < 0XE0)
            Speed = Speed + 0X20;
    If (K2 ==0);                      //判断加速键是否按下
        if (Speed > 0)
            Speed = Speed - 0X20;
    }
}
```

图 7-9 所示为具有两路模拟量输出的 DAC0832 与 8051 单片机的接口电路。两片 DAC0832 工作于双缓冲方式,以实现两路同步输出。图中,两片 DAC0832 的 $\overline{CS}$ 分别连到 8051 的 P2.0 和 $\overline{P2.0}$,两片 DAC0832 的 $\overline{XFER}$ 都连到 P2.7,两片 DAC0832 的 $\overline{WR1}$ 和 $\overline{WR2}$ 都连到 $\overline{WR}$ (P3.6),这样两片 DAC0832 的数据输入锁存器分别被编址为 0FEFFH 和 0FFFFH,而它们的 DAC 锁存器地址都为 7FFFH。

如果要设计具有多路模拟量输出的 D-A 转换接口,可以仿照图 7-9 的方法,采用多个 D-A 转换器与单片机连接,也可以采用多路输出复用一个 D-A 转换器的设计方法。

7.2.2 单片机与并行 12 位 D-A 转换器的接口方法

DAC0832 是 8 位分辨率的 D-A 转换器,它易于与 8 位单片机连接,但有时会显得分辨率不够。下面介绍一种带内部锁存器的 12 位分辨率的 D-A 转换器 DAC1208。图 7-10 所示为 DAC1208 的逻辑结构框图。

与 DAC0832 相似,DAC1208 也是双缓冲结构,其输入控制线与 DAC0832 也很相似,$\overline{CS}$ 和 $\overline{WR1}$ 用来控制输入锁存器,$\overline{XFER}$ 和 $\overline{WR2}$ 用来控制 DAC 锁存器,但增加了一条控制线 BYTE1/$\overline{BYTE2}$,用来区分输入 8 位锁存器和 4 位锁存器。当 BYTE1/$\overline{BYTE2}$ =1 时,两个锁

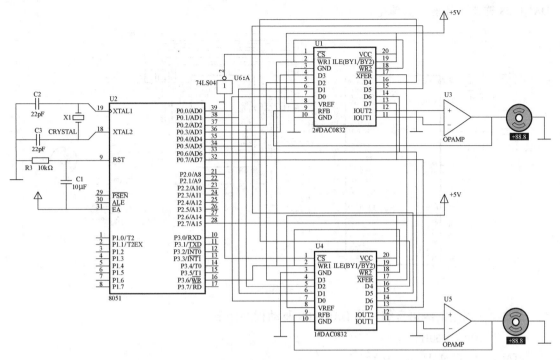

图7-9 两路DAC0832与8051的接口电路

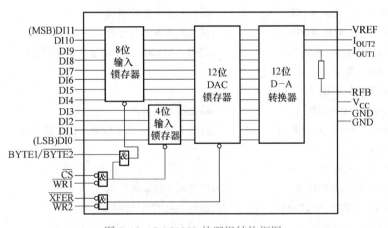

图7-10 DAC1208的逻辑结构框图

存器都被选中；当BYTE1/$\overline{\text{BYTE2}}$ =0 时，只选中4位输入锁存器。DAC1208与8051单片机的接口电路如图7-11所示。DAC1208的$\overline{\text{CS}}$端子接8051的P2.7，DAC1208的BYTE1/$\overline{\text{BYTE2}}$端子接8051的P2.0，因此DAC1208的8位输入锁存器地址为7FFFH，4位输入锁存器地址为7EFFH；8051的P2.7反相后接DAC1208的$\overline{\text{XFER}}$端，因此DAC1208的DAC锁存器地址为0FFFFH。DAC1208采用双缓冲器工作方式，送数时应先送高8位数据DI11～DI4，再送低4位数据DI3～DI0，送完12位数据后再打开DAC锁存器，设12位数据存放在内部RAM区的40H和41H单元中，其中高8位存于40H，低4位存于41H。

例7-2是采用汇编语言编写的驱动程序，执行后可完成一次12位D-A转换，并利用

DAC1208 输出电压驱动直流电动机。

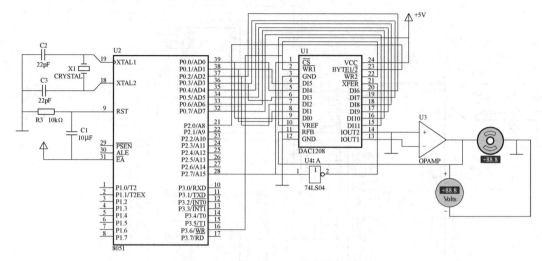

图 7-11 DAC1208 与 8051 单片机接口电路

例 7-2 利用汇编语言编写的 DAC1208 驱动程序如下：

```
        ORG 0000H
START： LJMP MAIN
        ORG 0030H
MAIN：  MOV    40H,#0FFH        ;模拟电压高 8 位数据
        MOV    41H,#0FH         ;模拟电压低 4 位数据
        MOV  DPTR,#07FFFH       ;选通 DAC1208 高 8 位输入锁存器地址
        MOV   R1,#40H
        MOV   A,@ R1
        MOVX  @ DPTR,A          ;输出高 8 位数据
        MOV  DPTR,#07EFFH       ;选通 DAC1208 低 4 位输入锁存器地址
        MOV   R1,#41H
        MOV   A,@ R1
        MOVX  @ DPTR,A          ;输出低 4 位地址数据
        MOV  DPTR,#0FFFFH       ;选通 DAC1208 锁存器地址
        MOVX  @ DPTR,A          ;完成 12 位 D-A 转换
        SJMP  $
        END
```

用 C51 语言编写的 DAC1208 驱动程序如下：

```c
#include "reg51.h"
#include < absacc.h >              //外部存储器操作相关
#define H_DATA   XBYTE[0x7FFF];
#define L_DATA   XBYTE[0x7EFF];
void main(void)                    /* 主函数 */
{
    H_DATA = 0xFF;
```

L_DATA = 0x0F;

While（1）;

}

7.2.3　单片机与串行 D-A 转换器接口

前面介绍了并行 D-A 转换器的接口方法，通常并行 D-A 转换器转换时间短，反应速度快，但芯片的引脚多，体积较大，与单片机的接口电路较复杂。因此，在一些对 D-A 转换时间要求不高的场合可以选用串行 D-A 转换器，其转换时间虽然比并行 D-A 转换器较长，但芯片的引脚较少，与单片机的接口电路简单，而且体积小，价格低。下面介绍一种具有 I^2C 总线的串行 D-A 转换器 MAX517 及其与 8051 单片机的接口方法。

美国 Maxim 公司推出的 I^2C 总线串行 D-A 转换器 MAX517 为 8 位电压输出型 D-A 转换器，采用单独的 5V 电源供电，与标准 I^2C 总线兼容，具有高达 400kbit/s 的通信速率。基准输入可为双极性，输出放大为双极性工作方式，采用 8 引脚 DIP 封装。图 7-12 所示为 MAX517 的逻辑结构和引脚分配图。各引脚的具体说明如下：

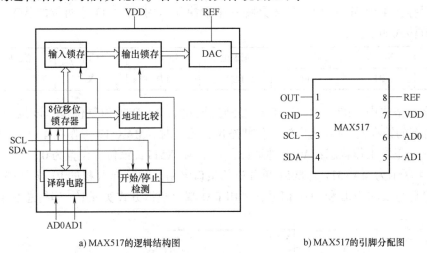

a) MAX517的逻辑结构图　　　　　　　　　b) MAX517的引脚分配图

图 7-12　MAX517 的逻辑结构和引脚分配图

1）引脚（OUT）：D-A 转换输出端。

2）引脚（GND）：接地。

3）引脚（SCL）：串行时钟线。

4）引脚（SDA）：串行数据线。

5）引脚（AD1、AD0）：用于选择 D-A 转换通道，由于 MAX517 只有一个通道，所以使用时这两个引脚通常接地。

6）引脚（VDD）：5V 电源。

7）引脚（REF）：基准电压输入。

MAX517 采用 I^2C 串行总线，大大简化了与单片机的接口电路设计。MAX517 一次完整的串行数据传输时序如图 7-13 所示。

首先单片机给 MAX517 一个地址字节，MAX517 收到后，回送一个应答信号 ACK。然后，单片机再给 MAX517 一个命令字节，MAX517 收到后，再回送一个应答信号 ACK。最

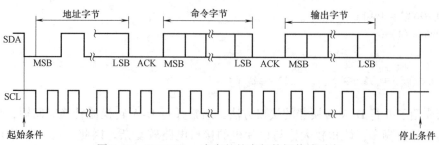

图 7-13　MAX517 一次完整的串行数据传输时序

后，单片机将要转换的数据字节送给 MAX517，MAX517 收到后，再回送一个应答信号。至此一次D-A转换过程完成。MAX517 的地址字节格式如下：

第8位	第7位	第6位	第5位	第4位	第3位	第2位	第1位
0	1	0	1	1	AD1	AD0	0

在该字节格式中，最高 3 位 "010" 出厂时已经设定，第 5 位和第 4 位均取 1，I^2C 总线上最多可以挂接 4 个 MAX517，具体是哪一个取决于 AD1 和 AD0 这两位的状态。MAX517 的命令字节格式如下：

第8位	第7位	第6位	第5位	第4位	第3位	第2位	第1位
R2	R1	R0	RST	PD	X	X	A0

在该字节格式中，R2、R1 和 R0 已经预先设定为 0；RST 为复位位，该位为 1 时复位 MAX517 所有的锁存器；PD 为电源工作状态位，为 1 时，MAX517 工作在 $4\mu A$ 的休眠模式，为 0 时，返回正常工作状态；A0 为地址位，对于 MAX517，该位应设置为 0。

图 7-14 所示为 MAX517 与 8051 单片机的接口电路。8051 单片机的 P3.0 和 P3.1 分别定义为 I^2C 串行总线的 SCL 和 SDA 信号，采用 I/O 端口模拟方式实现 I^2C 串行总线工作时序。

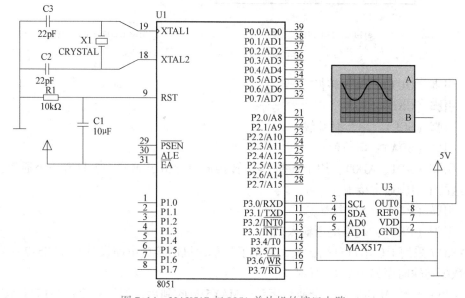

图 7-14　MAX517 与 8051 单片机的接口电路

I^2C 串行总线是广泛应用的低速串行总线，具体可参阅 I^2C 协议和芯片的相关手册。

任务7.3　了解 A-D 转换器原理及指标

7.3.1　逐次逼近式 A-D 转换器的原理分析

A-D 转换器相当于一个编码器，能将模拟量（通常是模拟电压）信号转换为 n 位二进制数字量信号。

在 A-D 转换器中，输入的模拟量是在时间上连续变化的信号，输出则是在时间、幅度上都离散的数字量。因此，要将模拟信号转换成数字信号，首先要按一定的时间间隔抽取模拟信号，即采样。将抽取的模拟信号保持一段时间，以便进行转换。一般采样与保持用一个电路实现，称为采样保持电路。将采样保持下来的采样值进行量化和编码，最终转换为输出的数字量。因此，一般的 A-D 转换过程是通过采样→保持→量化→编码 4 个步骤来完成的。

A-D 转换器的种类很多，有计数型 A-D 转换器、双积分型 A-D 转换器和逐次逼近型 A-D 转换器等。下面以常用的逐次逼近型 A-D 转换器为例，说明 A-D 转换器的一般工作原理。

图 7-15 所示为逐次逼近型 A-D 转换器的内部结构图，它主要由逐次逼近锁存器 SAR、D-A 转换器、电压比较器和一些时序控制逻辑电路等组成。

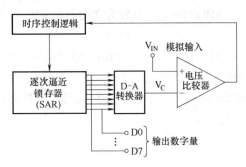

图 7-15　逐次逼近型 A-D 转换器的内部结构图

逐次逼近型 A-D 转换器的工作原理如下：在转换开始前，先将逐次逼近锁存器 SAR 清零，然后令其最高位为 1（例如对于 8 位的 A-D 转换器即为 10000000B），SAR 中的这一数字量经 D-A 转换器转换为相应的模拟电压 V_C，并与待转换的模拟输入电压 V_{IN} 进行比较。如果 $V_{IN} \geqslant V_C$，则 SAR 中的最高位 1 保持不变，否则将最高位清零。然后使次高位置 "1"，进行相同的过程，直到 SAR 中的所有位都被确定。此时，SAR 中的数值就是与输入模拟量所对应的数字量，即 A-D 转换器的输出。

例如一个 10 位的 A-D 转换器，如果输入的模拟电压为 0~5V，则输出的数字量范围为 0~3FFH，且最低有效位所对应的输出电压为 $5V/2^{10} = 4.88mV$。假设输入模拟电压为 4.5V，经 A-D 转换后，其对应的数字量为 1110011001B（399H）。

7.3.2　A-D 转换器的性能指标

1. 分辨率

分辨率是反映 A-D 转换器对输入的微小变化的响应能力，通常用数字量输出最低位所对应的模拟输入电平值表示。

例如，8 位 A-D 转换器能对输入满量程的 1/255 的增量做出反应，则其分辨率为输入满量程的 1/255。如果用一个 10 位 A-D 转换器转换一个满量程为 5V 的电压，则它能分辨的最小电

压为 $5000mV/2^{10} \approx 5mV$。

由于分辨率直接与转换器的位数有关，所以一般用数字量的位数来表示分辨率。

2. 转换时间

转换时间是指从输入转换信号开始到转换结束，得到稳定的数字量输出为止所用的时间。转换时间的倒数称为转换速率。

目前，常用的 A-D 转换器的转换时间为 $0.05 \sim 200\mu s$。

3. 输入动态范围

输入动态范围也称量程，指能够转换的模拟电压输入的可变化范围。A-D 转换器的模拟电压输入分为单极性和双极性两种。

1）单极性：动态范围为 $0 \sim 5V$、$0 \sim 10V$ 或 $0 \sim 20V$。

2）双极性：动态范围为 $-5 \sim 5V$ 或 $-10 \sim 10V$。

4. 输出逻辑电平

通常 A-D 转换器的输出逻辑电平与 TTL 电平兼容。在考虑数字量输出与微处理器数据总线接口时，应注意是否要三态输出，是否要对数据进行锁存等。

7.3.3　典型的 A-D 转换器 ADC0809

ADC0809 是一种较为常用的 8 路模拟量输入、8 位数字量输出的逐次比较式 A-D 转换器。

1. ADC0809 原理结构

图 7-16 所示为 ADC0809 原理结构框图。其芯片的主要部分是一个 8 位逐次比较式 A-D 转换器。为了能实现 8 路模拟信号的分时采集，在芯片内部设置了多路模拟开关及通道地址锁存和译码电路，因此能对多路模拟信号进行分时采集和转换。转换后的数据送入三态输出锁存缓冲器。

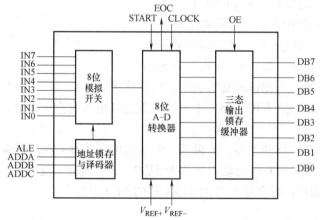

图 7-16　ADC0809 原理结构框图

ADC0809 最大不可调误差为 $\pm 1LSB$，典型时钟频率为 640kHz，时钟信号应由外部提供。每一个通道的转换时间约为 $100\mu s$。图 7-17 所示为 ADC0809 的工作时序。

2. ADC0809 的引脚功能

图 7-18 所示为 ADC0809 的引脚排列图，各引脚的功能如下：

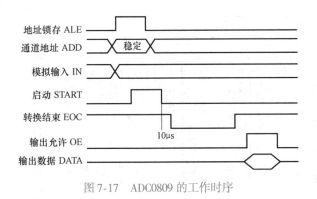

图7-17　ADC0809 的工作时序

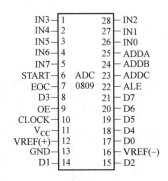

图7-18　ADC0809 的引脚排列图

IN0 ~ IN7：8 路模拟量输入端。

D0 ~ D7：数字量输出端。

START：启动脉冲输入端。脉冲上升沿复位 0809，下降沿启动 A-D 转换。

ALE：地址锁存信号端。高电平有效时把三个地址锁存信号送入地址锁存器，并经地址译码得到地址输出，用以选择相应的模拟输入通道。

EOC：转换结束信号端。转换开始时变低，转换结束时变高，变高时将转换结果送入三态输出锁存器。如果将 EOC 和 START 相连，加上一个启动脉冲则连续进行转换。

OE：输出允许信号输入端。

CLOCK：时钟输入信号端。最高允许值为 640kHz。

VREF（ + ）：正基准电压输入端。

VREF（ – ）：负基准电压输入端。通常将 VREF（ + ）接 5V，VREF（ – ）接地。

V_{CC}：电源电压，可取 5 ~ 15V。

任务7.4　学习单片机与A-D转换器的接口应用

7.4.1　单片机与并行8位A-D转换器的接口应用

图7-19 所示为 ADC0809 与单片机 8051 的中断方式接口电路。采用线选法规定其端口地址，用单片机的 P2.7 引脚作为片选信号，因此端口地址为 7FFFH。片选信号和 $\overline{WR}$ 信号一起经或非门产生 ADC0809 的启动信号 START 和地址锁存信号 ALE；片选信号和 $\overline{RD}$ 信号一起经或非门产生 ADC0809 输出允许信号 OE，OE = 1 时选通三态门使输出锁存器中的转换结果送入数据总线。ADC0809 的 EOC 信号经反相后接到 8051 的 $\overline{INT1}$ 引脚，用于产生转换完成的中断请求信号。ADC0809 芯片的 3 位模拟量输入通道地址码输入端 A、B 和 C 分别接到 8051 的 P0.0、P0.1 和 P0.2，故只要向端口地址 7FFFH 分别写入数据 00H ~ 07H，即可启动模拟量输入通道 IN0 ~ IN7 进行 A-D 转换。

例7-3 为中断工作方式下对 8 路模拟输入信号依次进行 A-D 转换的汇编语言程序，8 路输入信号的转换结果存储在内部数据存储器首地址为 30H 的单元内，并将第 0 路转换结果送到

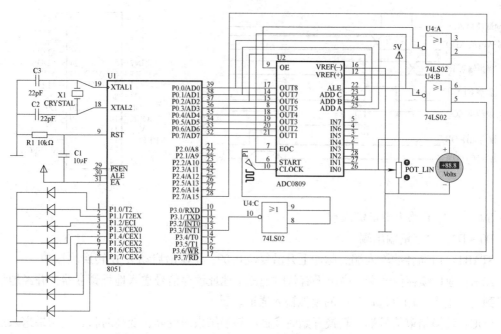

图 7-19　ADC0809 与单片机 8051 的中断方式接口电路

P1 口显示。

例 7-3　编写中断工作方式下对 8 路模拟输入信号进行 A-D 转换的汇编语言程序。

```
        ORG     0000H       ;主程序入口
        AJMP    MAIN
        ORG     0013H       ;外中断入口
        AJMP    BINT1       ;转至 ADC0809 中断服务子程序
MAIN:   MOV     R0,#30H     ;数据区首地址
        MOV     R4,#08H     ;8 路模拟信号
        MOV     R2,#00H     ;模拟通道 0
        SETB    EA          ;开中断
        SETB    EX1         ;允许外中断 1
        SETB    IT1         ;边沿触发
        MOV     DPTR,#7FFFH ;ADC0809 端口地址
        MOV     A,#00H
        MOVX    @DPTR,A     ;启动 ADC0809
LOOP:   MOV     A,30H
        MOV     P1,A
        SJMP    LOOP        ;等待
BINT1:  PUSH    ACC
        MOVX    A,@DPTR     ;输入转换结果
        MOV     @R0,A       ;存入内存
        INC     R0          ;数据区地址加 1
        INC     R2          ;修改模拟输入通道
        MOV     A,R2
```

```
        MOVX    @DPTR,A        ;启动下一路模拟通道进行转换
        DJNZ    R4,LOOP1       ;8 路未完,循环
        MOV     R0, #30H       ;8 路输入转换完毕
        MOV     R4, #08H
        MOV     R2, #00H
        MOV     A, #00H
        MOVX    @DPTR,A        ;重新启动 ADC0809
LOOP1:  POP     ACC
        RETI                   ;中断返回
        END
```

中断工作方式下对 8 路模拟输入信号进行 A-D 转换的 C51 源程序如下:

```c
#include "reg51.h"
#include <absacc.h>                      //外部存储器操作相关
#define AD_ADD    XBYTE[0x7FFF];         //ADC0809 的端口地址
#define unsigned AD_data;                //A-D 转换结果
#define unsigned AD_channel=0;           //A-D 转换通道
    void   INTX1(void)   interrupt  2
    {
    AD_data = AD_ADD;
    if(AD_channel <7)
        AD_channel = AD_channel +1;
    else
        AD_channel =0;
    AD_ADD = AD_channel;                 //启动下一通道
    }
    void   main(void)
    {
    EA =1;                               //开中断
    EX1 =1;                              //允许外中断1
    IT1 =1;                              //边沿触发
    AD_ADD = 0;                          //启动 ADC0809 的通道0
    while(1)
        {
        P1 = AD_data;                    //输出转换结果到 P1
        }
    }
```

7.4.2 单片机与串行 8 位 A-D 转换器的接口应用

为了简化接口电路,许多厂商推出了串行接口的 A-D 转换器。本节介绍美国 TI 公司推出的低功耗 8 位串行 A-D 转换器 TLC549 的工作原理及其与 8051 单片机的接口方式。TLC549 具有 4MHz 片内系统时钟和软、硬件控制电路,转换时间最长 17μs,最高转换速率为 40000 次/s,总失调误差最大为 ±0.5LSB,典型功耗值为 6mW。采用差分参考电压高阻输入,抗干扰能

力强，可按比例量程校准转换范围。

1. 芯片简介

（1）TLC549 的极限参数　TLC549 的极限参数如下：

1）电源电压：6.5V。

2）输入电压范围：$0.3V \sim (V_{CC} + 0.3V)$。

3）输出电压范围：$0.3V \sim (V_{CC} + 0.3V)$。

4）峰值输入电流（任一输入端）：±10mA。

5）总峰值输入电流（所有输入端）：±30mA。

6）工作温度：$0 \sim 70℃$。

（2）TLC549 的内部结构及引脚功能　TLC549 的内部结构框图和引脚排列如图 7-20 所示。

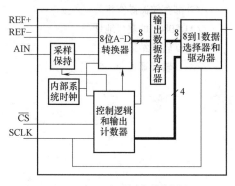 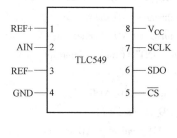

a) TLC549的内部结构框图　　　　　　　b) TLC549的引脚排列图

图 7-20　TLC549 的内部结构框图和引脚排列图

TLC549 各引脚功能如下：

1）REF +、REF −（引脚 1、3）：基准电压正、负端。

2）AIN（引脚 2）：模拟量串行输入端。

3）GND（引脚 4）：接地端。

4）$\overline{CS}$（引脚 5）：芯片选择端，低电平有效。

5）SDO（引脚 6）：数字量输出端。

6）SCLK（引脚 7）：I/O 时钟端。

7）V_{CC}（引脚 8）：电源端。

2. TLC549 工作原理

TLC549 具有片内系统时钟，该时钟与 SCLK 是独立工作的，无需特殊的速度或相位匹配，其工作时序如图 7-21 所示。

当 $\overline{CS}$ 为高电平时，数据输出（SDO）端处于高阻状态，此时 SCLK 不起作用。这种 $\overline{CS}$ 控制作用允许在同时使用多片 TLC549 时共用 SCLK，以减少多路（片）A-D 转换器并用时的 I/O 控制端口。通常情况下，$\overline{CS}$ 应为低电平。通常一组控制时序如下：

1）将 $\overline{CS}$ 置低电平。内部电路在测得 $\overline{CS}$ 下降沿后，再等待两个内部时钟上升沿和一个下降沿，然后确认这一变化，最后自动将前一次转换结果的最高位（D7）输出到 SDO 端上。

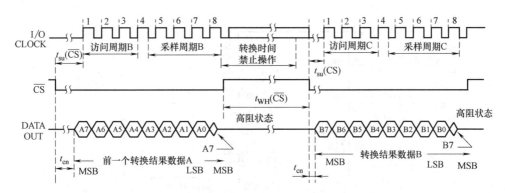

图 7-21　TLC549 的工作时序

2）前 4 个 SCLK 周期的下降沿依次移出第 2、3、4 和第 5 个位（D6、D5、D4 和 D3），片上采样保持电路在第 4 个 SCLK 下降沿开始采样模拟输入。

3）接下来的 3 个 SCLK 周期的下降沿移出第 6、7、8（D2、D1、D0）个转换位。

4）最后，片上采样保持电路在第 8 个 SCLK 周期的下降沿将移出第 6、7、8（D2、D1、D0）个转换位。保持功能将持续 4 个内部时钟周期，然后开始进行 32 个内部时钟周期的 A-D 转换。第 8 个 SCLK 后，$\overline{CS}$ 必须为高电平，或 SCLK 保持低电平，这种状态需要维持 36 个内部系统时钟周期，以等待保持和转换工作的完成。若 $\overline{CS}$ 为低电平时 SCLK 上出现一个有效干扰脉冲，则微处理器/控制器将与器件的 I/O 时序失去同步；若 $\overline{CS}$ 为高电平时出现一次有效低电平，则将使引脚重新初始化，从而脱离原转换过程。

在 36 个内部系统时钟周期结束之前，实施步骤 1）～步骤 4），可重新启动一次新的 A-D 转换，与此同时，正在进行的转换终止，此时的输出是前一次的转换结果而不是正在进行的转换结果。

若要在特定的时刻采样模拟信号，应使第 8 个 SCLK 时钟的下降沿与该时刻对应，因为芯片虽然在第 4 个 SCLK 时钟下降沿开始采样，却在第 8 个 SCLK 的下降沿开始保存。

由于 TLC549 片型小，采样速度快，功耗低，价格便宜且控制简单，所以适用于低功耗的袖珍仪器上的单路 A-D 转换或多路并联采样。

3. TLC549 与单片机接口电路

图 7-22 所示为 TLC549 与 8051 单片机的接口电路。

用单片机的 I/O 端口 P3.0、P3.1 和 P3.2 模拟 TLC549 的 SCLK、$\overline{CS}$ 和 SDO 工作时序，当 $\overline{CS}$ 为高电平时，SDO 为高阻状态，转换开始前，$\overline{CS}$ 必须为低电平，以确保完成转换。8051 单片机的 P3.0 引脚产生总计 8 个时钟脉冲，以提供 TLC549 的 SCLK 引脚输入，当 $\overline{CS}$ 为低电平时，最先出现在 SDO 引脚上的信号为转换值最高位。8051 单片机通过 P3.3 口从 TLC549 的 SDO 端连续移位读取转换数据。最初 4 个时钟脉冲的下降沿分别移出上一次转换值得第 6、5、4、3 位，其中第 4 个时钟脉冲的下降沿启动 A-D 采样，采样 TLC549 模拟输入信号的当前转换值。后续 3 个时钟脉冲送给 SCLK 引脚，分别在下降沿把上一次转换值的第 2、1、0 位移出。在第 8 个时钟脉冲的下降沿，芯片的采样/保持功能开始保持操作，并持续到下一次第 4 个时钟脉冲的下降沿。A-D 转换周期由 TLC549 内部振荡器定时，不受外

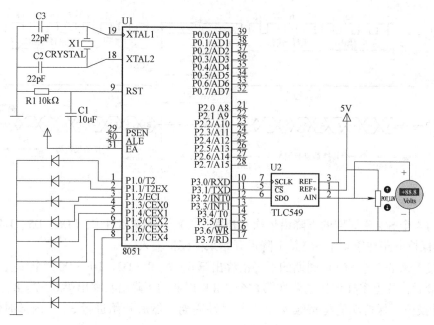

图 7-22 TLC549 与 8051 单片机的接口电路

部时钟的约束,一次 A-D 转换完成需要 17μs。在转换过程中,单片机给$\overline{CS}$一个高电平,SDO 将返回高阻状态,进入下一次 A-D 转换之前,需要至少延时 17μs,否则,TLC549 的转换过程将被破坏。

例 7-4 为采用汇编语言编写的 TLC549 的 A-D 转换程序,执行后将启动 TLC549 连续进行 A-D 转换,并将 A-D 转换结果通过单片机的 P1 口显示。

例 7-4 启动 TLC549 进行 A-D 转换的汇编语言程序:

```
        SCLK      BIT   P3.0    ;定义 I/O 口
        CS549     BIT   P3.1
        DOUT      BIT   P3.2
        ORG       0000H
        LJMP      MAIN
        ORG       0030H
MAIN:   MOV       SP,#60H
        LCALL     TLC549         ;启动 TLC549 进行 A-D 转换
        LCALL     DELAY
LOOP:   LCALL     TLC549         ;读取上次 ADC 值,再次启动 TLC549 进行 A-D 转换
        LCALL     DELAY
        MOV       P1,A           ;将读取的 A-D 转换值送往 P1 口显示
        SJMP      LOOP
TLC549: CLR       CS549          ;选中 TLC549
        NOP
        NOP
        MOV       C,DOUT         ;接收第一位数据
        RLC       A
```

```
        NOP
        NOP
        MOV        R0,#07        ;设置循环次数
SPIIN： SETB       SCLK
        NOP
        NOP
        CLR        SCLK          ;产生有效沿,以便从器件锁存数据
        NOP
        NOP
        MOV        C,DOUT        ;接收下一位数据(从最高位开始)
        RLC        A
        DJNZ       R0,SPIIN      ;8 位数据未接收完则继续接收下一位
        CLR        SCLK
        NOP
        NOP
        SETB       SCLK
        NOP
        NOP
        CLR        SCLK
        SETB       CS549         ;结束 SPI 总线操作,关闭从器件
        RET
DELAY： MOV        R7,#40        ;延时子程序
        DJNZ       R7,$
        RET
        END
```

启动 TLC549 进行 A-D 转换的 C51 源程序如下：

```
#include <reg51.h>
unsigned char bdata adin;            //bdata 是位寻址存储类型,相应单元 20~2FH
sbit adin0 = adin^0;
sbit AD_CS = P3^1;
sbit AD_CLK = P3^0;
sbit AD_DAT = P3^2;
void delay(void)
{
    unsigned char i;
    for(i = 0;i < 20;i + +);
}
unsigned char getad(void)            // A-D 转换程序
{
    unsigned char i;
    AD_CS = 0;                       //令 CS 为低选中 TLC549
    delay();                         //延时
    //循环读取 8 位 A-D 转换结果 //
```

```
        for( i = 0;i < 8;i + + )
        {
            adin0 = AD_DAT;              //读取数据线的一位数据
            AD_CLK = 1;                  //令 CLK 引脚为高电平
            delay( );
            adin = adin < < 1;           //先读取高位,后读低位
            AD_CLK = 0;                  //令 CLK 恢复为低电平
        }
        AD_CS = 1;
        return adin;
    }
    void main( void)
    {
        unsigned char ad;
        while( 1)
        {
            ad = getad( );               //读取 A-D 转换结果
            P1 = ad;
        }
    }
```

任务 7.5　波形发生器的设计与仿真

利用 D-A 转换接口输出的模拟量（电压或电流）可以在许多场合得到应用。本节介绍 DAC 接口的一种应用——波形发生器,可以在 8051 单片机的控制下,产生三角波、锯齿波、方波以及正弦波,各种波形所采用的硬件接口都是一样的,由于控制程序不同而产生不同的波形。

7.5.1　硬件电路设计

采用图 7-23 所示的电路,DAC0832 的地址为 7FFFH,工作于单缓冲器方式,执行一次对 DAC0832 的写入操作即可完成一次 D-A 转换。为了识别按键,该电路对 8051 单片机的外部中断 INT0 进行了扩展。可通过不同按键产生阶梯波、三角波、方波和正弦波。

7.5.2　典型波形分析

1. 正向的阶梯波

8051 单片机的累加器 A 从 0 开始循环增量,每增量一次向 DAC0832 写入一个数据,得到一个输出电压,这样可以获得一个正向的阶梯波,如图 7-24 所示。

DAC0832 的分辨率为 8 位,如果它的满度电压为 5V,则一个阶梯的幅度为

$$\Delta V = \frac{5V}{2^8} = \frac{5V}{256} = 19.5mV$$

汇编语言程序如下:

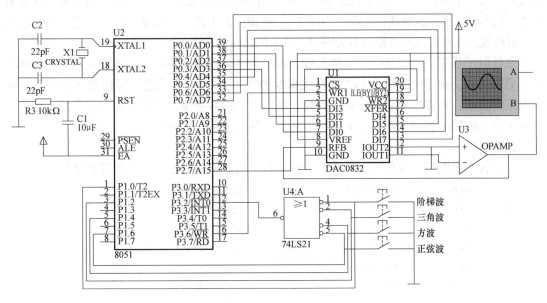

图 7-23　采用 DAC0832 实现的波形发生器电路

```
        MOV         DPTR,#7FFFH        ;DAC0832 的口地址
ST:     MOV         A,#00H             ;阶梯波
LOOP:MOVX           @ DPTR,A           ;启动 D-A 转换
        INC         A
        AJMP        LOOP               ;连续输出波形
```

C51 源程序如下:

```
#include "reg51. h"
#include < absacc. h >              //外部存储器操作相关
#define   W_DATA   XBYTE[0x7FFF];
void main( void)                    /* 主函数 */
{
int V_data =0;
while( 1)
{
W_DATA = V_data;
    if ( V_data <255);
      V_data = V_data + + ;
    else
      V_data = 0;
   }
}
```

图 7-24　正向的阶梯波

程序从标号 LOOP 处执行到指令 AJMP LOOP 共需要 5 个机器周期,若单片机采用 12MHz 的晶振,一个机器周期为 1μs,则每个阶梯的时间为 $\Delta t = 5 \times 1\mu s = 5\mu s$,一个正向阶梯波的总时间为 $T = 255\Delta t = 1275\mu s$,即此阶梯波的重复频率为 $F = 1/T = 784Hz$。由此可见,由软件来产

生波形，其频率是较低的。要想提高频率，可通过改进程序来减少执行时间，但这种方法是有限的，根本的方法是改进硬件电路。由图 7-24 可知，由于每一个阶梯波较小，总体看来就是一个锯齿波。如果要改变这种波形的周期，可采用延时的方法。

在延时子程序中改变延时时间的长短，即可改变输出波形的周期。若要获得负向的锯齿波，只需将以上程序中的指令 INC A 换成指令 DEC A 即可，如果想获得任意起始电压和终止电压的波形，则需先确定起始电压和终止电压对应的数字量。程序中首先从起始电压对应的数字量开始输出，当达到终止电压对应的数字量时返回，如此反复。

2. 三角波

如果将正向锯齿波与负向锯齿波组合起来就可以获得三角波。汇编语言程序如下：

```
        MOV     DPTR,#7FFFH             ;DAC0832 地址
TRI：   MOV     A,#00H                  ;三角波
UP：    MOVX    @ DPTR,A                ;启动 D-A 转换
        INC     A                      ;上升沿
        CJNE    A,#0FFH,UP
DOWN：  MOVX    @ DPTR,A                ;启动 D-A 转换
        DEC     A                      ;下降沿
        CJNE    A,#00H,DOWN
        AJMP    UP                     ;连续输出波形
```

C51 源程序如下：

```c
#include "reg51. h"
#include < absacc. h >                 //外部存储器操作相关
#define   W_DATA   XBYTE[0x7FFF];
void main(void)                        /* 主函数 */
{
int V_data = 0;
while(1)
{
    for(V_data = 0; V_data < 255; V_data + +)
    {
        W_DATA = V_data;
    }
    for(V_data = 255; V_data > 0; V_data - -)
    {
        W_DATA = V_data;
    }
}
}
```

3. 方波

方波信号也是波形发生器中常用的一种信号，下面的程序可以从 D-A 转换器的输出端得到矩形波，当延时子程序 DELAY1 与 DELAY2 的延时时间相同时即为方波，改变延时时间可得到不同占空比的矩形波，上限电平及上限电平对应的数字量可用前面讲过的方法获得。

汇编语言程序如下：

```
        MOV     DPTR,#7FFFH          ;DAC0832 地址
SQ:     MOV     A,#LOW               ;取低电平数字量
        MOVX    @DPTR,A              ;DAC 输出低电平
        ACALL   DELAY1               ;延时 1
        MOV     A,#HIGH              ;取高电平数字量
        MOVX    @DPTR,A              ;DAC 输出高电平
        ACALL   DELAY2               ;延时 2
        AJMP    SQ                   ;连续输出波形
```

C51 源程序如下：

```
#include "reg51.h"
#include <absacc.h>                    //外部存储器操作相关
#define   W_DATA   XBYTE[0x7FFF];
void main(void)                        /* 主函数 */
{
    while(1)
    {
    W_DATA = 0;
    delay();
    W_DATA = 255;
    delay();
    }
}
```

以上程序中未列出延时子程序，读者可以仿照前面锯齿波中的延时子程序自己编写。输出矩形波的占空比为 $T_1/(T_1+T_2)$，输出波形如图 7-25 所示。改变延时值使 $T_1=T_2$ 即得到方波。

4. 正弦波

利用 D-A 转换器接口实现正弦波发生器时，先要对正弦波模拟电压进行离散化。如图 7-26 所示，对于一个正弦波取 N 等分离散点，按定义计算出对应于 1，2，3，$\cdots$，N 各离散点的数据值 D_1，D_2，D_3，$\cdots$，D_N 并制成一个正弦表。因为正弦波在半周期内是以极值点为中心对称，而且正负波形为互补关系，故在制正弦表时只需进行 1/4 周期，即只取 0 ~ π/2 区间的数值，步骤如下：

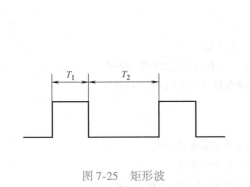

图 7-25　矩形波

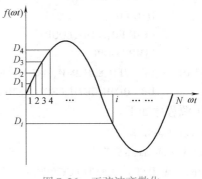

图 7-26　正弦波离散化

1）计算 $0 \sim \pi/2$ 区间 $N/4$ 个离散的正弦值。

2）根据对称关系，复制 $\pi/2 \sim \pi$ 区间的值。

3）将 $0 \sim \pi$ 区间各点根据求补即得 $\pi \sim 2\pi$ 区间的各值。

将得到的这些数据根据所用 D-A 转换的位数进行量化，得到相应的数字值，一次存入 RAM 中或固化于 EPROM 中，从而得到一个全周期的正弦编码表。

汇编语言程序如下：

```
SIN:        MOV DPTR,#SINTAB          ;正弦波
            MOV R0, #6DH
LOOP0:      CLR A
            MOVC A,@ A + DPTR
            MOV @ R0, A
            INC DPTR
            INC R0
            CJNE R0,#80H,LOOP0
            MOV DPTR,#7FFFH           ;DAC0832 端口地址
            MOV R0,#6DH
LOOP1:      MOV A,@ R0               ;取得第一个 1/4 周期的数据
            MOVX @ DPTR,A            ;送往 DAC0832
            INC R0
            CJNE R0,#7FH,LOOP1
LOOP2:      MOV A,@ R0               ;取得第二个 1/4 周期的数据
            MOVX @ DPTR,A            ;送往 DAC0832
            DEC R0
            CJNE R0,#6DH,LOOP2
LOOP3:      MOV A,@ R0               ;取得第三个 1/4 周期的数据
            CPL A                   ;数据取反
            MOVX @ DPTR,A            ;送往 DAC0832
            INC R0
            CJNE R0,#7FH,LOOP3
LOOP4:      MOV A,@ R0               ;取得第四个 1/4 周期的数据
            CPL A                   ;数据取反
            MOVX @ DPTR,A            ;送往 DAC0832
            DEC R0
            CJNE R0,#6DH,LOOP4
            LJMP LOOP1               ;输出连续波形
SINTAB:     DB   7FH,89H,94H,9FH,0AAH,0B4H,0BEH,0C8H,0D1H,0D9H
            DB   0E0H,0E7H,0EDH,0F2H,0F7H,0FAH,0FCH,0FEH,0FFH
```

C51 源程序如下：

```
#include "reg51.h"
#include <absacc.h>                      //外部存储器操作相关
#define   W_DATA   XBYTE[0x7FFF];        //1/4 正弦波数组
    unsigned char sin[19] = {0x7F,0x89,0x94,0x9F,0xAA,0xB4,0xBE,0xC8,
```

0xD1,0xD9,0xE0,0xE7,0xED,0xF2,0xF7,0xFA,0xFC,0xFE,0xFF};

```
void main(void)                    /*主函数*/
{
Int i = 0;
while(1)
{
    For(i = 0,i < 19;i + + )            //第一个 1/4 周期
    {
    W_DATA = sin[i];
    delay();
    }
    For(i = 17,i > = 0;i - - )          //第二个 1/4 周期
    {
    W_DATA = sin[i];
    delay();
    }
    For(i = 0,i < 19;i + + )            //第三个 1/4 周期
    {
    W_DATA = - sin[i];
    delay();
    }
    For(i = 17,i > = 0;i - - )          //第四个 1/4 周期
    {
    W_DATA = - sin[i];
    delay();
    }
}
}
```

7.5.3 程序设计

采用 DAC0832 实现的波形发生器汇编语言程序如下：

```
        ORG   0000H
START:  LJMP MAIN
        ORG 0003H                ;外部中断入口
        LJMP INSER               ;转到中断服务程序
        ORG 0030H
MAIN:   MOV DPTR,#7FFFH          ;DAC0832 地址
        SETB EX0                 ;允许中断
        SETB IT0                 ;负边沿触发方式
        SETB EA                  ;开中断
HERE:   JB 20H.0,ST              ;阶梯波处理
        JB 20H.1,TRI             ;三角波处理
```

217

```
            JB 20H. 2,SQ                 ;方波处理
            JB 20H. 3,SIN                ;正弦波处理
            SJMP HERE                    ;等待中断
INSER：     JNB P1. 0, LL1               ;中断服务程序,查询按键
            SJMP L1
LL1：       MOV 20H,#00H
            SETB 20H. 0                  ;设置阶梯波标志
            SJMP RT
L1：        JNB   P1. 2, LL2
            SJMP L2
LL2：       MOV 20H,#00H
            SETB 20H. 1                  ;设置三角波标志
            SJMP RT
L2：        JNB P1. 4, LL3
            SJMP L3
LL3：       MOV 20H,#00H
            SETB 20H. 2                  ;设置方波标志
            SJMP RT
L3：        JNB P1. 6, LL4
            SJMP RT
LL4：       MOV 20H,#00H
            SETB 20H. 3                  ;设置正弦波标志
RT：        RETI                         ;中断返回
            ……                         ;波形程序略
            END
```

采用 DAC0832 实现的波形发生器 C51 源程序如下：

```c
#include "reg51. h"
#include < absacc. h >                 //外部存储器操作相关
#define    W_DATA   XBYTE[0x7FFF];
unsigned char Key_value;
void    INTX1(void)    interrupt  2
{
Key_value = P1;
}
void    main(void)
{
EA = 1;                                 //开中断
EX1 = 1;                                //允许外中断1
IT1 = 1;                                //边沿触发
while(1)
{
    switch(Key_value)
    {
```

```
        case 0xFE:                    //P1.0 按下
        ……                           //阶梯波
        case 0xFB:                    //P1.2 按下
        ……                           //三角波
        case 0xEF:                    //P1.4 按下
        ……                           //方波
        case 0xBF:                    //P1.6 按下
        ……                           //正弦波
        default:
        break;
      }
    }
  }
```

7.5.4　综合仿真调试

在 Proteus 中进行软件和硬件的联合调试，测试几个功能键，并观察仿真示波器，看是否能得到如图 7-27 所示的波形以及是否满足设计的各项功能。

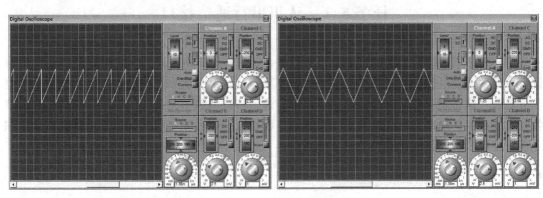

图 7-27　Proteus 中的仿真波形

思考与练习

1. A-D 和 D-A 转换器在微机应用系统中分别起什么作用？有哪些重要指标？

2. 对于一个 10 位的 D-A 转换器，其分辨率是多少？如果输出满刻度电压值为 10V，分别确定模拟量 2.0V 和 8.0V 所对应的数字量。

3. D-A 转换器主要由哪几部分组成？各部分的作用是什么？

4. 逐次逼近式 A-D 转换器由哪几部分组成？各部分的作用是什么？

5. 在 8051 单片机外部扩展一片 D-A 转换器 DAC0832，利用 DAC0832 的输出控制 4 台直流电动机运转，要求每台电动机的转速各不相同，画出硬件电路图并写出相应的程序。

6. 简述串行 A-D 转换器 TLC549 的工作原理并画出它的工作时序图。

7. 在 8051 单片机外部扩展一片 A-D 转换器 TLC549，画出硬件原理电路图并写出相应的程序。

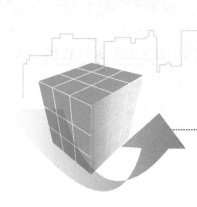

项目8

单片机交通灯远程控制系统的设计与制作

项目综述

每当坐公交车或骑车经过十字路口，看到交通灯时，你有没有想过交通灯是怎么控制的？交通灯的红灯和绿灯的时间是如何控制的？是固定的还是随交通状况而变？在本项目中，将会以 AT89S51 单片机为现场主控制器，用 PC 作交通中心的上位机控制设备，设计一个十字路口交通灯控制系统。PC 可以通过串行通信实现对单片机的操控。本项目所涉及的知识点有串行通信、虚拟串口驱动软件和串口调试软件的用法以及 C51 编程。

任务8.1 认识串行通信接口

AT89S51 单片机有 4 个并行 I/O 口，数据在通过并行口进行传输时，数据的各位是同时进行传送的。如果数据位数很多，或者传输距离很远的话，所采用的硬件连接线就非常多也非常复杂，这时候就要采用串行通信。在串行通信接口电路中，只采用一根发送线，一根接收线就能够很方便地完成任意两机间的通信，而且也能够完成多机之间的通信以及单片机和上位计算机之间或其他智能设备之间的通信。

8.1.1 串行通信基础知识

串行通信按照传输数据时所用的时钟控制方式可分为异步通信和同步通信。

1. 异步通信

在异步通信方式中，传送的数据以一个字（即字符）为基本单位，在每一个字符的传送过程中都要插入一些识别信息位和校验信息位，构成一帧字符信息，或称为字符格式。传输时低位在前，高位在后，数据一帧一帧地传送。

异步通信中，一帧字符信息由四个部分组成：起始位、数据位、奇偶校验位和停止位，如图 8-1 所示。

起始位：按照串行通信协议的规定，在发送端发送字符时，首先送出一个起始位，一般为低电平，将线路置成逻辑"0"状态，通知接收端应准备接收一个新的字符。字符的起始位被用作同步接收端的时钟，以保证后续的接收过程能正确进行。

数据位：数据位紧跟在起始位后，可以是 5 位（$D_0 \sim D_4$）、6 位、7 位或 8 位（$D_0 \sim D_7$），通常使用 7 位或 8 位数据位。在数据位传送时，总是按数据位的高位在后、低位在前的方式进行传送。

奇偶校验位：在数据位后是一个奇偶校验位，用于校验串行传送的正确性。在数据串行

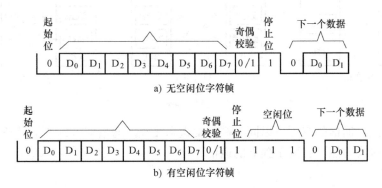

图8-1　异步通信的一般字符格式

传送的过程中，一旦发生奇偶错误即设置奇偶校验位标志，CPU 可以读出此标志，进行相应的纠错处理。不需要奇偶校验时，这一位可省去或改为其他的控制位。

停止位：位于字符帧的最后，它表示一个字符的传送结束，一般为高电平（逻辑"1"）。停止位可以是1位、1.5位或2位。接收端接收到停止位后便知道一个字符已传送结束，同时为接收下一个字符做准备。因此，异步通信的一帧可由10位、10.5位或11位构成。

有时为了使收、发双方都有一定的操作间隙，可以在传送的两个字符之间插入若干空闲位，空闲位同停止位一样也是高电平。在异步通信中，两相邻的字符帧之间需不需要空闲位可以由用户来决定。

2. 同步通信

在同步通信方式中，每个数据块传送开始时，先用同步字符（SYN）来指示数据块传送的开始，并由发送时钟和接收时钟来使收发双方保持严格同步，接收端在检测到规定的同步字符后，即开始顺序接收同步字符后的连续数据，直至通信完成。

3. 波特率

异步通信的一个重要指标是波特率，也即每秒传送的二进制数码的位数，单位是 bit/s，即位/秒。波特率用来描述串行通信的速率。异步通信的波特率为 50～9600bit/s。例如设每个字符帧包括1个起始位、8个数据位和1个停止位，传输速率为每秒4800个字符帧，则波特率为4800bit/s。

异步通信的优点是不需要传送同步时钟，字符帧长度不受限制，每一个字符帧都有固定的格式，通信双方只需按照约定的帧格式来收、发数据，因此硬件结构比较简单。另外还能利用奇偶校验位检测错误，因此异步通信的使用范围很广。

同步通信由于收、发双方是靠时钟电路保持严格同步的，因此对硬件要求很高。但由于不用发送起始位和停止位，因此传输速率较高，速度可达56kbit/s。

4. 串行通信的方向

串行通信中，通信双方的数据传输是按照一定的方式进行的，常用的方式有三种：单向（单工）、半双向（半双工）和全双向（全双工），如图8-2所示。

单工方式：通信的双方只允许一方的数据传输到另一方。

半双工方式：通信双方中的每一方既可以发送数据又可以接收数据，但这两种功能不能同时实现。

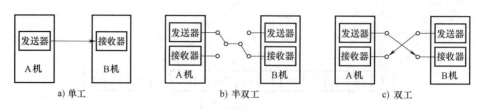

a) 单工　　　　　　　　　　b) 半双工　　　　　　　　　　c) 双工

图 8-2　串行通信的数据传送方向

全双工方式：通信的双方可以同时进行发送和接收。通信双方的通信设备都具有完整和独立的发送和接收功能，有两个独立的通信回路。

8.1.2　AT89S51 单片机串行口

AT89S51 单片机有一个可编程全双工的串行通信接口，具有通用异步接收和发送器（Universal Asynchronous Receiver/Transmitter，UART）的全部功能，能同时进行数据的发送和接收，也可作为同步移位锁存器使用。

1. AT89S51 单片机串行口的结构

AT89S51 的串行口主要由两个独立的串行口数据缓冲器 SBUF（一个发送缓冲锁存器，一个接收缓冲锁存器）、串行口控制锁存器、输入移位锁存器及若干控制门电路组成，其基本结构如图 8-3 所示。

串行口数据缓冲器 SBUF 在物理上是两个独立的接收、发送锁存器，一个用于存放接收到的数据，另一个用于存放要发送的数据，它们可实现数据的同时发送和接收。

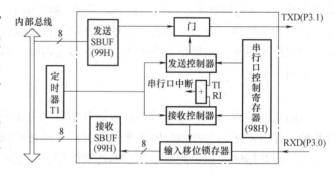

图 8-3　AT89S51 串行口结构

两个缓冲器的符号和地址是一样的，要通过读、写指令来区分。TXD 和 RXD 是串行口的发送端和接收端，发送数据时，写入 SBUF 的数据存储在发送数据缓冲器，经逻辑电路转换为串行数据从 TXD（P3.1）发送；接收数据时，接收的串行数据从 RXD（P3.0）送入输入移位锁存器并进入接收数据缓冲器。

在 AT89S51 单片机中，与串行口的设置和控制相关的特殊功能锁存器有两个：SCON 和 PCON，它们控制着串行口的工作方式以及波特率，定时器 T1 作为波特率发生器。AT89S51 的串行口属于可编程接口。

2. 串行口控制锁存器 SCON

特殊功能锁存器 SCON 包含串行口的方式选择位、接收发送控制位以及串行口的状态标志，串行口控制字格式如下：

位	7	6	5	4	3	2	1	0
SCON (0x98) 98H	SM0	SM1	SM2	REN	TB8	RB8	TI	RI

SM0、SM1：它们是串行口的方式选择位，其工作方式见表8-1。

表 8-1 串行口工作方式

SM0 SM1	工作方式	功能说明
0 0	0	移位锁存器方式（用于 I/O 口扩展）
0 1	1	8 位 UART，波特率可变（T1 溢出率/n）
1 0	2	9 位 UART，波特率为 f_{osc}/64 或 f_{osc}/32
1 1	3	9 位 UART，波特率可变（T1 溢出率/n）

SM2：多机通信控制位。在方式 0 下，SM2 应为 0。在方式 1 下，如果 SM2 = 0，则只有收到有效的停止位时才会激活 RI。在方式 2 和方式 3 下，如置 SM2 = 1，则只有在收到的第 9 位数据（RB8）为 1 时，RI 被激活（RI = 1，申请中断，要求 CPU 取走数据）；若 SM2 = 0，表示数据接收状态，无论 RB8 是 1 还是 0，都把接收到的数据送入接收缓冲器，并产生中断请求。

REN：允许串行接收位。由软件置位以允许接收，由软件清零来禁止接收。

TB8：在方式 2 和方式 3 下发送的第 9 位数据。需要时由软件置位或复位。

RB8：在方式 2 和方式 3 下接收到的第 9 位数据。在方式 1 时，如 SM2 = 1，RB8 是接收到的停止位。在方式 0 时不使用 RB8。

TI：发送中断标志。由硬件在方式 0 串行发送第 8 位结束时置位，或在其他方式串行发送停止位的开始时置位，必须由软件清零。

RI：接收中断标志。由硬件在方式 0 接收到第 8 位结束时置位，或在其他方式接收到停止位的中间时置位，必须由软件清零。

3. 电源及波特率选择锁存器 PCON

PCON 是 AT89S51 为电源控制而设置的特殊功能锁存器，其格式如下：

位	7	6	5	4	3	2	1	0
PCON (0x878) 87H)	SMOD				GF1	GF0	PD	IDL

PCON 中与串行口相关的只有 SMOD，为波特率倍增位。在方式 1、2 和 3 时，串行通信的波特率与 SMOD 有关，当 SMOD = 1 时，波特率乘以 2。系统在复位时 SMOD = 0。

4. AT89S51 单片机串行口的工作方式

（1）方式 0　方式 0 时，串行口工作于同步移位锁存器方式，此时串行口相当于一个并入串出或串入并出的移位锁存器。数据从 RXD（P3.0）输入或输出（低位在先，高位在后），TXD（P3.1）输出同步移位时钟，方式 0 的波特率固定为 f_{osc}/12。当执行指令"MOV SBUF，A"或语句"SBUF = 0x8F；"时，8 位数据自动开始传送。传送完毕后，TI 被置 1。接收时，必须先使 REN = 1、RI = 0，当 8 位数据接收完后，RI 会置 1，此时可由"MOV A，SBUF"，将数据读入累加器。若要再次发送或接收数据，必须用软件将 TI 或 RI 清零。方式 0 时 SM1 和 SM0 为 00，此时 SM2 必须为 0。这种方式常用于单片机外围接口电路的扩展。

（2）方式 1　方式 1 时，串行口工作于异步通信方式，数据帧格式为 8 位数据，还有 1 个起始位、1 个停止位，共 10 位。其传输波特率是可变的，和 T1 的溢出率以及 SMOD 有关。发送数据时，数据从 TXD 输出，当数据送入 SBUF 后立即自动开始发送。发送完一帧数据后，自动将 TI 置 1。接收数据时，需要将 REN 置 1，允许接收，串行口一旦检测到 RXD 从 1 变到 0 时，就确认是起始位，开始接收一帧数据。当 RI = 0 且停止位为 1 或 SM2 = 0 时，停止位进入 RB8，将 RI 置 1，否则信息将丢失。因此在方式 1 接收时，应该先用软件将 RI 或 SM2 清零。

（3）方式 2 和方式 3　方式 2 和方式 3 的差别仅仅在于波特率不一样，方式 2 的波特率是固定的，波特率为 $2^{\text{SMOD}}/64$（f_{osc}）；方式 3 的波特率是可变的，波特率 $= 2^{\text{SMOD}}/32$（T1 的溢出率）。

串行口工作在方式 2 或方式 3 时，则被定义为 9 位的异步通信接口。传送一帧信息为 11 位，其中 1 位起始位，8 位数据位（从低位至高位），1 位是附加的可程控为 1 或 0 的第 9 位数据，1 位停止位。

1）方式 2 和方式 3 发送：方式 2 或方式 3 发送时，数据由 TXD 端输出，发出一帧信息为 11 位，附加的第 9 位数据是 SCON 中的 TB8，发送的数据送入 SBUF 后，就自动启动发送器发送，发送完一帧信息后，将中断标志 TI 置 1。

2）方式 2 和方式 3 接收：串行口被定义为方式 2 或方式 3 接收时，需要将 REN 置 1。数据从 RXD 端输入，当检测到 RXD 端从高到低的负跳变时，确认起始位有效，开始接收本帧的其余信息。在接收完一帧信息后，当 RI = 0、SM2 = 0 时，或接收到第 9 位数据为 "1" 时，8 位数据装入接收缓冲器 SBUF，第 9 位数据装入 SCON 中的 RB8，并将 RI 置 1。若不满足上述的两个条件，接收到的信息将会丢失，也不会将 RI 置 1。

5. AT89S51 串行口的波特率

下面分别讨论串行口 4 种方式的波特率。

1）方式 0：方式 0 的波特率为 $f_{\text{osc}}/12$，固定不变。

2）方式 2：波特率为 $\dfrac{2^{\text{SMOD}}}{64} \cdot f_{\text{osc}}$。

3）方式 1 和方式 3：波特率为 $\dfrac{2^{\text{SMOD}}}{32} \times \text{T1}$ 溢出率。

T1 溢出率指的是定时器 T1 每秒溢出的次数。当 T1 作波特率发生器时，通常工作在方式 2，此时应禁止 T1 中断从而避免溢出产生不必要的中断。假设初值为 X，则溢出周期为 $(256 - X)\dfrac{12}{f_{\text{osc}}}$，则溢出率为 $\dfrac{f_{\text{osc}}}{12(256 - X)}$。

用 T1 产生的各种常用的波特率见表 8-2。

表 8-2　定时器 T1 产生的常用波特率及初值设置

波特率	f_{osc}	SMOD	定时器 1		
			$C/\overline{T}$	方式	定时初值
方式 0（最大）1MHz	12MHz	×	×	×	×
方式 2（最大）375kHz	12MHz	1	×	×	×
方式 1、3 62.5kHz	12MHz	1	0	2	FFH
19.2kHz	11.0592MHz	1	0	2	FDH
9.6kHz	11.0592MHz	0	0	2	FDH
4.8kHz	11.0592MHz	0	0	2	FAH

（续）

波特率	f_{osc}	SMOD	定时器1		
			C/$\overline{T}$	方式	定时初值
2.4kHz	11.0592MHz	0	0	2	F4H
1.2kHz	11.0592MHz	0	0	2	E8H
137.5Hz	11.0592MHz	0	0	2	1DH
110Hz	6MHz	0	0	2	72H
110Hz	12MHz	0	0	1	FEEBH

8.1.3　串行通信的电平转换

单片机的典型应用领域就是用于工业现场的测控系统。这类场合一般用单片机进行现场信息的检测处理，然后把检测到的数据通过串行通信的方式送给其他单片机或上位计算机。工业现场常见的标准接口有 RS-232C 接口、RS-422 接口、RS-485 接口以及 20mA 电流环等。在设计通信接口时要综合考虑选择何种标准接口、传输介质及电平转换问题。由于单片机的串行口的信号电平为 TTL 电平，和标准 RS-232C、RS-485 接口的电平特性不同，因此需要进行电平转换。

1. RS-232C 串行接口

RS-232C 接口是使用最早、应用最广泛的一种异步通信总线标准，是美国电子工业协会（EIA）于 1962 年公布、1969 年最后修订而成的。它是目前 PC 与通信工业中应用最广泛的一种串行接口，适合用于传输速率在 0～20kbit/s 范围内的信号，最大传输距离为 15m。如果需要更远的传输距离，可以加调制解调器。

因为串口 RS-232C 的电气标准不是 TTL 的 5V（逻辑 1）和地（逻辑 0），而是负逻辑，即逻辑"1"为 -12～-3V，逻辑"0"为 3～12V。所以 AT89S51 单片机引脚在和 RS-232C 接口连接时不能直接相连，必须先进行电平转换。通常采用电平转换芯片 MAX232 就可以实现 RS-232C/TTL 电平之间电平的双向转换，转换电路如图 8-4 所示。

2. RS-485 接口

RS-232C 串行接口在使用过程中有不少缺点：接口的信号电平较高，容易损坏接口电路芯片；与 TTL 电平不兼容，必须经过电平转换电路才能与 TTL 电路相连接；传输距离有限；传输的效率不高；抗噪能力较弱。

为解决这些缺点，后来相继出现了一些其他的接口，例如 RS-485，其特点如下：

1）RS-485 的电气特性：以两线间的电压差为 2～6V 表示逻辑"1"；以两线间的电压差为 -6～-2V 表示逻辑"0"，其接口信号电平比 RS-232C 降低了，不容易损坏接口电路的芯片。RS-485 接口电平与 TTL 电平兼容，可方便地与 TTL 电路连接。

2）RS-485 的数据传输速率较快，最高可达 10Mbit/s，传输距离可达 1.2km。

3）工作于半双工方式，抗噪能力较好。

4）RS-485 接口允许同时连接 32 个收发器，具有多站能力。

5）RS-485 接口一般采用屏蔽双绞线传输，因为半双工网络只需两根线。RS-485 连接器采用 DB-9 的 9 芯插头座。

单片机串行口和 RS-485 接口的电平转换只需要一片 MAX485 就可以了。MAX485 是

Maxim 公司的一种 RS-485 芯片，使用单一 5V 电源工作，额定电流为 300μA，采用半双工通信方式。它可以将 TTL 电平转换为 RS-485 电平。图 8-5 所示为单片机与 RS-485 接口的转换电路。

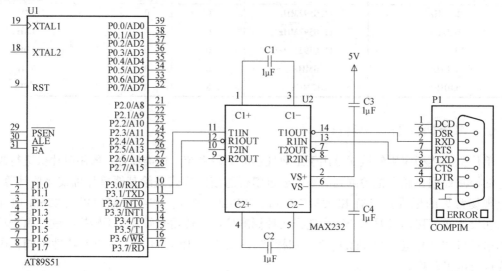

图 8-4　AT89S51 单片机与 PC 通信的电平转换电路接线图

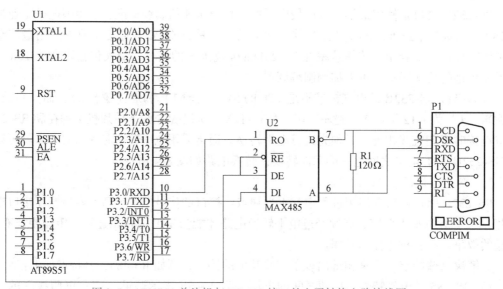

图 8-5　AT89S51 单片机与 RS-485 接口的电平转换电路接线图

8.1.4　串行口应用

串行口通信除了必要的硬件电路之外，还包括应用软件。通信软件的编写不仅与通信接口电路的组成有关，而且和通信双方的通信协议也有着密切的关系。因此，要根据具体应用的条件与要求进行串行通信程序的编制。下面举例说明 51 单片机串行口在不同方式下的编程。

1. 方式 0 的应用

串行口方式 0 为移位锁存器输入输出方式，74LS164 是串入并出的 8 位移位锁存器，可以用来扩展并行口。数据从 RXD 串行输出，TXD 输出移位脉冲（注意这两个引脚的使用和其他工作方式不同）。当一个数据写入串行口发送缓冲器（SBUF）时，串行口即将 8 位数据以 $f_{osc}/12$ 的固定波特率从 RXD 引脚输出，低位在先。发送完 8 位数据后将中断标志位 TI 置 1。本例中通过扩展一片 74LS164 实现扩展一个并口，并外接一个 LED 数码管显示器，编程使其轮流显示 0 ~ 9 十个数字，其原理图如图 8-6 所示。

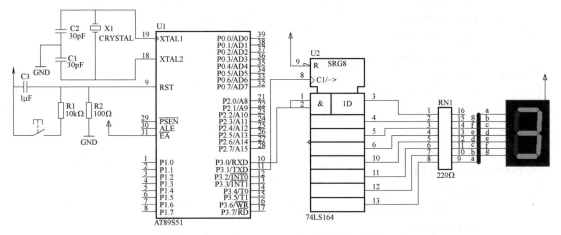

图 8-6　方式 0 实现 I/O 扩展及仿真电路图

其对应的 C51 源程序如下：

```
#include < AT89X51. h >
typedef unsigned char u8;
typedef unsigned int u16;
u8 code Numbercode[ ] = {0xc0,0xF9,0xA4,0xB0,0x99,0x92,0x82,0xF8,0x80,0x90};
/* 延时函数 */
void Delay( )
{
  u16 j,k;
  for( j = 600;j > 0;j-- )
  for( k = 255;k > 0;k-- );
}
/* 主函数 */
void main( )
{
  u8 i = 0;
  SCON = 0;
  while( 1 )
    {
    SBUF = Numbercode[ i ];
    while( TI = = 0 ); //等待发送结束
```

```
            TI = 0;
            Delay( );
            i + + ;
            if( i = = 10 ) i = 0;
            }
        }
```

其对应的汇编语言源程序如下：

```
            ORG 0000H
            MOV R0,#00H
            MOV DPTR,#TAB
            MOV SCON,#00H
LOOP：       MOV A,R0
            MOVC A,@ A + DPTR
            MOV SBUF,A
WAIT：       JBC TI,YANSHI
            SJMP WAIT
YANSHI：ACALL DELY
            INC R0
            CJNE R0,#0AH,LOOP
            MOV R0,#00H
            SJMP LOOP
DELY：       MOV R5,#08H
L1：         MOV R6,#00H
L2：         MOV R7,#00H
            DJNZ R7, $
            DJNZ R6,L2
            DJNZ R5,L1
            RET
TAB：        DB 0C0H,0F9H,0A4H,0B0H,99H,92H,82H,0F8H,80H,90H
```

2. 方式 2 的应用

例如：采用查询方式编写带奇偶校验的数据块发送和接收程序，若接收有错，将用户标志位 F0 置 1。要求串行口工作于方式 2，波特率为 $f_{osc}/32$，发送数据块存放在首址为 TDATA 的存储区内，字节数为 n。接收缓冲区首址为 RDATA。

其发送参考程序如下：

```
            ORG 0100H
            TDATA EQU 40H
            n EQU 10H
START：      MOV SCON, #80H      ; 设定串口工作方式为方式 2
            MOV PCON, #80H      ; 设置波特率加倍
            MOV R0, #TDATA      ; 指向数据区首址
            MOV R7, #n          ; 设定传送字节数
TX：         ACALL TXSUB         ; 调用一帧传送子程序
```

```
              INC R0              ; 为下一次取数做准备
              DJNZ R7, TX         ; 判断是否传送完成, 未完则继续
              SJMP $
TXSUB:        MOV A, @ R0         ; 开始传送数据
              MOV C, PSW. 0       ; 置奇偶校验位到 TB8
              MOV TB8, C
              MOV SBUF, A         ; 启动数据传送
TX1:          JBC TI, TX2         ; 查询是否传送完成
              SJMP TX1
TX2:          CLR  TI             ; 结束清 TI, 为下一次数据传送做准备
              RET
              END
```

其接收参考程序如下：

```
              ORG 0100H
              RDATA EQU 40H
              n EQU 10H
START:        MOV SCON, #90H      ; 设为方式 2 接收
              MOV PCON, #80H      ; 波特率加倍
              MOV R1, #RDATA      ; 数据块首址
              MOV  R7, #n
RX:           ACALL RXSUB         ; 调用接收子程序
              INC R1              ; 准备下一个数
              DJNZ R7, RX
              SJMP $
RXSUB:        JNB RI, $           ; 查询等待
              CLR RI              ; 清零, 为下次接收做准备
              MOV A, SBUF         ; 启动接收
              JNB PSW. 0, RX1     ; P = 0, 转 RX1
              JNB RB8, RERR       ; P = 1, RB8 = 0, 转出错处理
              SJMP RX2
RX1:          JB RB8, RERR        ; P = 0, RB8 = 1, 转出错处理
RX2:          MOV @ R1, A         ; 保存数据
              RET
RERR:         SETB F0
              RET
```

任务8.2　单片机交通灯远程控制系统的设计与仿真

　　本任务将设计一个交通灯远程控制系统。控制要求如下：由 PC 作为主控上位机，与下位机单片机进行串行通信，可进行紧急情况时的远程控制。单片机控制交通信号灯的正常或紧急情况下的显示。显示的时序图如图 8-7 所示，循环显示。

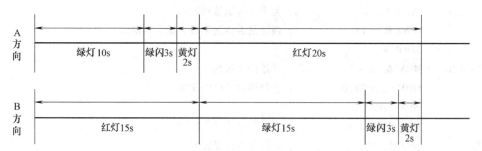

图 8-7　某路口交通灯显示时序图

上位机 PC 和下位机单片机之间的通信协议为：有紧急情况时，主机发送命令字 0x11，从机收到 0x11 后回复 0x22 给主机，此时 A、B 双向均为红灯；解除紧急情况时，主机发送命令字 0x66，从机收到 0x66 后回复 0x77 给主机，此时 A、B 方向恢复正常显示。

8.2.1　硬件电路设计

设计本任务的电路如图 8-8 所示。

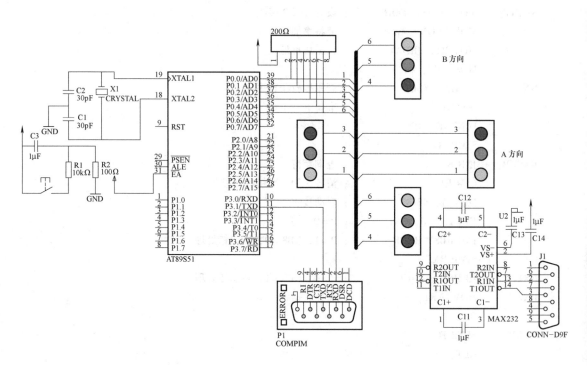

图 8-8　单片机交通灯远程控制系统仿真电路

本电路中用到了交通灯模型，可以非常逼真地显示交通信号，双向 12 个灯由 P0.0~P0.5 来控制，实物电路中，PC 用 DB-9 标准接口通过 MAX232 和单片机的串行口连接，MAX232 的 T1IN 和 R1OUT 分别接单片机的 TXD 和 RXD。为了能够在没有串行口的情况下仿真调试，电路中用了串行口组件 COMPIM。当由 CPU 或 UART 软件生成的数字信号出现在 PC 物理 COM 接口时，它能缓冲所接收的数据，并将它们以数字信号的形式发送给 Proteus 仿真电路。如果没有物理 COM，可使用虚拟串行口，下面介绍虚拟串口的相关知识。COMPIM 的设置如图 8-9 所示。

8.2.2 虚拟串行口驱动软件及串行口调试软件的使用

Virtual Serial Port DriverV6.9（VSPD）是一款虚拟串行口驱动软件，安装并运行后，在图 8-10 所示的界面中，从"First port"下拉列表中选择"COM3"，在"Second port"下拉列表中选择"COM4"，然后单击右侧的"Add pair"按钮，在左侧的"Virtual Ports"树状目录中立即会出现"COM3/COM4"，并且可以看到有蓝色的虚线将二者连接了

图 8-9 仿真电路中 COMPIM 的设置窗口

起来。可以在设备管理器中看到这两个虚拟串行口，如图 8-11 所示。

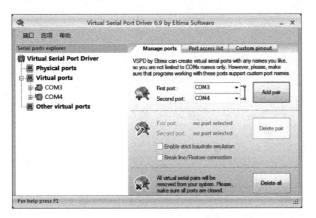

图 8-10 虚拟串行口驱动软件

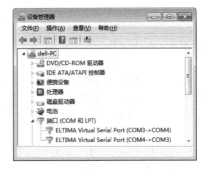

图 8-11 设备管理器中的虚拟串行口

串行口调试小助手 1.3 是一款经典的串行口调试软件，无须安装，可直接运行，其界面如图 8-12 所示。这里端口选"COM3"，波特率选"9600"，数据帧格式的设置应和 COMPIM 的设置相同。勾选"十六进制发送"和"十六进制显示"复选框。

设置完之后，就可以在计算机上用串行口小助手利用虚拟串行口 COM3 和 COM4 仿真调试计算机和单片机的串行通信了。

图 8-12 串行口调试小助手 1.3 界面

8.2.3　程序设计

本项目对应的 C51 参考源程序如下：

```c
#include < REGX51. h >
typedef unsigned char u8;
//串行口中断函数
void serial ( ) interrupt 4
{
    u8 i;
    EA = 0;
    if (RI = = 1)
        {
        RI = 0;
        if (SBUF = = 0x11)
            {SBUF = 0x22;
            while (! TI);
            TI = 0;
            i = P0;
            P0 = 0x24;
            while (SBUF! = 0x66)
                {
                while (! RI);
                RI = 0;
                }
            SBUF = 0x77;
            while (! TI);
            TI = 0;
            P0 = i;
            EA = 1;
        }
        else
            {
            EA = 1;
            }
        }
}
//延时 0.5s 函数
void Delay0_ 5s ( )
{
    u8 i;
    for (i = 0; i < 10; i + +)
        {
        TH0 = 0x3C;
        TL0 = 0xB0;
```

```
    TR0 = 1;
    while (! TF0);
    TF0 = 0;
    }
}
//延时 0.5~128s 函数
void Delay_ ts (u8 t)
{
    u8 i;
    for (i = 0; i < t; i + +)
    Delay0_ 5s ();
}
void main (void)
{
    u8 k;
    TMOD = 0x21;
    TH1 = 0xFD;
    TL1 = 0xFD;
    TR0 = 1;
    TR1 = 1;
    SCON = 0x50;
    PCON = 0x00;
    EA = 1;
    ES = 1;
    while (1)
      {
       P0 = 0x21;
       Delay_ ts (20);
       for (k = 0; k < 3; k + +)
         {
            P0 = 0x20;
            Delay0_ 5s ();
            P0 = 0x21;
            Delay0_ 5s ();
         }
       P0 = 0x22;
       Delay_ ts (4);
       P0 = 0x0C;
       Delay_ ts (30);
       for (k = 0; k < 3; k + +)
         {
            P0 = 0x04;
            Delay0_ 5s ();
            P0 = 0x0C;
```

```
            Delay0_ 5s ();
        }
    P0 = 0x14;
    Delay_ ts (4);
    }
}
```

8.2.4 综合仿真调试

在 Proteus 中运行仿真调试，可以看到
A、B 两个方向的交通灯按事先定好的时序
显示。此时，打开串行口调试小助手 1.3，
在发送栏输入"11"，然后单击"手动发
送"按钮，则能收到单片机回应的"22"
显示在接收区。同时，双向的红灯都亮起。
直到在发送栏输入"66"，则收到单片机
回应的"77"，同时，交通灯的显示恢复
正常，如图 8-13 所示。

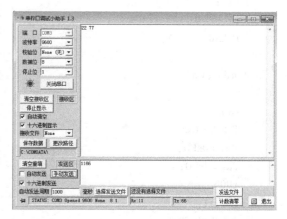

 思考与练习

图 8-13 串行口调试小助手显示的数据传输

1. 51 单片机的串行接口有几种工作方式？它们各有什么特点和功能？

2. 简述 51 单片机串行口方式 0 和方式 1 发送与接收的工作过程。

3. 简述 51 单片机中 SCON 的 SM2、TB8 和 RB8 有什么作用？

4. 简述 51 单片机四种工作方式波特率的产生方式。

5. 说明如何利用 51 单片机串行口方式 0，将串行口扩展为并行口。

6. 说明多机通信原理。

7. 为什么定时器 T1 用作串行口波特率发生器时，常采用工作方式 2？

8. 某异步通信接口，其帧格式由一个起始位 0、7 个数据位、一个奇偶校验位和一个停止位 1 组成，现要求该口每分钟传送 1800 个字符，试计算出传送波特率。

9. 当 51 单片机串行口工作在方式 1 和方式 3 时，其波特率、f_{osc}、定时器 T1 与工作方式 2 的初值及 SMOD 位的关系是什么？设 f_{osc} = 6MHz，现用定时器 T1 方式 2 产生 110bit/s 的波特率，试计算定时器 T1 的初值。

10. 通信接口 RS-232C 在现代网络通信中主要的缺点是什么？

11. 单片机与 RS-232C 或 RS-485 通信接口相连时为何要进行电平转换？

12. 虚拟串行口驱动软件有何作用？

13. 串行口调试软件的用法是怎样的？

14. 尝试设计上位机软件代替串行口调试助手工具软件，实现 PC 与单片机的双向数据传输及管理控制。

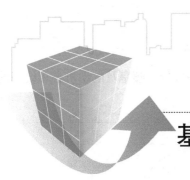

项目9

基于单片机的直流电动机正反转控制系统的设计与仿真

项目综述

在本项目中，将会介绍步进电动机的原理及控制方法、Proteus 环境下 AT89S51 单片机控制步进电动机的 C51 语言和汇编语言的实现方法。

任务9.1 认识步进电动机

9.1.1 步进电动机简介

步进电动机作为执行部件，是机电一体化的关键产品之一，广泛应用在各种自动化控制系统中。随着微电子和计算机技术的发展，步进电动机的需求量与日俱增，在各个国民经济领域都有应用。步进电动机实物图如图 9-1 所示。

步进电动机是一种将电脉冲转化为角位移的执行机构。通俗来说，当步进驱动器接收到一个脉冲信号后，它就驱动步进电动机按设定的方向转动一个固定的角度（即步进角）。可以通过控制脉冲个数来控制角位移量，从而达到准确定位的目的；同时可以通过控制脉冲频率来控制电动机转动的速度和加速度，从而达到调速的目的。步进电动机具有快速起动和停止的能力，当负荷不超过步进电动机所提供的动态转矩值时，它就可以在一个瞬间实现起动和停转。

图 9-1 步进电动机实物图

步进电动机的步距角和转速不受电压波动和负载变化的影响，也不受环境条件如温度、冲击及振动等影响，仅与脉冲频率有关。步进电动机每转一周都有固定的步数，在不丢步的情况下运行，其步距误差不会长期积累。正因为以上优点，步进电动机广泛应用于自动化控制系统中。

9.1.2 步进电动机工作原理

步进电动机的转子为永磁体，当电流流过定子绕组时，定子绕组产生一个矢量磁场。该磁场会带动转子旋转一个角度，使得转子的一对磁场方向与定子的磁场方向一致。当定子的矢量磁场旋转一个角度时，转子也随着该磁场转一个角度。每输入一个电脉冲，电动机转动一个角度，即前进一步。它输出的角位移与输入的脉冲数成正比、转速与脉冲频率成正比。

改变绕组通电的顺序，电动机就会反转。所以可用控制脉冲数量、频率及电动机各相绕组的通电顺序来控制步进电动机的转动。

图9-2所示为四相步进电动机，采用单极性直流电源供电。只要对步进电动机的各相绕组按合适的时序通电，就能使步进电动机步进转动。

开始时，开关 S_B 接通电源，S_A、S_C、S_D 断开，B 相磁极和转子的 0、3 号齿对齐，同时转子的 1、4 号齿就和 C、D 相绕组磁极产生错齿，2、5 号齿就和 D、A 相绕组磁极产生错齿。当开关 S_C 接通电源，S_B、S_A、S_D 断开时，由于 C 相绕组的磁力线和 1、4 号齿之间磁力线的作用，使转子转动，1、4 号齿和 C 相绕组的磁极对齐。而 0、3 号齿和 A、B 相绕组产生错

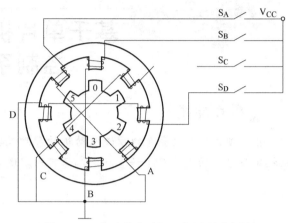

图9-2　四相步进电动机工作原理示意图

齿，2、5 号齿就和 A、D 相绕组磁极产生错齿。依次类推，A→B→C→D 四绕组轮流供电，则转子会沿着 A→B→C→D 方向转动。若改变通电顺序，即按 D→C→B→A 顺序循环通电时，转子便按逆时针方向转动。

四相步进电动机按照通电顺序的不同，可分为单四拍、双四拍和八拍三种工作方式。单四拍与双四拍的步距角相等，但单四拍的转动力矩小。八拍工作方式的步距角是单四拍与双四拍的一半，因此，八拍工作方式既可以保持较高的转动力矩又可以提高控制精度。单四拍、双四拍与八拍工作方式的电源通电时序如下：

单四拍：A→B→C→D。

八拍：AB→BC→CD→DA。

双四拍：A→AB→B→BC→C→CD→D→DA。

任务9.2　直流电动机正反转控制设计与仿真

9.2.1　硬件电路设计

1. 步进电动机控制系统框图

通过以上对步进电动机工作原理的分析可知，当用单片机控制步进电动机时，可以很方便地使用任一种步数方式对不同相数的步进电动机进行控制。其典型控制系统框图如图9-3所示。

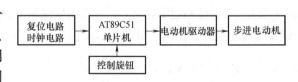

图9-3　步进电动机控制系统框图

2. 元器件选择

主控单元可选用 AT89C51 单片机，以便对整个系统进行控制。步进电动机选用 9.1.2 节介绍的四相步进电动机。下面重点介绍电动机驱动电路芯片 ULN2003。

ULN2003 是高耐压、大电流复合晶体管阵列，由 7 个 NPN 型复合硅晶体管组成，如图 9-4 所示。ULN2003 的每一对达林顿管都串联一个 2.7kΩ 的基极电阻，在 5V 的工作电压下它能与 TTL 和 CMOS 电路直接相连，可以直接处理原本需要标准逻辑缓冲器来处理的

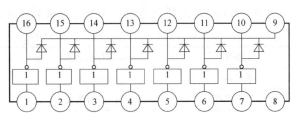

图 9-4　ULN2003 功能图

数据。ULN2003 工作电压高，工作电流大，灌电流可达 500mA，并且能够在关态时承受 50V 的电压，输出还可以在高负载电流下并行运行。该芯片多用于单片机、智能仪表、PLC、数字输出卡等控制电路中，可直接驱动继电器、步进电动机等负载。其引脚定义见表 9-1。

表 9-1　ULN2003 引脚定义

引脚	符号	功能	引脚	符号	功能
1	IN1	输入 1	9	COM	公共端
2	IN2	输入 2	10	OUT7	输出 7
3	IN3	输入 3	11	OUT6	输出 6
4	IN4	输入 4	12	OUT5	输出 5
5	IN5	输入 5	13	OUT4	输出 4
6	IN6	输入 6	14	OUT3	输出 3
7	IN7	输入 7	15	OUT2	输出 2
8	GND	地	16	OUT1	输出 1

本项目中，ULN2003 的 1~4 脚接单片机 I/O 口；13~16 脚驱动步进电动机；引脚 9 是内部 7 个续流二极管负极的公共端，各二极管的正极分别接各达林顿管的集电极。用于电感性负载时，该脚接负载电源正极，实现续流作用。

3. 基于 Proteus 的电动机驱动电路设计

Proteus 软件里有本项目中用到的所有元器件，可以方便实现本项目的设计、仿真、调试。设计电路图如图 9-5 所示。

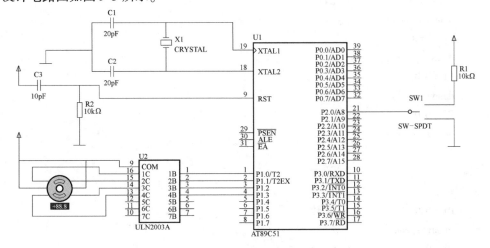

图 9-5　基于 Proteus 的电动机驱动电路图

为方便 Proteus 设计和搜索，主要元器件名称见表 9-2。

表 9-2　本项目用到的元器件名称

元器件	Proteus 库中的名称	元器件	Proteus 库中的名称
单片机	AT89C51	旋钮	SW-SPDT
步进电动机	MOTOR-STEPPER	驱动芯片	ULN2003A

9.2.2　程序设计

程序流程图如图 9-6 所示。

1. 步进电动机的 C51 语言控制程序

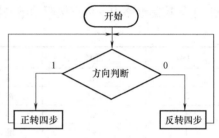

图 9-6　控制程序流程图

```c
#include  <AT89x51.h>
 #define uchar unsigned char
 #define uint unsigned int
 sbit key = P2^0;
void delay(uint speed)              //延时程序
｛     uint i;
   for(i = 0;i < speed;i + + )
      ｛
      ｝
｝
 void main()
｛
     uint speed = 8000;
     for(;;)
｛
   if(key = = 1)
    ｛
       P1 = 0x03;          // 正转
       delay(speed);
       P1 = 0x06;
       delay(speed);
       P1 = 0x0c;
       delay(speed);
       P1 = 0x09;
       delay(speed);
     ｝
   else
     ｛
       P1 = 0x09;          //  反转
        delay(speed);
       P1 = 0x0c;
       delay(speed);
```

```
        P1 = 0x06;
        delay(speed);
        P1 = 0x03;
        delay(speed);
            }
        }
}
```

2. 步进电动机的汇编语言控制程序

```
            ORG 0H
MAIN:     JNB P2.0,SSZ
            MOV p1,#03H    ;正转
            ACALL DELAY
            MOV p1,#06H
            ACALL DELAY
            MOV p1,#0CH
            ACALL DELAY
            MOV p1,#09H
            ACALL DELAY
            SJMP MAIN

SSZ:       MOV p1,#09H     ;反转
            ACALL DELAY
            MOV p1,#0CH
            ACALL DELAY
            MOV p1,#06H
            ACALL DELAY
            MOV p1,#03H
            ACALL DELAY
            SJMP MAIN

DELAY:  MOV R5,#0FFH       ;延时子程序
DE1:      MOV R6,#0FFH
            DJNZ R6,$
            DJNZ R5,DE1
            RET
            END
```

9.2.3 综合仿真调试

1. 调入 HEX 程序

在 Proteus 工程环境中双击单片机 AT89C51，弹出编辑窗口，如图 9-7 所示。

单击"Program File"项后面的文件夹按钮来指定 HEX 文件路径，该文件应是通过编译汇编或 C 语言源程序得到的目标文件。

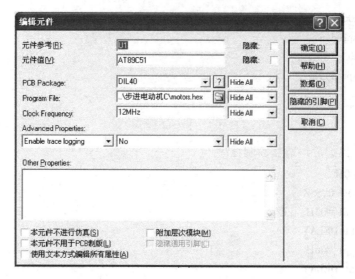

图9-7 元件属性对话框

2. 运行程序

单击Proteus仿真调试窗口左下方的"开始"按钮，程序开始执行，步进电动机也开始转动，这时电动机下方显示的是不断变化的电动机转动角度，如图9-8所示。

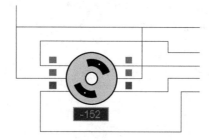

图9-8 Proteus环境下电动机的转动

程序运行的同时可以拨动旋钮来控制电动机的转动方向。

思考与练习

1. 本模块中程序使用的是几拍控制方式？
2. 如何实现步进电动机调速？请修改程序实现。
3. 请写出双四拍电动机控制方式的程序代码。

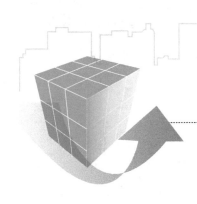

项目 10

SF₆气体密度实时监测系统的设计与仿真

项目综述

　　SF₆即六氟化硫，在常温下是一种无色、无味、无毒、不易燃的惰性气体。SF₆具有良好的电气绝缘性能及优异的灭弧性能，是一种优于空气和油的新一代超高压绝缘介质材料，被广泛应用于高压电器，如断路器、高压变压器等，近年来SF₆也被广泛应用在铁道供电系统中。在生产应用中对电力设备容器内SF₆密度的监测是电力保护系统的一项重要内容。本项目介绍SF₆气体密度实时监测系统的设计与仿真。涉及的知识点有 LCD12864 接口技术、DS1302 接口技术、SF₆密度继电器工作原理、单片机抗干扰设计、汇编语言和 C51 编程。

任务 10.1　学习 LCD12864 的原理与接口技术

10.1.1　LCD12864 硬件接口与内部寄存器

1. LCD12864 简介

　　LCD12864 分为带字库的和不带字库的两种。不带字库的在显示汉字时可以由用户自行选择合适的字体；而带字库的只能显示 GB2312 字体，当然也可以显示其他的字体，不过是用图片的形式显示（见图 10-1）。下面以 Proteus 中的 AMPIRE128 × 64（见图 10-2）为例介绍不带字库的 LCD12864。

图 10-1　LCD12864 实物图

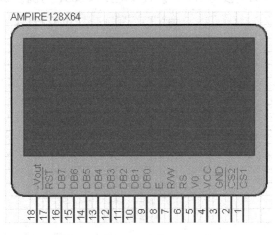

图 10-2　Proteus 中的 LCD12864

其基本特性如下：

1）低电源电压：VDD 为 $3.0 \sim 5.5V$。

2）显示分辨率：128×64 点。

3）时钟频率：2MHz。

4）显示方式：STN、半透、正显。

5）驱动方式：1/32DUTY、1/5BIAS。

6）工作温度：$0 \sim 55℃$；存储温度：$-20 \sim 60℃$。

2. LCD12864 引脚功能

LCD12864 引脚功能见表 10-1。

表 10-1　LCD12864 引脚功能

引脚符号	状态	引脚名称	功　　能
$\overline{CS1}$、$\overline{CS2}$	输入	芯片片选端，都是低电平有效	CS1 = 0 开左屏幕，CS1 = 1 关左屏幕 \ CS2 = 0 开右屏幕，CS2 = 1 关右屏幕
RS	输入	数据/命令选择信号	RS = 1 为数据操作，RS = 0 为写指令或读状态
R/W	输入	读写选择信号	R/W = 1 为读选通，R/W = 0 为写选通
E	输入	读写使能信号	在 E 下降沿，数据被锁存（写）入显示器，在 E 高电平期间，数据被读出
DB0 ~ DB7	三态	数据总线	数据或指令的传送通道
$\overline{RST}$	输入	复位信号，低电平时复位	复位时，关闭液晶显示，使显示起始行为 0，可以跟单片机的复位引脚 RST 相连，也可以直接接 V_{CC}，使之不起作用
V0			液晶显示器驱动电压
– Vout	–10V		LCD 驱动负电压

3. LCD12864 硬件接口连接方式

LCD12864 图形液晶显示模块与单片机的连接方式有两种：一种为直接访问方式，另一种为间接访问方式。接口电路以 8031 为例，如图 10-3 所示。

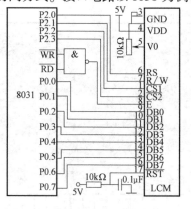

a）直接访问方式

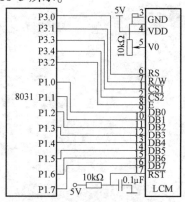

b）间接访问方式

图 10-3　LCD12864 与单片机的两种连接方式

4. LCD12864 内存结构

图 10-4 为 LCD12864 控制器内存结构图，与带字库的 LCD12864 不同，不带字库的 LCD12864 含有两个液晶驱动器，每块驱动器都控制 64×64 个点，分为左、右两个屏幕显示，总共为 128×64 个点。这就是为什么 AMPIRE128×64 有 $\overline{CS1}$ 和 $\overline{CS2}$ 两个片选端的原因。不带字库的 LCD12864 有 8 页，一页有 8 行点阵点，左右各 64 列，共 128 列，如图 10-5 所示。

（1）显示 RAM 单元（DDRAM）　DDRAM（$64 \times 8 \times 8$ 位）是存储图形显示数据的。该 RAM 的每一位数据对应显示面板上一个点的显示（数据为 H）与不显示（数据为 L）。

（2）数据输入/输出缓冲器（DB0 ~ DB7）　数据输入/输出缓冲器为双向三态数据缓冲器，是 LCM（液晶显示模块）内部总线与 MPU 总线的结合部，其作用是将两个不同时钟下工作的系统连接起来并实现通信。在片选信号 $\overline{CS}$ 有效状态下，数据输入/输出缓冲器开放，实现 LCM 与 MPU 之间的数据传递。当片选信号为无效状态时，数据输入/输出缓冲器将中断 LCM 内部总线与 MPU 数据总线的联系，总线对外呈高阻状态，从而不影响 MPU 的其他数据操作功能。

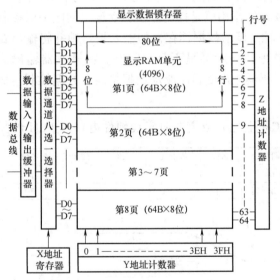

图 10-4　LCD12864 控制器内存结构图

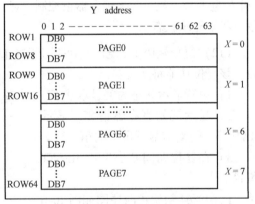

图 10-5　LCD12864 控制器的页

（3）输入寄存器　输入寄存器用于接收在 MPU 运行速度下传送给 LCM 的数据并将其锁存在输入寄存器内，其输出将在 LCM 内部工作时钟的运作下将数据写入指令寄存器或显示存储器内。

（4）输出寄存器　输出寄存器用于暂存从显示存储器读出的数据，在 MPU 读操作时，输出寄存器将当前锁存的数据通过数据输入/输出缓冲器送入 MPU 数据总线上。

（5）指令寄存器　指令寄存器用于接收 MPU 发来的指令代码，通过译码将指令代码置入相关的寄存器或触发器内。

（6）状态字寄存器　状态字寄存器是 LCM 与 MPU 通信时唯一的"握手"信号。状态字寄存器向 MPU 表示了 LCM 当前的工作状态。尤其是状态字中的"忙"标志位是 MPU 在每次对 LCM 访问时必须要读出判别的状态位。当处于"忙"标志位时，数据输入/输出缓冲器被封锁，此时 MPU 对 LCM 的任何操作（除读状态字操作外）都将是无效的。

（7）X 地址寄存器　X 地址寄存器是一个三位页地址寄存器，其输出控制着 DDRAM 中8 个页面的选择，也是控制着数据传输通道的八选一选择器。X 地址寄存器可以由 MPU 以指令形式设置。X 地址寄存器没有自动修改功能，所以要想转换页面就需要重新设置 X 地址寄存器的内容。

（8）Y 地址计数器　Y 地址计数器是一个 6 位循环加一计数器。它管理某一页面上的64 个单元。Y 地址计数器可以由 MPU 以指令形式设置，它和页地址指针结合唯一选通显示存储器的一个单元，Y 地址计数器具有自动加一功能。在显示存储器读/写操作后 Y 地址计数将自动加一。当计数器加至 3FH 后循环归零再继续加一。

（9）Z 地址计数器　Z 地址计数器是一个 6 位地址计数器，用于确定当前显示行的扫描地址。Z 地址计数器具有自动加一功能。它与行驱动器的行扫描输出同步，选择相应的列驱动的数据输出。

（10）显示起始行寄存器　显示起始行寄存器是一个 6 位寄存器，它规定了显示存储器所对应显示屏上第一行的行号。该行的数据将作为显示屏上第一行显示状态的控制信号。

（11）显示开/关触发器　显示开/关触发器的作用就是控制显示驱动输出的电平以控制显示屏的开关。在触发器输出为"关"电平时，显示数据锁存器的输入被封锁并将输出置"0"，从而使显示驱动输出全部为非选择波形，显示屏呈不显示状态。在触发器输出为"开"电平时，显示数据锁存器被控制，显示驱动输出受显示驱动数据总线上数据控制，显示屏将呈显示状态。

（12）复位端$\overline{RST}$　复位端$\overline{RST}$用于在 LCM 上电时或需要时实现硬件电路对 LCM 的复位。该复位功能将实现：

1）设置显示状态为关显示状态。

2）显示起始寄存器清零。显示RAM 第一行对应显示屏上的第一行。

3）在复位期间状态字中 RESET 位置 1。

LCD12864 初始化时序图如图 10-6所示。

项目	名称	最小值	标准值	最大值	单位
初始化时间	t_{RS}	1.0	—	—	μs
上升沿时间	t_R	—	—	200	ns

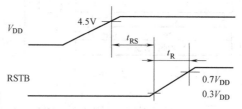

图 10-6　LCD12864 初始化时序图

5. LCD12864 控制器接口信号说明

1）RS、R/W 的配合可选择决定控制界面的 4 种模式，见表 10-2。

表 10-2　控制界面的 4 种模式

RS	R/W	功　能　说　明	RS	R/W	功　能　说　明
L	L	MPU 写指令到指令暂存器（IR）	H	L	MPU 写入数据到数据暂存器（DR）
L	H	读出忙标志（BF）及地址计数器（AC）的状态	H	H	MPU 从数据暂存器（DR）中读出数据

2）E 信号的含义见表 10-3。

表 10-3 E 信号的含义

E 状态	执 行 动 作	结果
高→低	I/O 缓冲→DR	配合 W 进行写数据或指令
高	DR→I/O 缓冲	配合 R 进行读数据或指令
低/低→高	无动作	

10.1.2 LCD12864 控制器软件接口

1. LCD12864 指令表

LCD12864 指令表见表 10-4。

表 10-4 LCD12864 指令表

指令名称	控制信号		控制代码							
	RS	R/W	D7	D6	D5	D4	D3	D2	D1	D0
显示开关设置	0	0	0	0	1	1	1	1	1	D
显示起始行设置	0	0	1	1	L5	L4	L3	L2	L1	L0
页面地址设置	0	0	1	0	1	1	1	P2	P1	P0
列地址设置	0	0	0	1	C5	C4	C3	C2	C1	C0
读取状态字	0	1	BUSY	0	ON/OFF	RESET	0	0	0	0
写显示数据	1	0	数据							
读显示数据	1	1	数据							

各个指令功能详解：

（1）读状态字

BUSY	0	ON/OFF	RESET	0	0	0	0

状态字是 MPU 了解 LCM 当前状态，或 LCM 向 MPU 提供其内部状态的唯一的信息渠道。

BUSY 表示当前 LCM 接口控制电路运行状态。BUSY = 1 表示 LCM 正在处理 MPU 发过来的指令或数据。此时接口电路被封锁，不能接受除读状态字以外的任何操作。BUSY = 0 表示 LCM 接口控制电路已处于"准备好"状态，等待 MPU 的访问。

ON/OFF 表示当前的显示状态。ON/OFF = 1 表示关显示状态，ON/OFF = 0 表示开显示状态。

RESET 表示当前 LCM 的工作状态，即反映$\overline{RST}$端的电平状态。当$\overline{RST}$为低电平状态时，LCM 处于复位工作状态，标志位 RESET = 1。当$\overline{RST}$为高电平状态时，LCM 为正常工作状态，标志位 RESET = 0。

在指令设置和数据读写时要注意状态字中的 BUSY 标志。只有在 BUSY = 0 时，MPU 对 LCM 的操作才能有效。因此 MPU 在每次对 LCM 操作之前，都要读出状态字判断 BUSY 是否为"0"。若不为"0"，则 MPU 需要等待，直至 BUSY = 0 为止。

（2）显示开关设置

0	0	1	1	1	1	1	D

该指令设置显示开/关触发器的状态，由此控制显示数据锁存器的工作方式，从而控制显示屏上的显示状态。D 位为显示开/关的控制位。D = 1 为开显示设置，显示数据锁存器正常工作，显示屏上呈现所需的显示效果，此时在状态字中 ON/OFF = 0。D = 0 为关显示设置，显示数据锁存器被置零，显示屏呈不显示状态，但显示存储器并没有被破坏，在状态字

中 ON/OFF = 1。

（3）显示起始行设置

1	1	L5	L4	L3	L2	L1	L0

该指令设置了显示起始行寄存器的内容。LCM 通过 $\overline{CS}$ 的选择分别具有 64 行显示的管理能力，该指令中 L5 ~ L0 为显示起始行的地址，取值在 0 ~ 3FH（1 ~ 64 行）范围内，它规定了显示屏上最顶一行所对应的显示存储器的行地址。如果等时、等间距地修改（如加 1 或减 1）显示起始行寄存器的内容，则显示屏将呈现显示内容向上或向下平滑滚动的显示效果。

（4）页面地址设置

1	0	1	1	1	P2	P1	P0

该指令设置了页面地址——X 地址寄存器的内容。LCM 将显示存储器分成 8 页，指令代码中 P2 ~ P0 就是要确定当前所要选择的页面地址，取值范围为 0 ~ 7H，代表第 1 ~ 8 页。该指令规定了以后的读/写操作将在哪一个页面上进行。

（5）列地址设置

0	1	C5	C4	C3	C2	C1	C0

该指令设置了 Y 地址计数器的内容，LCM 通过 $\overline{CS}$ 的选择分别具有 64 列显示的管理能力，C5 ~ C0 = 0 ~ 3FH（0 ~ 63）代表某一页面上的某一单元地址，随后的一次读或写数据将在这个单元上进行。Y 地址计数器具有自动加一功能，在每一次读/写数据后它将自动加一，所以在连续进行读/写数据时，Y 地址计数器不必每次都设置一次。页面地址的设置和列地址的设置将显示存储器单元唯一地确定下来，为后来的显示数据的读/写做地址选通。

（6）写显示数据

	数					据	

该操作将 8 位数据写入先前已确定的显示存储器的单元内。操作完成后列地址计数器自动加 1。

（7）读显示数据

	数					据	

该操作将 LCM 接口部的输出寄存器内容读出，操作完成后列地址计数器自动加 1。

DDRAM 地址表见表 10-5。

表 10-5　DDRAM 地址表

	$\overline{CS1} = 0$					$\overline{CS2} = 0$					行号
Y =	0	1	…	62	63	0	1	…	62	63	
	DB0	DB0	DB0	DB0	DB0	DB0	DB0	DB0	DB0	DB0	0
	↓	↓	↓	↓	↓	↓	↓	↓	↓	↓	↓
	DB7	DB7	DB7	DB7	DB7	DB7	DB7	DB7	DB7	DB7	7
X = 0	DB0	DB0	DB0	DB0	DB0	DB0	DB0	DB0	DB0	DB0	8
↓	↓	↓	↓	↓	↓	↓	↓	↓	↓	↓	↓
X = 7	DB7	DB7	DB7	DB7	DB7	DB7	DB7	DB7	DB7	DB7	55
	DB0	DB0	DB0	DB0	DB0	DB0	DB0	DB0	DB0	DB0	56
	↓	↓	↓	↓	↓	↓	↓	↓	↓	↓	↓
	DB0	DB7	DB7	DB7	DB7	DB7	DB7	DB7	DB7	DB7	63

2. LCD12864 点阵图形显示及取模

与项目 4 中图形取模原理相同，LCD12864 仍然采用 PCtoLCD2002 进行取模。根据其显示原理，设置为"纵向取模，字节倒序"（具体设置见图 10-7）。

显示时先设置垂直地址，再设置水平地址（连续写入两个字节的资料来完成垂直与水平的坐标地址）。

垂直地址范围：AC5…AC0。

水平地址范围：AC3…AC0。

GDRAM 的地址计数器（AC）只会对水平地址（X 轴）自动加 1，当水平地址

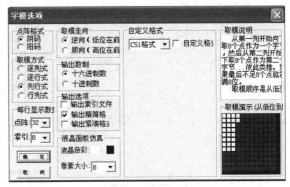

图 10-7　取模软件的设置

=0FH 时会重新设为 00H，它不会对垂直地址做进位自动加 1，故当连续写入多笔资料时，程序需自行判断垂直地址是否需重新设定。GDRAM 的坐标地址与资料排列顺序如图 10-8 所示。

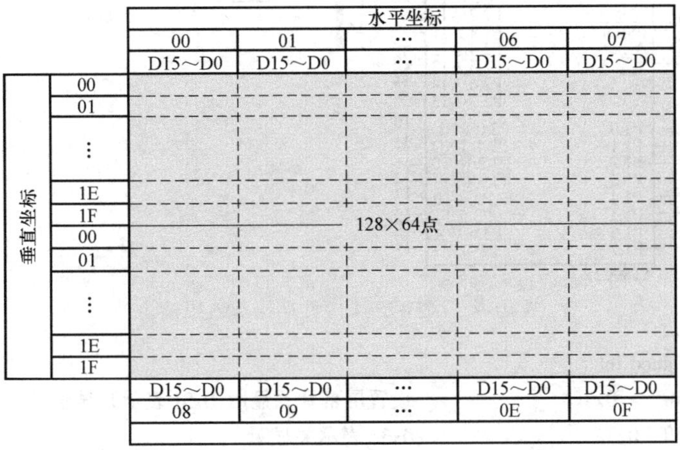

图 10-8　GDRAM 的坐标地址与资料排列顺序

10.1.3　LCD12864 应用实例

下面用一个显示"郑铁职院"的实例来学习 LCD12864 的应用，先看硬件连接和 Proteus 运行效果，如图 10-9 所示。

单片机的 P0 口作为数据口与 LCD 数据口连接；P2.0、P2.1 作为片选信号连接 $\overline{CS1}$、$\overline{CS2}$；P2.2 接 RS；P2.3 接 R/W；P2.4 接 E。

C51 语言程序如下（**注意**：由于字模数组和注释部分较长，本书由于页面所限需要多行印刷，在实际的单片机编程软件内输入时不需要换行，请注意格式正确性）：

例 10-1　LCD12864 显示"郑铁职院"。

```
#include < reg51. h >
#include < intrins. h >
#define uchar unsigned char
```

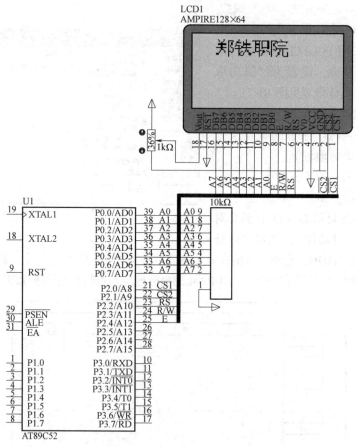

图 10-9　LCD12864 硬件连接与效果演示

```
#define uint unsigned int
#define screen_on    0x3f          //设置屏幕开关显示,0x3f 表示开显示
#define screen_off   0x3e          //0x3e 表示关显示
#define line   0xC0                //首行地址为 0xC0
#define page   0xb8                //首页地址为 0xb8
#define col    0x40                //首列地址为 0x40

sbit CS1 = P2^0 ;                  /* 片选 1 */
sbit CS2 = P2^1 ;                  /* 片选 2 */
sbit RS = P2^2 ;                   /* 数据/指令 选择 */
sbit RW = P2^3 ;                   /* 读/写 选择 */
sbit EN = P2^4 ;                   /* 读/写 使能 */
void delay( uint t)
{
    while( - - t) ;
}

uchar code zheng[ ] =
{0x80,0x91,0x96,0x90,0xF8,0x94,0x93,0x90,0x90,0x00,0xFE,0x02,0x62,0x9A,0x06,0x00,0x20,
```

0x20,0x10,0x0C,0x03,0x02,0x04,0x18,0x00,0x00,0xFF,0x08,0x08,0x10,0x0F,0x00};/＊"郑",0＊/

uchar code tie[ ] =

{0x40,0x30,0x2C,0xEB,0x28,0x08,0xC0,0xBC,0x90,0x90,0xFF,0x90,0x90,0x90,0x80,0x00,0x01,

0x01,0x01,0x7F,0x21,0x51,0x48,0x20,0x10,0x0C,0x03,0x0C,0x30,0x60,0x20,0x00};/＊"铁",0＊/

uchar code zhi[ ] =

{0x02,0x02,0xFE,0x92,0x92,0xFE,0x02,0x00,0xFE,0x82,0x82,0x82,0x82,0xFE,0x00,0x00,0x10,

0x10,0x0F,0x08,0x08,0xFF,0x04,0x44,0x21,0x1C,0x08,0x00,0x04,0x09,0x30,0x00};/＊"职",0＊/

uchar code yuan[ ] =

{0xFE,0x02,0x32,0x4A,0x86,0x0C,0x24,0x24,0x25,0x26,0x24,0x24,0x24,0x0C,0x04,0x00,0xFF,

0x00,0x02,0x04,0x83,0x41,0x31,0x0F,0x01,0x01,0x7F,0x81,0x81,0x81,0xF1,0x00};/＊"院",0＊/

```
void busy( )                       //状态检查,LCD 是否忙
{
   P0 = 0X00;
   RS = 0;
   RW = 1;
   EN = 1;
   while(P0&0X80);
   EN = 0;
}
void wcmd(uchar cmd)               //写命令函数
{
   busy( );                        //检测 LCD 是否忙
   RS = 0;
   RW = 0;
   P0 = cmd;
   EN = 1;_nop_( );_nop_( );
   EN = 0;
}
void wdata(uchar dat)              //写数据函数与写命令函数只在 RS = 1 或 RS = 0 上不同,其余
                                   //  都相同
{
   busy( );                        //检测 LCD 是否忙
   RS = 1;
   RW = 0;
   P0 = dat;
   EN = 1;_nop_( );_nop_( );
   EN = 0;
}
void init( )                       //初始化 LCD
{
   delay(100);
   CS1 = 1;                        //刚开始时关闭两屏
   CS2 = 1;
   delay(100);
```

```
    wcmd(screen_off);                //关屏幕显示,0x3e 表示关显示,0x3f 表示开显示
    wcmd(page);                      //设置页地址,首页地址为 0xb8
    wcmd(line);                      //设置行地址,共有 64 行,首行地址为 0xc0
    wcmd(col);                       //设置列地址,半屏共有 64 列,首列地址为 0x40
    wcmd(screen_on);                 //设置屏幕开显示
}

void clr( )                          //清除 LCD 内存程序
{
    uchar j,i;
    CS1 = 0;                         //左、右屏均开显示
    CS2 = 0;
    for(i = 0;i < 8;i + + )          //控制页数 0 ~ 7,共 8 页
    {
        wcmd(page + i);              //依次对每页进行写操作
        wcmd(col);                   //控制列数 0 ~ 63,共 64 列,列地址会自动加 1
        for(j = 0;j < 64;j + + )     //整屏最多可写 32 个中文字符或 64 个 ASCII 字符
            wdata(0x00);
    }
}
/ * 函数功能:指定位置显示汉字 16 × 16 程序
p 代表页,colum 表示列, * hzk 表示汉字点阵数据,是一维数组 * /
void show(uchar p,uchar column,uchar code * hzk)
{
    uchar i,j;
    for(i = 0;i < 2;i + + )          //写一个汉字需要两页
    {
        wcmd(page + p + i);          //首页地址为 0xb8
        wcmd(col + column);          //首列地址为 0x40,列地址会自动加 1,两页对应相同的列
        for(j = 0;j < 16;j + + )
            wdata(hzk[16 * i + j]);  //j = 0 表示第 0 行的数据,j = 1 表示第 1 行的数据
    }
}
void main( )
{
    init( );                         //初始化 LCD
    clr( );                          //清除 LCD 内存程序
    CS1 = 0;                         //左屏开显示
    CS2 = 1;                         //右屏关显示
    show(0,1 * 16,zheng);            //显示"郑",从第 0 页、第 16 列(即第二个字)开始显示
    show(0,2 * 16,tie);              //显示"铁"
    show(0,3 * 16,zhi);              //显示"职"
    CS1 = 1;                         //左屏关显示
```

```
CS2 = 0;                  //右屏开显示
show(0,0 * 16, yuan);     //显示"院",从右屏第 0 页、第 0 列开始显示
while(1);
}
```

任务 10.2　学习 DS1302 的原理与接口

10.2.1　DS1302 硬件原理

1. DS1302 简介

DS1302 是美国 DALLAS 公司推出的一种高性能、低功耗的实时时钟芯片。采用摩托罗拉公司开发的 SPI 三线接口与 CPU 进行同步通信，并可采用突发方式一次传送多个字节的时钟信号和 RAM 数据。实时时钟可提供秒、分、时、日、星期、月和年，一个月小于 31 天时可以自动调整，且具有闰年

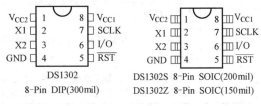

图 10-10　DS1302 引脚封装

补偿功能。其工作电压宽达 2.5~5.5V，采用双电源供电（主电源和备用电源），可设置备用电源充电方式，提供了对后备电源进行涓细电流充电的能力。DS1302 用于数据记录，特别是对某些具有特殊意义的数据点的记录上，能实现数据与出现该数据的时间同时记录，因此广泛应用于测量系统中。封装与引脚配置如图 10-10 所示。

2. 功能详述

DS1302 包括时钟/日历寄存器和 31B（8 位）的数据暂存寄存器，数据通信仅通过一条串行输入/输出口。实时时钟/日历提供包括秒、分、时、日期、月份和年份信息。闰年可自行调整，可选择 12 小时制和 24 小时制，可以设置 AM、PM。只通过三根线即可进行数据的控制和传递，其为 $\overline{RST}$、I/O 和 SCLC。通过备用电源可以让芯片在小于 1mW 的功率下运行。

图 10-11 给出了串行计时器的主

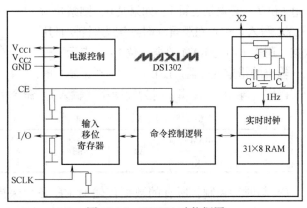

图 10-11　DS1302 功能框图

要组成部分：移位寄存器、控制逻辑、振荡器（芯片外接石英晶体振荡器，见图 10-12）、实时时钟及 RAM。

3. 引脚描述

DS1302 引脚功能描述见表 10-6。

表 10-6 DS1302 引脚功能描述

引脚	名称	功 能
1	V_{CC2}	双供电配置中的主电源供应引脚，V_{CC1} 连接到备用电源，在主电源失效时保持时间和日期数据。DS1302 工作于 V_{CC1} 和 V_{CC2} 中较大者，当 V_{CC2} 比 V_{CC1} 高 0.2V 时，V_{CC2} 给 DS1302 供电；当 V_{CC1} 比 V_{CC2} 高时，V_{CC1} 给 DS1302 供电
2	X1	与标准的 32.768kHz 石英晶体振荡器相连，内部振荡器被设计成与指定的 6pF 装载电容的晶体一起工作。更多关于晶体选择和布局注意事项的信息请参考 DS1302 的说明书
3	X2	DS1302 也可以被外部的 32.768kHz 振荡器驱动，这种配置下，X1 与外部振荡信号连接，X2 悬浮
4	GND	电源地
5	CE	输入。CE 信号在读写时必须保持高电平，此引脚内部有一个 40kΩ（典型值）的下拉电阻连接到地。注意：先前的数据手册修正把 CE 当作 $\overline{\text{RST}}$，引脚的功能没有改变
6	I/O	输入/推挽输出。I/O 引脚是三线接口的双向数据引脚，此引脚内部有一个 40kΩ（典型值）的下拉电阻连接到地
7	SCLK	输入。SCLK 用来同步串行接口上的数据动作，此引脚内部有一个 40kΩ（典型值）的下拉电阻连接到地
8	V_{CC1}	备用电源引脚，接电池或大电容，在主电源掉电时提供备用电源，在主电源正常工作时能对电池和电容进行涓细电流充电，并能避免锂电池反向充电

图 10-12 所示为 DS1302 的典型工作电路。

10.2.2 DS1302 软件接口

1. 命令字

命令字启动每一次数据传输，其格式如下：MSB（位 7）必须是逻辑 1，如果是 0，则禁止对 DS1302 写入。位 6 在逻辑 0 时规定为时钟/日历数据，逻辑 1 时为 RAM 数据。位 1~5 表示了输入、输出的指定寄存器。LSB（位 0）在逻辑 0 时为写操作（输出），逻辑 1 时为读操作（输入）。命令字以 LSB（位 0）开始总是输入。

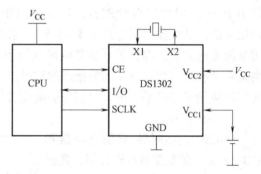

图 10-12 DS1302 典型工作电路

7(MSB)	6	5	4	3	2	1	0(LSB)
1	RAM / $\overline{\text{CK}}$	A4	A3	A2	A1	A0	RD / $\overline{\text{WR}}$

CE 与时钟控制：所有的数据传输时 CE 必须保持高电平。CE 输入实现两个功能：第一，CE 开启允许对地址/命令序列的移位寄存器进行读写的控制逻辑；第二，CE 信号为单字节和多字节 CE 数据传输提供了终止的方法。

一个时钟周期是一系列的上升沿伴随下降沿。要输入数据，在时钟的上升沿数据必须有效，而且在下降沿要输出数据位。如果 CE 输入为低电平，则所有数据传输终止，并且 I/O 口呈高阻抗状态。图 10-13 给出了数据传输时序。在上电时，CE 必须为逻辑 0，直到 V_{CC} 大于 2.0V。同样，SCLK 必须为逻辑 0，直至 CE 变成逻辑 1 状态。

数据输入：输入写命令字的 8 个 SCLK 周期后，在接下来的 8 个 SCLK 周期的上升沿数据字节被输入，如不慎发生多于 8 个周期的数据输入，多余的 SCLK 周期将被忽略，数据输入以位 0 开始。

数据输出：输入读命令字的 8 个 SCLK 周期后，在随后的 8 个 SCLK 周期的下降沿，一个数据字节被输出。注意第一个数据位的传送发生在命令字节被写完后的第一个下降沿。当 CE 仍为高电平时，如果还有额外的 SCLK 周期，DS1302 将重新发送数据字节，这使 DS1302 具有连续突发读取的能力。并且，I/O 引脚在 SCLK 的每个上升沿被置为三态，数据输出从位 0 开始。

脉冲串模式：通过寻址 31（十进制）存储单元（地址/命令位 1~5 为逻辑 1），脉冲串模式可以指定时钟/日历或者 RAM 寄存器。如前所述，位 6 指定时钟或者 RAM，位 0 指定读写。时钟/日历寄存器的存储单元 9~31 和 RAM 寄存器的存储单元 31 无数据存储能力。脉冲串模式下的读写从地址 0 的位 0 开始，在脉冲串模式下写时钟寄存器时，前 8 个寄存器必须按顺序写要发送的数据。然而，在脉冲串模式下写 RAM 时，不必写入要发送数据的所有 31 个字节。不管是否所有 31 个字节都被写入，每个写入字节都会被发送到 RAM。

时钟/日历：读取适当的寄存器字节可以得到时间和日历信息。表 10-7 给出了日历时间寄存器的格式。写入适当的寄存器字节可以设置或初始化时间和日历，时间和日历寄存器的内容是二进制编码的十进制（BCD）格式。周中的天数寄存器在午夜 12 点增加，周中的天数相应的值可以由用户定义，但是必须是连续的，例如，如果 1 代表周日，那么 2 代表周一，等等。非法的时间和日期输入会导致未定义操作。

当读写时钟和日期寄存器时，第二（用户）缓存用来防止内部寄存器更新时出错。读时钟和日期寄存器时，在 CE 上升沿用户缓存与内部寄存器同步。每当秒寄存器被写入，递减计数电路被复位。写传输发生在 CE 的下降沿。为了避免翻转问题，一旦递减计数电路复位，剩下的时间和日期寄存器必须在 1s 内被写入。

DS1302 可以工作在 12 小时制和 24 小时制两种模式下。小时寄存器的位 7 定义为小时模式选择位，为高时是 12 小时制，12 小时制模式下，位 5 是上午/下午位且高电平是下午。24 小时制模式下，20~23 点时，位 5 为高电平（即位 5 表示小时数的十位数是 2）。一旦 12/24 模式被改变，小时数据必须被重新初始化。

时钟暂停标志：秒寄存器的位 7 被定义为时钟暂停标志。当此位置 1 时，时钟振荡器暂停，DS1302 进入漏电流小于 100nA 的低功耗备用模式。当此位置 0 时，时钟开始。初始加电状态未定义。

写保护位：控制寄存器的位 7 是写保护位，前 7 位（位 0~位 6）被强制为 0 且读取时总是读 0。在任何对时钟或 RAM 的写操作以前，位 7 必须为 0。当为高时，写保护位禁止任何寄存器的写操作。初始加电状态未定义，因此，在试图写器件之前应该清除 WP 位。

涓流充电寄存器：此寄存器控制 DS1302 的涓流充电特性。涓流充电选择（TCS）位（位 4~位 7）控制涓流充电器的选择。为了防止意外使能，只有 1010 的模式才能使涓流充电器使能，所有其他模式都会禁止涓流充电器。DS1302 加电时涓流充电器是禁止的。更详细内容可参考 DALLAS 数据手册。

时钟/日历脉冲串模式：时钟/日历命令字节指定脉冲串模式操作。此模式下，前八个时钟/日历寄存器必须从地址 0 的位 0 开始连续读写（见表 10-7）。当指定为写时钟/日历脉冲串模式时，写保护位置高，八个时钟/日历寄存器（包括控制寄存器）都不会发生数据传输。脉冲串模式下涓流充电器是不可读写的。

在时钟脉冲串读取的开始，当前时间被传送至另外的存储器集合。当时钟继续运行时，会从这些第二寄存器读回时间信息。这就消除了万一读取时主寄存器更新而重新读取寄存器的必要。

表 10-7　日历时间寄存器

READ	WRITE	BIT 7	BIT 6	BIT 5	BIT 4	BIT 3	BIT 2	BIT 1	BIT 0	RANGE
81h	80h	CH	10 Seconds			Seconds				00 ~ 59
83h	82h	10 Minutes				Minutes				00 ~ 59
85h	84h	12/$\overline{24}$	0	10 $\overline{AM/PM}$	Hour	Hour				1 ~ 12/0 ~ 23
87h	86h	0	0	10 Date		Date				1 ~ 31
89h	88h	0	0	0	10 Month	Month				1 ~ 12
8Bh	8Ah	0	0	0	0	0	Day			1 ~ 7
8Dh	8Ch	10 Year				Year				00 ~ 99
8Fh	8Eh	WP	0	0	0	0	0	0	0	
91h	90h	TCS	TCS	TCS	TCS	DS	DS	RS	RS	

RAM：静态 RAM 在 RAM 地址空间内是以 31 × 8 字节连续编址的。

RAM 脉冲串模式：RAM 命令字节定义了脉冲串模式操作。此模式下，RAM 寄存器可以从地址 0 的位 0 开始连续读写（见表 10-8）。

表 10-8　寄存器地址/定义

C1h	C0h		00- FFh
C3h	C2h		00- FFh
C5h	C4h		00- FFh
⋮	⋮		⋮
FDh	FCh		00- FFh

2. 时序图

DS1302 的数据传输时序、读数据时序和写数据时序分别如图 10-13、图 10-14 和图 10-15 所示。

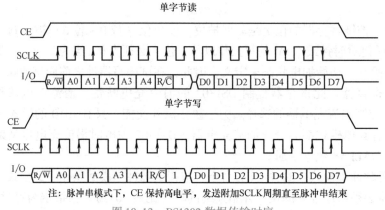

注：脉冲串模式下，CE 保持高电平，发送附加 SCLK 周期直至脉冲串结束

图 10-13　DS1302 数据传输时序

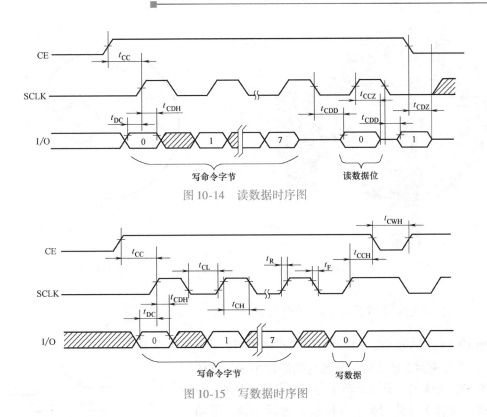

图 10-14　读数据时序图

图 10-15　写数据时序图

任务 10.3　了解 SF₆ 密度继电器工作原理

10.3.1　SF₆ 密度继电器简介

SF₆ 密度继电器是电力系统中重要的保护部件。如果断路器发生故障，将会造成很大的经济损失，要保证断路器运行的可靠性，就必须经常监视断路器的各项指标，特别是 SF₆ 气体，必须达到有关标准的规定，使 SF₆ 断路器长期保持良好的工作状态。

所谓密度，是指某一特定物质在特定条件下单位体积的质量。SF₆ 断路器中的 SF₆ 气体是密封在一个固定不变的容器内的，在 20℃ 时的额定压力下，它具有一定的密度值，在断路器运行的各种允许条件范围内，尽管 SF₆ 气体的压力随着温度的变化而变化，但是，SF₆ 气体的密度值始终不变。因为 SF₆ 断路器的绝缘和灭弧性能在很大程度上取决于 SF₆ 气体的纯度和密度，所以，对 SF₆ 气体纯度的检测和密度的监视显得特别重要。如果采用普通压力表来监视 SF₆ 气体的泄漏，那就会分不清是由于真正存在泄漏还是由于环境温度变化而造成 SF₆ 气体的压力变化。为了能达到监视密度的目的，国家标准规定，SF₆ 断路器应装设压力表或 SF₆ 气体密度表和密度继电器。压力表或 SF₆ 气体密度表是起监视作用的，密度继电器是起控制和保护作用的。

在 SF₆ 断路器上装设的 SF₆ 气体密度表，带指针及有刻度的称为密度表；不带指针及刻度的称为密度继电器或密度压力开关；有的 SF₆ 气体密度表也带有电触点，即兼作密度继电器使用。它们都是用来测量 SF₆ 气体的专用表，如图 10-16 和图 10-17 所示。

图 10-16 SF$_6$ 密度表

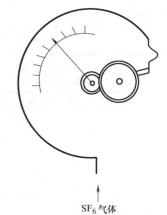

SF$_6$气体

图 10-17 带温度补偿的 SF$_6$ 密度表结构

10.3.2 SF$_6$ 气体密度继电器工作原理

图 10-18 所示为 SF$_6$ 气体密度继电器结构图，其工作原理如下：

1）它是密封在波纹管 1 外侧与断路器中 SF$_6$ 气体连通的 SF$_6$ 气体包，通过以轴 5 为支撑点的杠杆 6，与密封在波纹管 2 外侧的标准气体包 3 进行比较，带动微动开关电触点 4 动作，实现其发信号和闭锁功能。

2）当断路器退出运行时，而且断路器中 SF$_6$ 气体在额定密度或压力时的温度与外界环境温度相等时，波纹管 1 外侧 SF$_6$ 气体的状态与波纹管 2 外侧标准 SF$_6$ 包 3 的状态相同，以轴 5 为支撑点的杠杆 6 保持在某一平衡位置，使微动开关电触点 4 在打开位置，随着环境温度的变化，两侧的 SF$_6$ 气体的压力同时发生变化，因此，作用在以轴 5 为支撑点的杠杆仍然保持在某一平衡位置，微动开关电触点 4 仍然保持在打开位置不变。

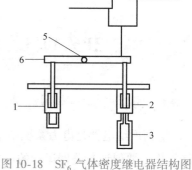

图 10-18 SF$_6$ 气体密度继电器结构图
1、2—波纹管 3—标准 SF$_6$ 气体包
4—微动开关电触点 5—轴 6—杠杆

3）当断路器退出运行时，而且断路器中 SF$_6$ 气体的温度与外界环境温度相等时，如果断路器泄漏 SF$_6$ 气体，波纹管 1 外侧 SF$_6$ 气体的压力将会减小，波纹管 2 外侧的标准 SF$_6$ 气体包 3 的压力保持不变，杠杆 6 失去平衡，其结果是两端将会发生逆时针转动，达到新的平衡位置，漏气到一定程度时，就会使微动开关电触点 4 不同功能的电触点分别闭合，发出不同的指令或信号，实现其不同的功能。

4）当断路器投入运行时，标准 SF$_6$ 气体包 3 处于环境温度下，由于负荷电流通过回路电阻时消耗的电功率转化为热能，使断路器内的 SF$_6$ 气体升温，产生压力增量，即波纹管 1 外侧 SF$_6$ 气体的压力将会增大，就会推动杠杆 6 绕轴 5 顺时针转动，使微动开关电触点 4 不会闭合。在这种情况下，如果断路器泄漏 SF$_6$ 气体，波纹管 1 外侧 SF$_6$ 气体的压力将会减小。但是由于温升的作用，要比断路器退出运行时泄漏更多的 SF$_6$ 气体，才能使微动开关电触点 4 闭合。

任务10.4 单片机系统的抗干扰设计

抗干扰问题是单片机控制系统工程实践中必须解决的关键问题之一。对干扰产生的机理及其抑制技术的研究，受到了国内外普遍重视。大约在20世纪50年代，人们就开始了对电磁干扰的系统研究，并逐步形成了以研究干扰的产生、传播、抑制和使装置在其所处电磁环境中既不被干扰又不干扰周围设备，从而都能长期稳定运行等为主要内容的技术学科——电磁兼容技术，即EMC技术。

10.4.1 干扰的作用机制

干扰对单片机系统的作用可分为三个部分：第一个是输入系统的干扰，它使模拟信号失真，数字信号出错，系统根据该信号做出的反应必然是错误的；第二个是输出系统的干扰，使各输出信号混乱，不能正常反映系统的真实输出量，从而导致一系列严重后果；第三个是单片机的内核的干扰，这些干扰使三总线上的数字信号错乱，使CPU工作出错。

对单片机系统而言，抗干扰有硬件和软件措施，硬件如设置得当，可将绝大多数的干扰拒之门外，但仍然有部分的干扰窜入系统引起不良后果，因此，软件抗干扰也是必不可少的。但软件抗干扰是以CPU的开销为代价的，如果没有硬件措施消除大部分的干扰，CPU将忙于应付干扰，会影响到系统的实时性和工作效率。成功的抗干扰系统是由硬件和软件相结合而构成的。硬件抗干扰具有效率高的优点，但要增加系统的成本和体积，软件抗干扰具有投资低的优点，但要降低系统的工作效率。

不管哪种干扰源，对单片机的干扰总是以辐射、电源和直接传导三种方式进入的，其途径主要是空间、电源和过程通道。按干扰的作用形式分类，干扰一般有串模干扰和共模干扰两种。抗干扰的方法则针对干扰传导的源特征和传导方式，采取抑制源噪声、切断干扰路径和强化系统抵抗干扰等方式。

10.4.2 抗干扰的硬件措施

实践表明，在各种干扰中，电感性负载切投所产生的干扰是单片机控制系统最常见、最严重、最难克服的干扰之一。

1. 抑制电感性负载切投所产生干扰的措施

（1）采用阻容网络 对电感性负载切投所产生干扰的抑制，可采用在负载两端并联阻容网络的方法，其目的是降低干扰幅值，减少干扰频率。

（2）采用压敏电阻 压敏电阻是一种对电压敏感的非线性电阻元件，其特性就像双向稳压管一样，是一种无极性的、非线性对称的抑制电感性负载反电动势干扰和保护触点的元件。

2. 接地的方式

（1）一点接地与多点接地的原则 一般而言，低频（1MHz以下）电路应一点接地，高频（10MHz以上）电路应多点就近接地。因为在低频电路中，布线和元器件的电感较小，而接地电路形成的环路对干扰的影响却较大，因此应一点接地；单片机控制系统的频率较低，对其起作用的干扰频率也大多在1MHz以下，故宜采用一点接地。

（2）交流地与信号地不能共用　因为在一段电源接地线的两点之间会有数毫伏，甚至几伏电压，对低电平信号电路来说，这是一个非常严重的干扰，所以交流地和信号地不能共用。

（3）数字地和模拟地　数字地通常具有很大的噪声，而且电平的跳跃会造成很大的电流尖峰。所有的数字公共导线地应该与模拟公共导线地分开走线，然后只是在一点汇在一起。特别是在 A-D 转换和 D-A 转换电路中，尤其要注意接地线的正确连接，否则转换将不准确，且干扰严重。因此 A-D 转换和 D-A 转换应提供一个独立的模拟地和数字地，将所有元器件的模拟地和数字地分别连接，模拟公共地和数字公共地仅在一点上相连接。

（4）微弱信号的模拟地　A-D 转换器在采集 0~50mV 的微小信号时，模拟地的接法极为重要，为提高抗干扰能力，可采用三线采样双层屏蔽浮地技术。

3. 抗串模干扰的措施

串模干扰通常叠加在各种不平衡输入信号和输出信号上，还有很多时候是通过供电系统窜入的。因此，抗干扰电路通常设置在这些干扰的必经之路上。

（1）光电隔离　在输入和输出通道上采用光电耦合器进行信息传输，可将单片机系统与各种传感器、开关、执行机构从电气上隔离开来，可将绝大多数的外部设备干扰阻挡在外。各类数字信号都可以利用光耦合器进行传输，对于模拟信号则可用线性光耦合器传输。

（2）硬件滤波　在低频信号传送电路中接入一些 RC 低通滤波器，可大大削弱各类高频干扰信号，但硬件滤波的缺点是体积过大，增加成本，而且如果截止频率过低则难以胜任，需以软件数字滤波配合。

（3）过电压保护电路　为防止引入过高电压伤害系统，可在输入/输出通道上采用一定的过电压保护，电路由限流电阻和稳压管组成。限流电阻选择要适宜，太大会引起信号衰减，太小起不到保护稳压管的作用。稳压管的选择也要适宜，其稳压值以略高于传送电压信号为宜，太低会对有效信号起限幅作用，使信号失真，对于微弱信号（0.2V 以下），通常用两只反并联的二极管来代替稳压管，同样可起到过电压保护作用。

（4）抗干扰稳压电源　单片机系统的供电电路是干扰的主要入侵途径，所以给系统供电的稳压电源必须设计成为抗干扰性强的。

（5）数字信号采用负逻辑传输　干扰源作用于高阻电路上时，容易形成较大幅度的干扰信号，而对低阻电路的影响就要小一些。在数字信号系统中，输出低电平时内阻要小，输出高电平时内阻大，如果定义低电平为有效电平（使能信号），高电平为无效电平，就可减少干扰引起的错误动作，提高数字信号传输的可靠性。

4. 抗共模干扰的措施

（1）平衡对称输入　在设计信号源（通常是各类传感器）时，应尽可能做到平衡与对称，否则易产生附加差模干扰，使后续电路不易应付。

（2）选用高质量的差动放大器　高质量的差动放大器特点为高增益、低噪声、低漂移及宽频带，由其构成的运算放大器将获得足够高的共模抑制比。

（3）良好的接地系统　接地不良时将形成较明显的共模干扰，如无法进行良好接地，可将系统浮置，再配合采用合适的屏蔽措施，不能将供电系统的中性线当接地线使用。

（4）系统接地点的正确连接方式　数字地与模拟地要分开走线，最后只在一点相连接，如果系统中的数字地和模拟地不分，则数字信号的电流会在模拟系统的接地线中形成干扰，使模拟信号失真。

（5）屏蔽　对于各种电磁感应引起的干扰，屏蔽能起到很好的作用，用金属外壳或金属闸将整机或部分元器件包围起来，再将金属外壳或金属闸接地即可。屏蔽外壳的接地点要与系统信号参考点相接，而且只能在一处相连，所有具有同参考点的电路部分必须全部装入同一金属外壳中，如有引出线，应采用屏蔽线，其屏蔽层和外壳应在同一点接系统参考点。参考点不同的系统应分别屏蔽，不可共处同一屏蔽装置中。

10.4.3　抗干扰的软件措施

硬件系统抗干扰措施是非常必要的，它给单片机系统创造了一个基本"干净"的工作环境，但并不能保证百分之百的效果，因此各种软件抗干扰措施也是非常必要的。一个系统只有选用相关的硬件抗干扰措施和针对具体环境的软件措施，才能构成一个可靠的系统。

1. 数字信号输入/输出中的软件抗干扰措施

在 CPU 工作正常，干扰作用在系统 I/O 口上时，可用如下方法使干扰对数字信号的输入/输出影响减少或消失。

（1）数字信号的输入方法　一般而言，干扰信号多呈毛刺状，作用时间短，可利用此特点在采集某一信号时，多次重复采集，直到两次或两次以上的采集结果完全一致方为有效，若多次采集信号总是变化不定，可停止采集，给出报警信号。对于较宽的干扰，可在每次采集之间接入一段延时（100μs 左右）。

（2）数字信号的输出方法　在软件上，最为有效的输出方法就是重复输出同一个数据，重复周期要尽可能短，这样即使外部设备已经接收了一个被干扰的错误信息，但还未来得及做出有效的反应，这时如果一个正确的信息又来到，就可以防止误动作的产生。在结构上可将输出过程的执行机构放入监控循环中，由于监控程序都较短，可及时防止误动作。

（3）模拟信号的输入　模拟信号必须经过 A-D 转换之后方能被单片机接收，而干扰作用于模拟信号之后，会使转换结果偏离真实值。干扰分为周期性和非周期性两种，对非周期性随机干扰可采用数字滤波的方法来抑制。

2. CPU 的抗干扰技术

当干扰作用于 CPU 本身时，可有如下一些抗干扰措施。

（1）人工复位　对失控的 CPU，可以采用人工复位的方法使其恢复正常，但这种方法往往不及时，往往在系统已瘫痪时才实施，故较多用于非控制系统，如智能仪器等。

（2）掉电保护　系统电源的突然下降或断电将使单片机进入混乱状态，而在电源恢复之后，系统难于恢复正常。对此，可利用备用电源和掉电监测，在掉电之前启动 CPU 的掉电保护程序将现场保护好，对有关外设做出妥善处理，并设立掉电标志后进入掉电保护工作状态。

（3）睡眠抗干扰　单片机进入睡眠状态时，CPU 对三总线上的干扰不会做出反应，从而大大降低系统对干扰的敏感性。系统在空闲时，使其进入睡眠模式不仅能降低功耗，还可使 CPU 受随机干扰的威胁降低。在大功率、大电流、大电压等系统中，在单片机开启或关闭此类外设后，迅速进入睡眠模式，可避免自干扰。

（4）指令冗余　当 CPU 受干扰后，往往将一些操作数作为指令码来执行，引起程序混乱，这时须让程序进入正轨。当程序被干扰弹飞至某一单指令上时，便会自动纳入正轨，被弹飞到二字节或三字节指令上时，因为有操作数，出错机会较大。因此应多采用单字节指令，并在关键处人为插入单指令 NOP，在二字节或三字节指令前加入两条 NOP，可避免其

后指令被拆散。为了避免加入太多的冗余指令降低系统的效率，常在一些决定程序流向的指令前插入两条 NOP，如跳转、中断、程序返回及判断等语句。

（5）软件陷阱 当弹飞的程序未进入程序区，未执行到冗余指令时，还可在程序中设立软件陷阱，专门用于捕获弹飞的程序，所谓的软件陷阱就是在两个 NOP 之后的一条引导指令，将捕获的程序引向一个指定地址，在那里有一段专门处理出错的程序。

软件陷阱可安排在以下四种地方：

1）未使用的中断向量区。

2）未使用的大片 ROM 空间。

3）表格的结尾。

4）程序区指令的断点处。

（6）程序运行监控系统（Watchdog） 当程序弹飞进入一个死循环时，冗余指令和软件陷阱都无能为力，系统将完全瘫痪。为此程序中应设一个运行监视系统（Watchdog），该系统应具有以下特征：

1）本身能独立工作，基本上不依赖 CPU。

2）CPU 在一段固定的时间内和该系统进行一次交流，表明目前正常。

3）当 CPU 进入死循环时，能及时发觉并使系统复位。

程序运行监视系统有硬件和软件两种类型，硬件类型可靠性较高。

3. 系统的恢复

以上各种措施只是解决了发现系统被干扰和捕捉失控程序的问题，仅此是不够的，还要让单片机根据被破坏现场中残留的信息，最大限度地恢复正常的工作，实现所谓的无扰动复位。系统的复位分为硬件复位和软件复位两种，通常称硬件复位为冷启动。软件复位为热启动。软件复位是使用抗干扰措施、软件陷阱和软件 Watchdog 后必须做的工作，如果在软件复位过程中发现现场被破坏得过于严重，采用软硬手段都无法正确恢复系统，只好转入硬件复位。

4. 硬件故障的自诊断

1）上电自检：系统上电时自动进行，自检中如没有发现问题，则继续执行其他程序，否则及时报警，避免系统带病运行。

2）定时自检：由系统时钟定时启动自检功能，对系统进行周期性在线检查，可以及时发现运行中的故障，在模拟通道的自检中，及时发现增益变化和零点漂移，随时校正各种系数，为系统正常运行提供保证。

3）键控自检：操作人员如果觉得系统的可信度下降时，可随时通过键盘操作来启动一次自检过程，从而恢复对系统的信任或发现故障。

任务 10.5 SF$_6$ 气体密度实时监测系统设计

10.5.1 系统硬件设计

如图 10-19 所示，SF$_6$ 气体密度实时监测系统的硬件由单片机 AT89C51、SF$_6$ 密度继电器模拟电路、DS1302 时钟电路、LCD 显示电路和声音报警电路组成。

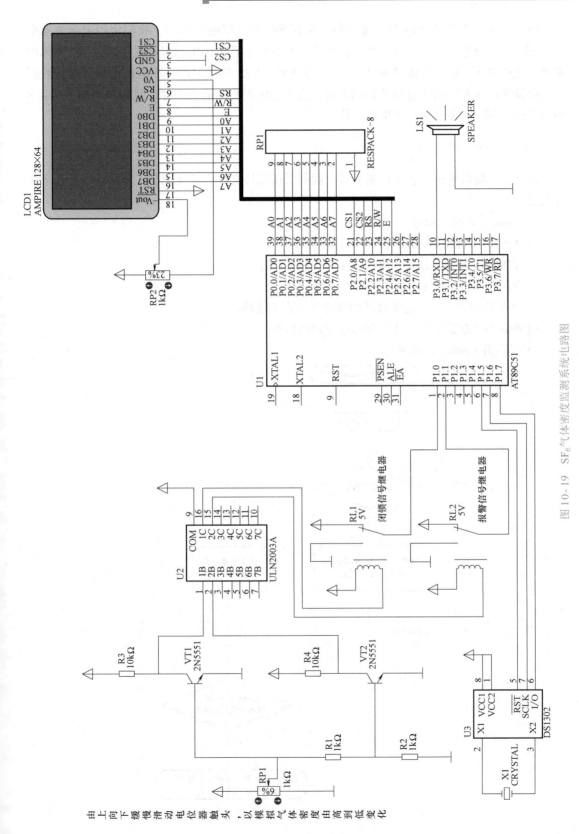

图10-19　SF₆气体密度监测系统电路图

由于 Proteus 中没有 SF_6 密度继电器，根据 SF_6 密度继电器原理，我们用两个继电器来模拟 SF_6 密度继电器工作。如图 10-19 所示，用滑动变阻器 RP1 输出电压来模拟 SF_6 气体的密度，经过分压传递给晶体管 VT1、VT2，在 VT1、VT2 基极上产生不同的电压，用作控制泄漏报警继电器和闭锁继电器的控制信号，由于晶体管驱动能力不够，我们又增加了项目 9 中用到的 ULN2003A 来驱动继电器工作。

10.5.2 系统软件设计

由于程序篇幅较长，为了清晰易读，我们采用模块文件方式来编写，分别由以下几个文件组成：

1）main.c 系统主程序。

2）1302.h 时钟芯片 DS1302 相关操作程序。

3）12864.h 液晶显示器 LCD12864 相关操作程序。

4）ZIFU.h 字符和汉字的取模数组文件。

5）AT89X51.h KEIL 系统自带的单片机宏定义文件。

程序编译时需要将以上文件全部添加到项目中。

程序流程图如图 10-20 所示。

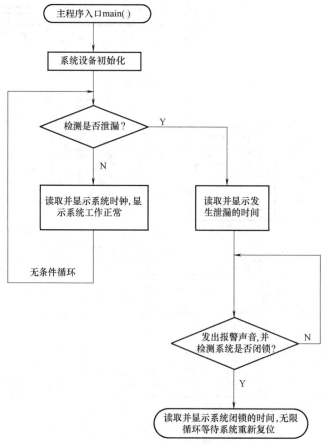

图 10-20 SF_6 气体密度实时监测系统软件流程图

系统源程序如下：

1. 主程序 main. c

```c
#include < at89x51. h >
#define uchar unsigned char
#define uint unsigned int
#include "12864. h"
#include "1302. h"
#include "zifu. h"
sbit spaker = P3^0;
sbit baojingxh = P1^1;
sbit bisuoxh = P1^0;
void delay(uint speed)                              //延时程序
{     uint i;
    for(i = 0;i < speed;i + +)
    {

    }

}
main( )
{
    uchar i;
    systemtime realtime;                            //systemtime 时间的类型
    choose12864(2);
    init12864( );
    clear12864( );
    init_ds1302( );
    do
    {
        baojingxh = 1;
bisuoxh = 1;
if( baojingxh = = 0)                                 //当泄漏报警
{
        play8 (0,0,0,shu2);                          //参数:屏、列、页、地址
            play8(0,1,0,shu0);
            play16(0,4,0,nian);
            play16(1,0,0,yue);
        play16(1,4,0,ri);
            play16(0,2,1,shi);
            play16(0,6,1,fen);
            play16(1,2,1,miao);
            play16(1,4,1,xie);
```

```
play16(1,6,1,lou);
gettime(&realtime);                              //获取时钟
play8(0,2,0,(shu0+16*datastring[0]));            //显示时钟
play8(0,3,0,(shu0+16*datastring[1]));
play8(0,6,0,(shu0+16*datastring[2]));
play8(0,7,0,(shu0+16*datastring[3]));
play8(1,2,0,(shu0+16*datastring[4]));
play8(1,3,0,(shu0+16*datastring[5]));
play8(0,0,1,(shu0+16*datastring[6]));
play8(0,1,1,(shu0+16*datastring[7]));
play8(0,4,1,(shu0+16*datastring[8]));
play8(0,5,1,(shu0+16*datastring[9]));
play8(1,0,1,(shu0+16*datastring[10]));
play8(1,1,1,(shu0+16*datastring[11]));
   for(i=0;i<6;i++)
   {
      if(i<3)
      {
      play16(0,i*2+2,3,baojing+i*32);
      }
      if(i>=3)
      {
      play16(1,(i-3)*2,3,baojing+i*32);
      }
   }
do
{
 delay(60);
 spaker=~spaker;
} while (bisuoxh==1);                            //检测闭锁信号
//--------------闭锁--------------------
play8 (0,0,2,shu2);
     play8(0,1,2,shu0);
     play16(0,4,2,nian);
     play16(1,0,2,yue);
play16(1,4,2,ri);
     play16(0,2,3,shi);
     play16(0,6,3,fen);
     play16(1,2,3,miao);
     play16(1,4,3,bi);
play16(1,6,3,suo);
gettime(&realtime);                              //获取时钟
play8(0,2,2,(shu0+16*datastring[0]));            //显示时钟
```

```
    play8(0,3,2,(shu0 + 16 * datastring[1]));
    play8(0,6,2,(shu0 + 16 * datastring[2]));
    play8(0,7,2,(shu0 + 16 * datastring[3]));
    play8(1,2,2,(shu0 + 16 * datastring[4]));
    play8(1,3,2,(shu0 + 16 * datastring[5]));
    play8(0,0,3,(shu0 + 16 * datastring[6]));
    play8(0,1,3,(shu0 + 16 * datastring[7]));
    play8(0,4,3,(shu0 + 16 * datastring[8]));
    play8(0,5,3,(shu0 + 16 * datastring[9]));
    play8(1,0,3,(shu0 + 16 * datastring[10]));
    play8(1,1,3,(shu0 + 16 * datastring[11]));
    do
    {
    delay(40);
    spaker = ~ spaker;
    }while(1);                                    //系统闭锁,需复位后才能重新工作
}
else                                              //系统压力正常
{
    play8(0,0,0,shu2);                            //参数:屏、列、页、地址
    play8(0,1,0,shu0);
    play16(0,4,0,nian);
    play16(1,0,0,yue);
    play16(1,4,0,ri);
    play16(0,2,1,shi);
    play16(0,6,1,fen);
    play16(1,2,1,miao);
    play16(1,4,1,zhou);
    gettime(&realtime);                           //获取时钟
    play8(0,2,0,(shu0 + 16 * datastring[0]));     //显示时钟
    play8(0,3,0,(shu0 + 16 * datastring[1]));
    play8(0,6,0,(shu0 + 16 * datastring[2]));
    play8(0,7,0,(shu0 + 16 * datastring[3]));
    play8(1,2,0,(shu0 + 16 * datastring[4]));
    play8(1,3,0,(shu0 + 16 * datastring[5]));
    play8(0,0,1,(shu0 + 16 * datastring[6]));
    play8(0,1,1,(shu0 + 16 * datastring[7]));
    play8(0,4,1,(shu0 + 16 * datastring[8]));
    play8(0,5,1,(shu0 + 16 * datastring[9]));
    play8(1,0,1,(shu0 + 16 * datastring[10]));
    play8(1,1,1,(shu0 + 16 * datastring[11]));
    play16(1,6,1,(yi + 32 * (datastring[12]-1)));
    for(i = 0;i < 6;i + + )                        //显示"气体密度正常"
```

```
    {
        if(i<3)
        {
        play16(0,i*2+2,3,zhengchang+i*32);
        }
        if(i>=3)
        {
        play16(1,(i-3)*2,3,zhengchang+i*32);
        }
        }
    }

    }while(1);
}
```

2. 时钟程序 1302. h

```
#ifndef _DS1302_H__                        //防止重载
#define _DS1302_H__
#define ds1302_second 0x80
#define ds1302_minute 0x82
#define ds1302_hour 0x84
#define ds1302_day 0x86
#define ds1302_week 0x8a
#define ds1302_month 0x88
#define ds1302_year 0x8c
/**端口定义**/
sbit   IO = P1^7;
sbit CLK = P1^6;
sbit RST = P1^5;
sbit ACC0 = ACC^0;
sbit ACC7 = ACC^7;
uchar datastring[13];                      //存放时间的数组
typedef struct
{
    uchar second;
uchar minute;
uchar hour;
uchar day;
uchar week;
uchar month;
uchar year;
}systemtime;//定义时间的类型
void ds1302_write(uchar dat)
{
```

```
   uchar i,j;
   j = dat;
   for(i = 0;i < 8;i + + )
    {
      IO = j&0x01;
   CLK = 1;
   CLK = 0;
   j > > = 1;
      }
}
/ * * 实时时钟读出一个字节 * * /
uchar ds1302_read( )
{
   uchar i;
   for(i = 0;i < 8;i + + )
     {
   ACC = ACC > > 1;
   ACC7 = IO;
   CLK = 1;
   CLK = 0;
}
   return( ACC);
}
/ * * 写入数据 * * /
void dat_write( uchar addr, uchar dat)   //addr 为要写数据的地址,dat 为要写的数据
   {
   RST = 0;
   CLK = 0;
   RST = 1;
   ds1302_write( addr);
   ds1302_write( dat);
   CLK = 1;
   RST = 0;
   }
/ * * 读出数据 * * /
uchar dat_read( uchar addr)
   {
   uchar dat;
   RST = 0;
   CLK = 0;
   RST = 1;
   ds1302_write( addr|0x01);
   dat = ds1302_read( );
```

```
        CLK = 1;
        RST = 0;
        return(dat);
    }
/* * 是否写保护 * */
void ds1302_protect(bit flag)
{
    if(flag)
    dat_write(0x8e,0x10);                    //禁止写
else
    dat_write(0x8e,0x00);                    //允许写
}
/* * 时间设置 * */
void settime(uchar addr,uchar value)
{
    ds1302_protect(0);
    dat_write(addr,value);
    ds1302_protect(1);
}
/* * 时间增减设置 * */
void set(uchar adr,bit flag)
{
    uchar dat;
    dat = dat_read(adr);
    if(flag)
        dat_write(adr,dat + 1);
    else
        dat_write(adr,dat - 1);
}
/* * 12/24 小时时间设置 * */
void day_set(bit flag)                       //flag 为 1 表示 12 小时制,为 0 表示 24 小时制
{
    uchar hour;
    hour = (dat_read(0x85)&0x7f);             //保留小时寄存器中原有的时间值
    ds1302_protect(0);
    if(flag)
        {
        dat_write(0x84,0x80|hour);
    }
    else
        {
        dat_write(0x84,0x00|hour);
    }
```

```
ds1302_protect(1);
}
/ * *取时间 * * /
void gettime(systemtime  * time)
{
    uchar readvalue;
    readvalue = dat_read(ds1302_second);
    time- > second = ((readvalue&0x70) >>4) * 10 + (readvalue&0x0f);
    readvalue = dat_read(ds1302_minute);
    time- > minute = ((readvalue&0x70) >>4) * 10 + (readvalue&0x0f);
    readvalue = dat_read(ds1302_hour);
    time- > hour = ((readvalue&0x30) >>4) * 10 + (readvalue&0x0f);
    readvalue = dat_read(ds1302_day);
    time- > day = ((readvalue&0x30) >>4) * 10 + (readvalue&0x0f);
    readvalue = dat_read(ds1302_week);
    time- > week = (readvalue&0x07);
    readvalue = dat_read(ds1302_month);
    time- > month = ((readvalue&0x01) >>4) * 10 + (readvalue&0x0f);
    readvalue = dat_read(ds1302_year);
    time- > year = ((readvalue&0xf0) >>4) * 10 + (readvalue&0x0f);
    datastring[0] = time- > year/10;
    datastring[1] = time- > year%10;
    datastring[2] = time- > month/10;
    datastring[3] = time- > month%10;
    datastring[4] = time- > day/10;
    datastring[5] = time- > day%10;
    datastring[6] = time- > hour/10;
    datastring[7] = time- > hour%10;
    datastring[8] = time- > minute/10;
    datastring[9] = time- > minute%10;
    datastring[10] = time- > second/10;
    datastring[11] = time- > second%10;
    datastring[12] = time- > week;
    }
    / * *DS1302 初始化 * * /
void init_ds1302(void)
{
    uchar second = dat_read(ds1302_second);
    if(second&0x80)
        settime(ds1302_second,0);
}
#endif
```

3. LCD12864 程序 12864. h

```c
#ifndef _12864_H__
#define _12864_H__
sbit E = P2^4;                    //使能端
sbit RW = P2^3;                   //读写端
sbit RS = P2^2;                   //数据命令端口
sbit CS1 = P2^0;
sbit CS2 = P2^1;
/* * * * *检查液晶显示器是否忙碌* * * */
void chekbusy12864(void)
{
  uchar dat;
  RS = 0;                         //指令模式
  RW = 1;                         //读数据
do{
  P0 = 0x00;
  E = 1;
  dat = P0&0x80;
  E = 0;
  } while(dat! =0x00);
}
/* * * * *选屏* * * */
void choose12864(uchar i)//i 是要写的屏,0 是左屏,1 是右屏,2 是双屏
{
  switch (i)
  {
    case 0: CS1 =0;CS2 =1;break;
    case 1: CS1 =1;CS2 =0;break;
  case 2: CS1 =0;CS2 =0;break;
  default: break;
  }
}
/* * * * * *写命令* * * * */
void cmd_w12864(uchar cmd)        //写命令
{
  chekbusy12864();
  RS =0;                          //指令模式
  RW =0;                          //写模式
  E =1;
  P0 = cmd;
  E =0;
}
/* * * * *写数据* * * * * */
```

```
void    dat_w12864(uchar dat)
{
    chekbusy12864();
    RS = 1;
    RW = 0;
    E = 1;
    P0 = dat;
    E = 0;
}
/* * * * * 清屏 * * * * */
void clear12864(void)
{
    uchar page,row;
    for(page = 0xb8;page < 0xc0;page + +)
    {
        cmd_w12864(page);
cmd_w12864(0x40);
for(row = 0;row < 64;row + +)
    {
        dat_w12864(0x00);
    }
    }
}
/* * * 初始化 * * * */
void init12864(void)
{
    chekbusy12864();
    cmd_w12864(0xc0);
    cmd_w12864(0x3f);
}
/* * * 8×16 字符的显示 * * */
void play8(uchar ch,uchar row,uchar page,uchar * adr)
{
    uchar i;
    choose12864(ch);
    page = page << 1;
    row = row * 8;
    cmd_w12864(row + 0x40);
    cmd_w12864(page + 0xb8);
    for(i = 0;i < 8;i + +)
    {
        dat_w12864( * (adr + i));
    }
```

```
    cmd_w12864(row + 0x40);
    cmd_w12864(page + 0xb9);
    for(i = 8; i < 16; i + +)
    {
        dat_w12864( * (adr + i));
    }
}
/ * * 16 × 16 字符的显示 * * /
play16(uchar ch, uchar row, uchar page, uchar * adr)
{
    uchar i;
    choose12864(ch);
    page = page << 1;
    row = row * 8;
    cmd_w12864(row + 0x40);
    cmd_w12864(page + 0xb8);
    for(i = 0; i < 16; i + +)
    {
        dat_w12864( * (adr + i));
    }
    cmd_w12864(row + 0x40);
    cmd_w12864(page + 0xb9);
    for(i = 16; i < 32; i + +)
    {
        dat_w12864( * (adr + i));
    }
}
/ * * * * * 读数据 * * * * * /
uchar dat_r12864(uchar page, uchar arrange)    //page:页地址,arrange:列地址
{
    uchar dat;
    chekbusy12864();
    cmd_w12864(page + 0xb8);
    cmd_w12864(arrange + 0x40);
    P0 = 0xff;
    RW = 1;
    RS = 1;
    E = 1;
    E = 0;
    E = 1;
    dat = P0;
    E = 0;
    return(dat);
```

```
}
clear8(uchar x,uchar y,uchar ch)
{
  uchar i;
  choose12864(ch);
  cmd_w12864(x*8+0x40);
  cmd_w12864(y+0xb8);
  for(i=0;i<8;i++)
   {
    dat_w12864(0x00);
   }
   cmd_w12864(x*8+0x40);
   cmd_w12864(y+0xb9);
  for(i=0;i<16;i++)
  {
    dat_w12864(0x00);
  }
}
/**竖线**/
void vertical(uchar y1,uchar y2,uchar x)              //y1 表示起点,y2 表示终点
{
  uchar i,sum=0;
  choose12864(1);
  if((y1/8)!=(y2/8))
  {
   for(i=0;i<(8-y1%8);i++)
   {
    sum=sum|((2<<((y1%8)+i)));
   }
  cmd_w12864(x+0x40);
  cmd_w12864(y1/8+0xb8);
  dat_w12864(sum);
  sum=0;
   for(i=0;i<(y2/8-y1/8-1);i++)
    {
    cmd_w12864(x+0x40);
  cmd_w12864((y1/8)+0xb9+i);
  dat_w12864(0xff);
   }
  for(i=0;i<=(y2%8);i++)
   {
    sum=sum|(2<<i);
   }
```

```
        cmd_w12864(x + 0x40);
        cmd_w12864(y2/8 + 0xb8);
        dat_w12864(sum|1);
        sum = 0;
    }
    else
    {
        for(i = 0;i < = y2-y1;i + + )
        {
        sum = sum|(2 << (i + (y1%8)));
        }
    cmd_w12864(0x40 + x);
    cmd_w12864(0xb8 + (y1/8));
    dat_w12864(sum);
    }
}
/ * * 点的显示 * * /
void dot(uchar x,uchar y)              //所有的图形都在右屏上
{
    uchar dat;
    choose12864(1);
    dat = dat_r12864(y/8,x);
    cmd_w12864(0x40 + x);
    cmd_w12864(0xb8 + y/8);
    dat_w12864((1 << (y%8))|dat);
}
#endif
```

4. 字符和汉字的取模数组文件 ZIFU. h

由于该文件占用篇幅较长,下文中为 "……" 的部分请用取模软件取模获得或参考源程序:

```
uchar code shu0[ ] = {0x00,0xE0,………… 0x10,0x0F,0x00};/ * "0",0 * /
uchar code shu1[ ] = {0x00,0x10,………… 0x20,0x00,0x00};/ * "1",0 * /
uchar code shu2[ ] = {…………………};/ * "2",0 * /
uchar code shu3[ ] = {…………………};/ * "3",0 * /
…………………
uchar code shu9[ ] = {…………………};/ * "9",0 * /
uchar code dian[ ] = {…………………};/ * "°",0 * /
…………………
uchar code nian[ ] =
{0x40,0x20,0x10,0x0C,………………x04,0x04,0x04,0x00};/ * "年",0 * /
uchar code yue[ ] =
{…………………};/ * "月",0 * /
…………………………
```

```
uchar code zhengchang[ ] =
··················气",0*/
··················体",1*/
··················正",6*/
··················常",7*/
··················
```

10.5.3　系统调试运行

在 Proteus 中打开项目，先将滑动变阻器 RP1 置于最高位置，然后开始运行程序，此时两个继电器均未动作，LCD 显示当前时间并提示"气体密度正常"，如图 10-21 所示。

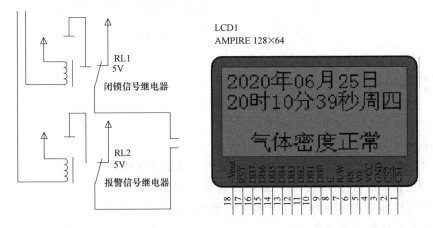

图 10-21　气体密度正常时的运行效果

运行中将滑动变阻器 RP1 的滑动触点缓慢向下移动，当移动到中部时报警信号继电器动作，此时系统时钟停止走动，LCD 显示"气体泄漏报警"，扬声器发出警报声（计算机需配耳机或扬声器），运行效果如图 10-22 所示。

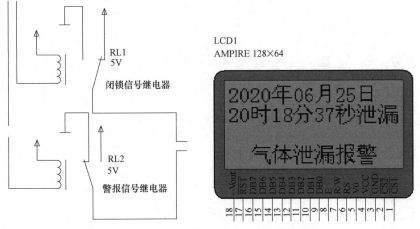

图 10-22　气体泄漏时的运行效果

当滑动变阻器触点移动到最下端时，系统闭锁继电器动作，此时系统发出更尖锐的警报声，并分别在 LCD 上记录泄漏报警和闭锁的时间，如图 10-23 所示。

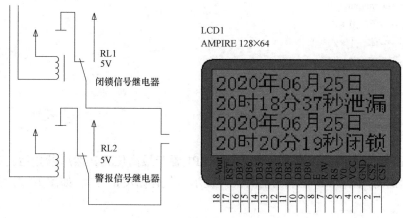

图 10-23　系统闭锁时的运行效果

思考与练习

1. 为系统添加 LED 报警指示功能。
2. 为系统添加按键，实现时间调整功能。
3. 在继电器与单片机之间添加光电耦合器件以增强系统的抗干扰能力。
4. 为系统添加微型打印机，打印继电器的动作时间。
5. 为系统添加 DS18B20 电路，记录继电器动作时的环境温度。
6. 提出你自己的系统改进方案。

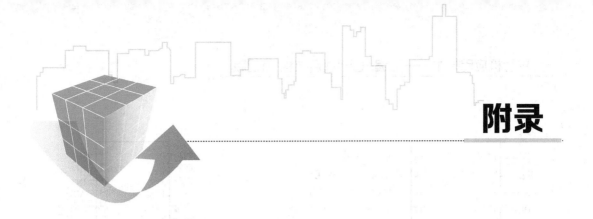

附录

附录 A　单片机及常用接口芯片引脚图

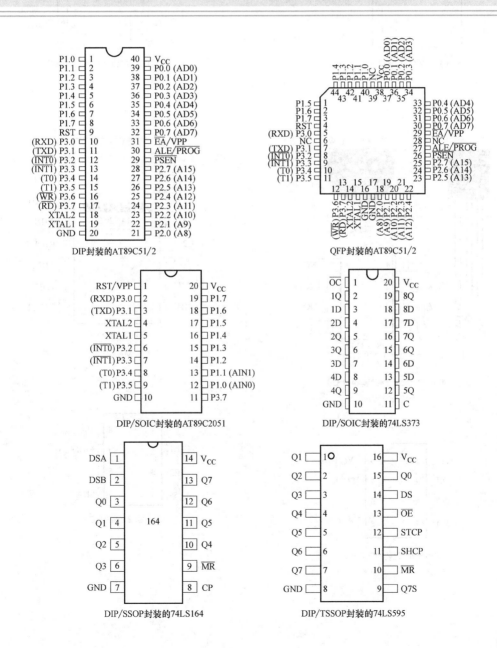

DIP封装的AT89C51/2

QFP封装的AT89C51/2

DIP/SOIC封装的AT89C2051

DIP/SOIC封装的74LS373

DIP/SSOP封装的74LS164

DIP/TSSOP封装的74LS595

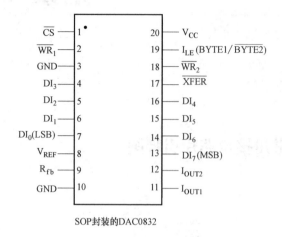

SOP封装的DAC0832

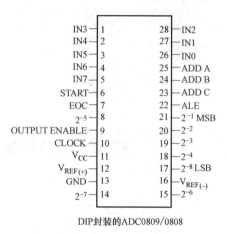

DIP封装的ADC0809/0808

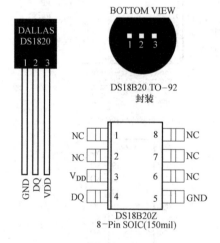

DS18B20 TO-92
封装

DS18B20Z
8-Pin SOIC(150mil)

TO-92/SOIC-8封装的18B20

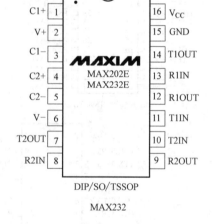

DIP/SO/TSSOP

MAX232

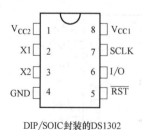

DIP/SOIC封装的DS1302

DIP/SOP封装的24C02

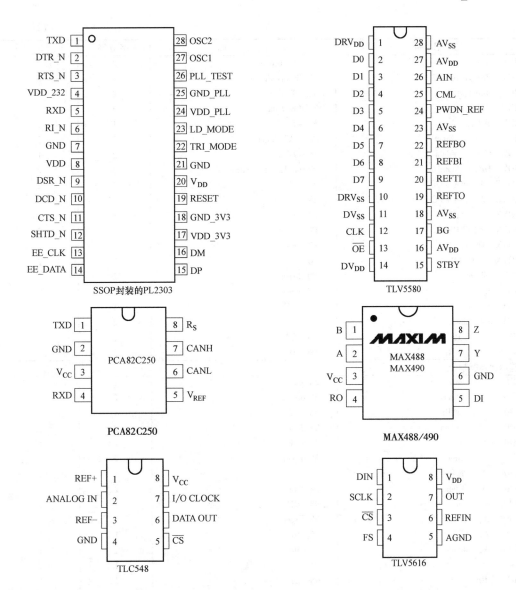

SSOP封装的PL2303

TLV5580

PCA82C250

MAX488/490

TLC548

TLV5616

附录 B   MCS-51 系列单片机汇编指令表

助 记 符	机 器 码	字节数	机器周期数
一、数据传送类指令			
MOV A, Rn	E8 ~ EF	1	1
MOV A, direct	E5 direct	2	1
MOV A, @ Ri	E6 ~ E7	1	1
MOV A, #data	74data	2	1
MOV Rn, A	F8 ~ FF	1	1
MOV Rn, direct	A8 ~ AF direct	2	2
MOV Rn, #data	78 ~ 7F data	2	1
MOV direct, A	F5 direct	2	1

（续）

助 记 符	机 器 码	字节数	机器周期数
MOV direct,Rn	88 ~ 8F direct	2	2
MOV direct1,direct2	85 direct1 direct2	3	2
MOV direct,@Ri	86 ~ 87 direct	2	2
MOV direct,#data	75 direct data	3	2
MOV @Ri, A	F6 ~ F7	1	1
MOV @Ri, direct	A6 ~ A7 direct	2	2
MOV @Ri, #data	76 ~ 77 data	2	1
MOV DPTR,#data16	90 data15 ~ 8 data7 ~ 0	3	2
MOVC A,@A + DPTR	93	1	2
MOVC A,@A + PC	83	1	2
MOVX A,@Ri	E2 ~ E3	1	2
MOVX A,@DPTR	E0	1	2
MOVX @Ri, A	F2 ~ F3	1	2
MOVX @DPTR,A	F0	1	2
PUSH direct	C0 direct	2	2
POP direct	D0 direct	2	2
XCH A, Rn	C8 ~ CF	1	1
XCH A, direct	C5 direct	2	1
XCH A, @Ri	C6 ~ C7	1	1
XCHD A, @Ri	D6 ~ D7	1	1
二、算术运算类指令			
ADD A, Rn	28 ~ 2F	1	1
ADD A, direct	25 direct	2	1
ADD A, @Ri	26 ~ 27	1	1
ADD A, #data	24 data	2	1
ADDC A, Rn	38 ~ 3F	1	1
ADDC A, direct	35 direct	2	1
ADDC A, @Ri	36 ~ 37	1	1
ADDC A, #data	34 data	2	1
SUBB A, Rn	98 ~ 9F	1	1
SUBB A, direct	95 direct	2	1
SUBB A, @Ri	96 ~ 97	1	1
SUBB A, #data	94 data	2	1
INC A	04	1	1
INC Rn	08 ~ 0F	1	1
INC direct	05 direct	2	1
INC @Ri	06 ~ 07	1	1
DEC A	14	1	1
DEC Rn	18 ~ 1F	1	1
DEC direct	15 direct	2	1
DEC @Ri	16 ~ 17	1	1
INC DPTR	A3	1	2
MUL AB	A4	1	4
DIV AB	84	1	4
DA A	D4	1	1
三、逻辑操作类指令			
ANL A,Rn	58 ~ 5F	1	1
ANL A,direct	55 direct	2	1
ANL A,@Ri	56 ~ 57	1	1
ANL A,#data	54 data	2	1
ANL direct,A	52 direct	2	1

（续）

助　记　符	机　器　码	字节数	机器周期数
ANL　　direct,#data	53 direct data	3	2
ORL　　A，　Rn	48 ~ 4F	1	1
ORL　　A，　direct	45 direct	2	1
ORL　　A，　@ Ri	46 ~ 47	1	1
ORL　　A，　#data	44 data	2	1
ORL　　direct,A	42 direct	2	1
ORL　　direct,#data	43 direct data	3	2
XRL　　A，　Rn	68 ~ 6F	1	1
XRL　　A，　direct	65 direct	2	1
XRL　　A，　@ Ri	66 ~ 67	1	1
XRL　　A，　#data	64 data	2	1
XRL　　direct,A	62 direct	2	1
XRL　　direct,#data	63 direct data	3	2
CLR　　A	E4	1	1
CPL　　A	F4	1	1
RL　　　A	23	1	1
RLC　　A	33	1	1
RR　　　A	03	1	1
RRC　　A	13	1	1
SWAP　A	C4	1	1
四、位操作类指令			
CLR　　C	C3	1	1
CLR　　bit	C2 bit	2	1
SETB　C	D3	1	1
SETB　bit	D2 bit	2	1
CPL　　C	B3	1	1
CPL　　bit	B2 bit	2	1
ANL　　C，　bit	82 bit	2	2
ANL　　C，　/bit	B0 bit	2	2
ORL　　C，　bit	72 bit	2	2
ORL　　C，　/bit	A0 bit	2	2
MOV　　C，　bit	A2 bit	2	1
MOV　　bit，　C	92 bit	2	1
JC　　　rel	40 rel	2	2
JNC　　rel	50 rel	2	2
JB　　　bit,rel	20 bit rel	3	2
JNB　　bit,rel	30 bit rel	3	2
JBC　　bit,rel	10 bit rel	3	2
五、控制转移类指令			
ACALL　addr11	* 1 addr7 ~ 0	2	2
LCALL　addr16	12 addr15 ~ 8 addr7 ~ 0	3	2
RET	22	1	2
RETI	32	1	2
AJMP　addr11	△1 addr7 ~ 0	2	2
LJMP　addr16	02 addr15 ~ 8 addr7 ~ 0	3	2
SJMP　rel	80 rel	2	2
JMP　　@ A + DPTR	73	1	2
JZ　　　rel	60 rel	2	2
JNZ　　REL	70 rel	2	2
CJNE　A,direct,rel	B5 direct rel	3	2
CJNE　A,#data,rel	B4 data　rel	3	2
CJNE　Rn,#data,rel	B8 ~ BF data rel	3	2
CJNE　@ Ri,#data,rel	B6 ~ B7 data rel	3	2
DJNZ　Rn,rel	D8 ~ DF rel	2	2
DJNZ　direct,rel	B5 direct rel	3	2
NOP	00	1	1

* 1 = a10 a9 a8 1 0 0 0 1 B
△1 = a10 a9 a8 0 0 0 0 1 B

参 考 文 献

［1］ 倪志莲. 单片机应用技术［M］. 3 版. 北京：北京理工大学出版社，2014.

［2］ 彭伟. 单片机 C 语言程序设计实训 100 例：基于 8051 + Proteus 仿真［M］. 2 版. 北京：电子工业出版社，2012.

［3］ 张晓峰，郭显久. 单片机 C51 项目教程［M］. 北京：中国电力出版社，2011.

［4］ 谢维成，杨加国. 单片机原理与应用及 C51 程序设计［M］. 4 版. 北京：清华大学出版社，2019.

［5］ 杜树春. 单片机 C 语言和汇编语言混合编程实践［M］. 北京：北京航空航天大学出版社，2008.

［6］ 孔维功. C51 单片机编程与应用［M］. 北京：电子工业出版社，2011.

［7］ 李念强，崔世耀，等. 单片机原理及应用［M］. 2 版. 北京：机械工业出版社，2013.

［8］ 黄勤. 单片机原理及应用［M］. 北京：清华大学出版社，2010.

［9］ 白林峰，曲培新，左现刚. 单片机开发入门与典型设计实例［M］. 北京：机械工业出版社，2013.

［10］ 陈享成，梁明亮. 单片机应用技术［M］. 北京：化学工业出版社，2014.

［11］ 宋馥莉，杨森，等. 单片机 C 语言实战开发 108 例：基于 8051 + Proteus 仿真［M］. 北京：机械工业出版社，2017.

［12］ 曹克澄. 单片机原理及应用：汇编语言与 C51 语言版［M］. 3 版. 北京：机械工业出版社，2018.